百年大计 教育为本

建筑材料与检测

主　编　张　英

副主编　张丽云　董　庆　钱　文

参　编　刘亚双　陈　琳　张　啸

北京理工大学出版社

BEIJING INSTITUTE OF TECHNOLOGY PRESS

内容提要

本书按照高职高专院校人才培养目标以及专业教学改革的需要，依据最新规范进行编写。全书共分为十个项目，主要内容包括建筑材料与检测的基本知识、建筑材料的基本性质、砂石及其检测技术、水泥及其检测技术、砂浆及其检测技术、混凝土及其检测技术、建筑钢材及其检测技术、墙体材料及其检测技术、保温隔热材料及其检测技术、防水材料及其检测技术等。

本书可作为高职高专院校建筑工程技术等相关专业的教材，也可作为函授和自考辅导用书，还可供建筑工程施工现场相关技术和管理人员工作时参考使用。

图书在版编目（CIP）数据

建筑材料与检测 / 张英主编.—北京：北京理工大学出版社，2022.1重印

ISBN 978-7-5682-4749-8

Ⅰ.①建…　Ⅱ.①张…　Ⅲ.①建筑材料—检测—高等学校—教材　Ⅳ.①TU502

中国版本图书馆CIP数据核字(2017)第209456号

出版发行 / 北京理工大学出版社有限责任公司

社　　址 / 北京市海淀区中关村南大街5号

邮　　编 / 100081

电　　话 / (010)68914775(总编室)

　　　　　(010)82562903(教材售后服务热线)

　　　　　(010)68944723(其他图书服务热线)

网　　址 / http://www.bitpress.com.cn

经　　销 / 全国各地新华书店

印　　刷 / 河北鑫彩博图印刷有限公司

开　　本 / 787毫米×1092毫米　1/16

印　　张 / 15　　　　　　　　　　　　　　　　　　　责任编辑 / 李玉昌

字　　数 / 355千字　　　　　　　　　　　　　　　　文案编辑 / 韩艳方

版　　次 / 2022年1月第1版第4次印刷　　　　　　　　责任校对 / 周瑞红

定　　价 / 45.00元　　　　　　　　　　　　　　　　责任印制 / 边心超

江苏联合职业技术学院
土木建筑类院本教材
编审委员会

前　言

　　本书按照五年制高职建筑工程技术专业职业能力培养目标的要求，以最新标准为依据，以岗位能力分析为基础，以能力培养为目标，以教学内容的实用性为突破口，从职业资格所需要的职业素质与岗位技能组织教学内容，形成具有特色的项目化教材。

　　本书包括十个项目，每一个项目的内容包含两个部分：一是建筑材料的基本概念和性质；二是建筑材料检测的方法、技能，突出理论与实践的结合，注重实践能力的培养。

　　本书由张英担任主编，张丽云、董庆、钱文担任副主编，刘亚双、陈琳、张啸参与了本书部分章节的编写工作。具体编写分工为：项目一和项目二由刘亚双编写，项目三、项目五由董庆编写，项目四、项目九由陈琳编写，项目六由张丽云编写，项目七由张啸编写，项目八由钱文编写，项目十由张英编写。

　　由于编写时间仓促，加之编者的水平和经验有限以及国家标准的不断修订，书中或有诸多不妥之处，敬请读者和同行批评指正。

编　者

目录

项目一　建筑材料与检测的基本知识

项目介绍

　　本项目主要介绍建筑工程材料的发展历史和建筑工程材料的使用情况以及常用的建筑工程材料种类，如木、石、水泥、混凝土、玻璃、钢材等，并介绍建筑材料检测的相关知识。

学有所获

　　(1)了解建筑材料的发展历史；

　　(2)掌握常用的建筑工程材料；

　　(3)了解建筑材料检测技术标准体系及相关法律法规。

任务一　建筑材料的基本知识

任务导入

　　建筑材料是指构成建筑物本体的各种材料。建筑材料是建筑工程的物质基础。建筑材料的发展与创新和建筑技术的进步有着不可分割的关系，许多建筑工程技术问题的解决往往是新建筑材料产生的结果，而新的建筑材料又促进了建筑设计、结构设计和施工技术的发展，也使建筑物各种性能得到进一步的改善。因而，建筑材料的发展创新对经济建设起着重要的作用。

一、发展概况

　　设计建筑是为了改造城市，提高空间质量与生活品质。何为城市？高楼大厦，钢筋铁骨，肩比天齐，这只是一种模式化的城市。而晶莹通透的玻璃，笔直刚挺的钢筋混凝土构架等已经通过独特的材质形成了城市风景线的代表符号。它们虽说曾经作为一种高科技和快速发展的标志一度风靡流行，但由于城市发展不断地复制模化使其丧失了原本的特点而变得平淡乏味，甚至有时过犹不及。只有不断发展创新才会永存不朽，不会被时间的洪流吞没。那么，什么样的建筑材料才适合什么样的时代，让我们从漫漫历史中学习寻找答案。

人类最早由猿类进化而来，那时还没有形成一定的文明和建筑的概念，自然以树为居，自然也没有相应的建筑材料的意识。然而随着生活经历的丰富和不断地演变发展，人类懂得了如何利用天然的地形地势保护自己，减少受到外界袭击的危险，因此，他们住进了山洞之类的天然庇护所。当然不局限于山洞，也可能是岩石堆、天然险地之类的庇护所。这种自然的居住方式也为之后建筑材料的发展奠定了坚实的基础。

当社会文明发展到了一定阶段，人们对于建筑的认识也会有所提高，即便他们并未意识到。原始社会的人们开始了部落化的群居生活，因此，人们在建筑材料上多用轻便、易搭建、易拆卸的材料，便于群体移动群体生活。然后发展出建筑，如草木屋（干阑式）、泥屋、帐篷。草木屋大部分在植物茂盛、雨水丰沛的地区多见，其用木料做构架，搭建临空或不临空的建筑（大多是临空），

图 1-1　原始建筑

下层用来防潮、养牲口之类。构架上覆盖草、树叶之类的东西，中国南方的稻草屋还有其部分特征。泥屋大致相似，用木材、石料构架基础，然后以泥做墙，形状多样。现在乡下某些房子还有用泥巴糊墙的。另外，还有窑洞、石砌房子之类，基本可以算是泥屋的变种，也有帐篷类，游牧族多用。草木屋类多在山区、丘陵、湿地等，泥屋多在平原、山区，帐篷多在草原等。随着建筑的初步成型，人类的适应能力发展了，不局限于自然条件，已经有能力建造城市，于是住的地方就分散了，如图 1-1 所示。

当历史驶进古埃及时期，依据当地特点，石制建筑更多地出现在生活中。世界上全部用石头建造的建筑物，首出于埃及。其特点是雄伟浑厚、气势宏大而坚实。以金字塔（图 1-2）为例，其建筑材料全部是重达数吨、甚至十几吨的石块，历经数千年后不变形、不倒塌，依然矗立在尼罗河西岸。当建造技术达到了一定的水平，基于当时无论国内外"神是至高无上的"一种思想，人们追求的更多是某种精神的延续。石材作为一种常

图 1-2　金字塔

见的坚固、保存时间久的建筑材料，普遍应用于那个时代的建筑中，尤其是宗教祭祀类的建筑。为了体现对神明的敬仰，需要将建筑做高、做大，以突出人类在神的面前的渺小感，而石材恰巧满足了稳固支撑这样一个特点。古埃及最有名的建筑艺术，如金字塔、狮身人面像、方尖碑，都是巨大的艺术品，也都与王国的存亡有关。

在手工业时期，石材的坚硬度对于建筑造型的影响颇大，在石材建筑内部的壁画也形成了古埃及建筑一道独特的风景。石材对于外观的影响首先是秩序感强烈。我们不会在古埃及的绘画、雕塑和建筑中发现令人意外的元素。每个部分的制作都会遵循一定的法则，这样的风格，延续了至少 3 000 年。这种秩序感有时候会让我们感到相当不自然，为了使事

物井然有序而能被看清，人物面部一般都是侧脸，但是拥有一只属于正面的大眼睛；手脚不被缩短。所以，虽然古埃及建筑有些生硬，却给我们一种格外沉静、稳重的感觉，这就是严谨的秩序感所致。其次是几何学在艺术上的应用。古代埃及的金字塔建筑和各种雕刻，都体现出几何学在其中的使用。古埃及几何学的发达，源自于每年的尼罗河定期泛滥。河水冲毁农田，人们就必须重新分割土地，用直线和几何图形重新划分田地。几何学在古埃及建筑艺术上的作用，主要是使其富于立体感，棱角分明，也使其秩序性的法则得到强化，显得死板硬朗，却加剧了庄重和严谨的感觉。而后还有持续性和固定性。柏拉图说过"在埃及，一切事物从来没有任何的变动。"人们忠于坚定的宗教信仰，导致古埃及的艺术风格数千年都保持着难以置信的固定性，延续几千年之久。当时的建筑也因石材形成了某种特殊的风格，我们将其命名为古埃及建筑。

石材自此不断地发展，并作为基本和主要的建筑材料存在。到古希腊时期，建筑材料主要是石材。其早期的庙宇是木构架与土坯结合而成，由于其易腐朽、失火。因此，人们从生活器具中寻找灵感，采用陶器对木结构加以保护，后来发展起来的建筑基本上接受了陶片同贴面层形成稳定的檐部形式。在粗质的石材上涂上一层掺有色彩的大理石岩粉，在白色大理石上烫一种熔有颜料的蜡进行装饰。此时的建筑材料构成方面依据作用区分了类别：坚硬的石材用以作为主要的建筑结构骨架支撑起整个建筑空间，易修改的软性材料和彩色材料作为装饰用，提高空间的品质和人们生活的追求。庙宇采用围廊式，柱、额坊、檐口的处理决定了其基本面貌，后来被广泛运用。雅典卫城的帕特农神庙（图1-3）是古希腊时期的代表性建筑。

图1-3　帕特农神庙

混凝土看似是一种十分现代化的建筑材料，但实际上它是古罗马人发明的。古罗马人在石灰和沙子的混合物里掺和进碎沙子制造出混凝土，他们使用的沙子是称为"白榴火山灰"的火山土，产自意大利的玻佐利地区。古罗马人将混凝土用在许多壮观的建筑物上。如古罗马圆形剧场——罗马最宏大的圆形露天斗技场，这样的建筑物，如果没有混凝土，建造起来就非常困难。由于公元476年古罗马衰落后，在发明史上发生了一些非同寻常的事件，因此，用白榴火山灰制作混凝土的技术在西方逐渐被人们所遗忘。直到1756年，英国工程师约翰·斯米顿重新发现这一技术，那时他正在寻找一种用来建造德文郡的埃梯斯通塔地基的材料。以后的工程师们发现其他沙子可以用来代替白榴火山灰，这样，在建筑物中使用混凝土再次广泛流行起来。在19世纪60年代，法国人约瑟夫·莫里尔产生了用铁条加固混凝土的想法，这为在现代摩天大楼和其他大型建筑物中大规模使用混凝土铺平了道路。

玻璃的出现着实改变了人们的生活。玻璃最初由火山喷出的酸性岩凝固而得。约公元前3 700年前，古埃及人已制出玻璃装饰品和简单玻璃器皿，当时只有有色玻璃，约公元前1 000年前，中国制造出无色玻璃。而玻璃真正应用于建筑材料方面，应当是教堂（图1-4）兴盛的时期，比较典型的是12世纪的哥特时期。透过玻璃，人们模糊了内与外的分别，可以在室内清晰地看见外面的景色，同时，经由这样一扇窗口增加了室内的乐趣。玻璃利用它的通透性采集外部光线，于不同的位置设置洞口便可以获得不同的光线效果，对于高耸的教堂的氛围有很大的影响。如果自身带有颜色就可以改变室内环境氛围，而彩色的玻璃花窗也可作为一种修饰提升空间品质，使立面更为丰富。

图 1-4　教堂

钢筋混凝土的发明出现在近代，通常被人认为发明于 1848 年。1868 年一个法国园丁，获得了包括钢筋混凝土花盆，以及紧随其后应用于公路护栏的钢筋混凝土梁柱的专利。1872 年，世界第一座钢筋混凝土结构的建筑在美国纽约落成，人类建筑史上一个崭新的纪元从此开始。在 1900 年之后，钢筋混凝土结构在工程界才得到了大规模的使用。1928 年，一种新型钢筋混凝土结构形式——预应力钢筋混凝土出现，并于第二次世界大战后被广泛地应用于工程实践。钢筋混凝土的发明以及 19 世纪中叶钢材在建筑材料业中的应用使高层建筑与大跨度桥梁的建造成为可能，如图 1-5 所示。

图 1-5　钢筋混凝土建筑

如今国际化交流越发普遍，高科技新型材料也逐渐为人们所熟知。2008 年北京奥运会国家游泳中心"水立方"是国内首次采用 ETFE 膜结构的建筑物，也是国际上面积最大、功能要求最复杂的膜结构系统。2010 年上海 EXPO，各个国家和城市依据自身特点设计建造了各型各色的建筑，其中很多建筑用的是可循环绿色材料，这样在布展结束时可以将建筑材料加工再利用，避免造成资源浪费和环境污染。

■ 二、发展方向

随着现代高新技术的不断发展，新材料作为高新技术的基础和先导，其应用范围极其广泛。它同信息技术、生物技术一起成为 21 世纪最重要、最具发展潜力的领域。而建筑材料作为材料科学的一个分支，也在不断地飞速发展。建筑材料的发展呈现出以下几个方向：

(1)传统建筑材料的性能向轻质、高强和多功能的材料方向发展。

(2)化学建材将大规模应用在建筑工程中。

(3)从使用单体材料向使用复合材料发展。

(4)节能环保型材料以强制性规范的形式应用在建筑工程中。

(5)低能耗、无污染的绿色建材将大量生产和使用。

■ 三、工程材料的分类

1. 按材料的化学成分分类

(1)**无机材料**。无机材料可分为金属材料(如钢、铁、铜、铝、各类合金等)、非金属材料(如水泥、石灰、混凝土、砂浆、天然石材、玻璃、烧土制品等)和金属-非金属复合材料(如钢筋混凝土等)。

①砂石材料。砂石材料是指经人工开采的岩石或轧制碎石以及地壳表层岩石经天然风化而得到的松散粒料。砂石材料可以直接应用于铺筑道路或砌筑各种桥梁结构物，也可以作为集料来配制水泥混凝土和沥青混合料。

②水泥与集料配制的水泥混凝土。水泥与集料配制的水泥混凝土是桥梁建筑中钢筋混凝土和预应力钢筋混凝土结构的主要材料。石灰、粉煤灰、水泥与土(或集料)拌制而成的稳定土广泛应用于路面基层，成为半刚性基层的重要组成材料。水泥砂浆是各种桥梁结构物砌筑的重要结合料。

③建筑钢材。建筑钢材是桥梁钢结构及钢筋混凝土或预应力钢筋混凝土结构的重要材料。

(2)**有机材料**。有机材料的种类也很多，如木材、竹材、塑料、涂料、胶粘剂、合成橡胶、石油沥青、煤沥青、沥青制品等。有机结合料主要是指沥青材料，它与不同粒径的集料组成沥青混合料，可以铺筑成各种类型的沥青路面，成为现代公路建设中一种极为重要的筑路材料。

(3)**复合材料**。复合材料可分为无机非金属与有机材料复合材料(如玻璃纤维增强塑料、聚合物水泥混凝土等)、金属与无机非金属复合材料(如钢纤维增加混凝土等)、金属与有机材料复合材料(如轻质金属夹芯板等)。

(4)**高分子聚合物材料**。近年来随着我国化学工业的发展，多种高分子聚合物逐渐应用在道路和桥梁工程中，其主要是用来改善沥青混合料或水泥混凝土的性能，是一种有发展前途的新材料。如用于水泥混凝土路面的填缝料、配制改性沥青等。

2. 按材料的使用功能分类

(1)**结构材料**。结构材料是指用作承重构件的材料(如建筑工程中的梁、板、柱所用的材料)。

(2)**功能材料**。功能材料是指用作建筑中具有某些特殊功能的材料(如防水、隔热、装饰材料等)。

任务二　建筑材料检测的知识

■ 任务导入

建筑材料在使用前都需要经过检测，来取得代表建筑材料质量特征的有关数据，科学地评价建筑工程质量。根据各种检测的数据能够合理地使用原材料，达到既保证工程质量又降低工程造价的目的。通过本任务的学习，学生应知道材料检测依据的法律法规、技术标准体系。

建筑材料检测是指根据标准及其性能的要求，采用相应的检测手段和方法进行检测的过程。

■ 一、建筑材料与检测的标准体系 ···

1. 标准的概述

标准是为在一定范围内获得最佳秩序，对活动或其结果规定共同的和重复使用的规则、导则或特性的文件。该文件应经协商达成一致并经一个公认的机构批准。

标准按适用范围可分为六类，即**国际标准**、**区域标准**、**国家标准**、**行业标准**、**地方标准**和**企业标准**。

国际标准是由国际标准化团体通过的标准，而最大的国际标准化团体是 ISO 和 IEC。国际标准对各国来说可以自愿采用，没有强制的含义；区域标准是世界某一区域标准化团体通过的标准，如欧洲标准；国家标准由国务院标准化行政主管部门制定。国家标准是国内各级标准必须服从且不得与之相抵触的标准。国家标准是一个国家的标准体系的主体和基础；行业标准主要针对没有国家标准而又需要在全国某个行业范围内规定统一的技术要求；地方标准主要针对没有国家标准和行业标准而又需要在省、自治区、直辖市范围内规定统一的工业产品的安全、卫生要求；企业标准主要针对由企业生产的没有国家标准、行业标准和地方标准的产品，已有国家标准或者行业标准和地方标准的，国家鼓励企业制定严于国家标准、行业标准或者地方标准的企业标准，在企业内部适用。

国家标准、行业标准、地方标准和企业标准构成了我国的四级标准体系。同时，国家也积极鼓励采用国际标准和国外先进标准。

2. 标准的体系

建筑材料本身是一种工业产品，它的生产、检验也要受上述六类标准的约束。与建筑材料及检测技术相关的标准，从所涉及的内容，可分为以下三类：

(1)管理标准：对象不是技术而是管理事项。其包括组织、机构、职责、权力、程序、手续、方针、目标、措施和影响管理的因素等。管理标准一般是规定一些原则性的定性要求，具有指导性。如国家标准《检测和校准实验室能力的通用要求》(GB/T 27025—2008)，对实验室的管理体系作了详细的规定。

(2)产品标准：为了保证产品的适用性，对产品必须达到的某些或全部要求所制定的标准。如《通用硅酸盐水泥》(GB 175—2007)，规定了通用硅酸盐水泥的品种、规格、技术性能、检验规则、包装、贮藏和运输等内容。

(3)方法标准：是以试验、检查、分析、抽样、统计、计算、测定和作业等各种方法为对象制定的标准。其特点是以各种方法为对象制定单独的标准。如《水泥胶砂强度检验方法(ISO法)》(GB/T 17671—1999)。

3. 标准的执行

建筑材料的生产企业，应按照国家标准、行业标准、地方标准或企业标准的要求组织生产。

企业生产的产品，有相应国家标准的，应执行国家标准；没有国家标准的，可执行行业标准；没有国家和行业标准的，可执行地方标准；没有国家、行业和地方标准的，企业应制定企业标准，经备案后按企业标准组织生产。

检测机构对接受的委托检测项目，应依据委托方指定的标准进行检测；对承担的见证检测项目，应依据国家标准、行业标准中的强制性标准进行检测。

■ 二、建筑材料检测的相关法律法规

建筑材料的检测，通常是委托检测机构完成。目前对检测机构实行双证管理，检测机构必须首先通过计量认证。所谓检测机构的计量认证，是指权威机构对检测机构的基本条件和能力予以承认的合格评定活动。只有取得计量认证合格证书的检测机构，才能向社会出具具有证明作用的数据和结果。检测机构还必须向省级住房城乡建设主管部门申请检测机构资质，取得"检测机构资质证书"后方可在建设工程领域开展检测活动。

1.《中华人民共和国建筑法》

《中华人民共和国建筑法》是在1997年11月1日第八届全国人民代表大会常务委员会第二十八次会议上通过，根据2011年4月22日第十一届全国人大常委会第20次会议《关于修改<中华人民共和国建筑法>的决定》修正。《中华人民共和国建筑法》由1997年11月1日中华人民共和国主席令第91号令公布，自1998年3月1日起施行。《检验检测机构资质认定管理办法》是对建筑活动进行监督管理，维护建筑市场秩序，保证建筑工程的质量和安全，促进建筑业健康发展的基本法律。其中第五十九条规定：建筑施工企业必须按照工程设计要求、施工技术标准和合同的约定，对建筑材料、建筑构配件和设备进行检验，不合格的不得使用。这是对建筑材料进行检测的法律依据。

2.《建设工程质量管理条例》

《建设工程质量管理条例》(以下简称《条例》)由2000年1月10日国务院第二十五次常务会议通过，2000年1月30日发布起施行。它是根据《中华人民共和国建筑法》的要求制定，其目的是加强对建设工程质量的管理，保证建设工程质量，保护人民生命和财产安全。《条例》第二十九条规定：施工单位必须按照工程设计要求、施工技术标准和合同约定，对

建筑材料、建筑构配件、设备和商品混凝土进行检验，检验应当有书面记录和专人签字；未经检验或者检验不合格的，不得使用。该条款进一步明确了检验的要求。《条例》第三十一条规定：施工人员对涉及结构安全的试块、试件以及有关材料，应当在建设单位或者工程监理单位监督下现场取样，并送具有相应资质等级的质量检测单位进行检测。该条款是见证检测的最高法规性依据。

3. 《检验检测机构资质认定管理办法》

1987 年 7 月 10 日，原国家计量局发布了《产品质量检验机构计量认证管理办法》，开始对向社会提供出具公证检测数据服务的检验机构施行计量认证；国家质量检验检疫总局于 2005 年 12 月 31 日局务会议审议通过并公布了《实验室和检查机构资质认定管理办法》，自 2006 年 4 月 1 日起施行(此办法自 2015 年 8 月 1 日起被废止)，并于 2015 年 3 月 23 日审议通过《检验检测机构资质认定管理办法》，自 2015 年 8 月 1 日起施行。《检验检测机构资质认定管理办法》根据《中华人民共和国计量法》及其实施细则、《中华人民共和国认证认可条例》等有关法律、行政法规的规定而制定，目的是规范检验检测机构资质认定工作，加强对检验检测机构的监督管理。该管理办法包括资质认定条件和程序、技术评审管理、检验检测机构从业规范、对资质认定评审活动和检验检测机构资质情况进行监督检查等内容。只有经过资质认定的检验检测机构，才能向社会提供具有证明作用的数据和结果。

4. 《建设工程质量检测管理办法》

《建设工程质量检测管理办法》(以下简称《办法》)于 2005 年 8 月 23 日第七十一次常务会议讨论通过，由建设部令第 141 号令发布，自 2005 年 11 月 1 日起施行，于 2015 年 5 月 4 日被修改。它是根据《中华人民共和国建筑法》《条例》的要求，为加强对建设工程质量检测的管理而制定的。它详细规定了建设工程质量检测机构的资质标准，检测机构资质申请程序和住房城乡建设主管部门的监督管理程序，以及住房城乡建设主管部门、委托方和检测机构的行为准则和违规罚则。其是指导建设工程质量检测活动的具有高度可操作性的法规性文件。

《办法》第四条规定：检测机构资质按照其承担的检测业务内容分为专项检测机构资质和见证取样检测机构资质。《办法》附件中提出了质量检测的业务内容：

(1)专项检测。

①地基基础工程检测：地基及复合地基承载力静载检测；桩的承载力检测；桩身完整性检测；锚杆锁定力检测；

②主体结构工程现场检测：混凝土、砂浆、砌体强度现场检测；钢筋保护层厚度检测；混凝土预制构件结构性能检测；后置埋件的力学性能检测；

③钢结构工程检测：钢结构焊接质量无损检测；钢结构防腐及防火涂装检测；钢结构节点、机械连接用紧固标准件及高强度螺栓力学性能检测；钢网架结构的变形检测；

④建筑幕墙工程检测：建筑幕墙的气密性、水密性、风压变形性能、层间变位性能检测；硅酮结构胶相容性检测。

(2)见证取样检测。

水泥物理力学性能检验；钢筋力学性能检验；砂、石常规检验；混凝土、砂浆强度检验；简易土工检验；混凝土掺加剂检验；预应力钢绞线、锚夹具检验；沥青、沥青混合料检验。

■ 三、见证取样检测制度 ··

取样是指按有关技术标准、规范的规定，从检测对象中抽取试验样品的过程。取样要有代表性，这直接关系到试验结果的准确性。样品抽取后，应将其从施工现场送至有法定资格的工程质量检测单位进行检测。从抽取样品到送至检测单位检测的过程是工程质量检测管理工作的第一步。为了强化这个过程的监督管理，杜绝因试样弄虚作假而出现试样合格而工程实体质量不合格的现象，《办法》规定应在建设单位或监理单位人员见证下，由施工人员在现场取样并送至检测单位进行检测。见证人员及取样人员对试样的代表性和真实性负有法定责任。

项目二 建筑材料的基本性质

项目介绍

本项目主要介绍了材料的基本物理性质、力学性质及其有关指标和计算公式。物理性质包括材料与质量有关的性质、与水有关的性质、热工性质；力学性质包括强度、弹性与塑性、脆性与韧性。

学有所获

(1)掌握材料与质量、水有关的性质；

(2)理解材料与热、声、光有关的性质；

(3)掌握材料的力学性质；

(4)理解材料的耐久性。

任务一 材料的物理性质

任务导入

材料的基本性质是指材料处于不同的使用条件和使用环境时，通常必须考虑的最基本的、共有的性质。材料是构成土木工程建筑物的物质基础。其直接关系到建筑物的安全性、功能性以及使用寿命和经济成本。材料的基本性质包括物理性质、力学性质和耐久性。

一、材料与质量有关的性质

材料的体积构成：体积是材料占有的空间尺寸，如图 2-1 所示，由于材料具有不同的物理状态，因而表现出不同的体积。

材料在自然状态下总体积：$V_0 = V + V_p$

孔隙体积：$V_p = V_b + V_k$

根据材料所处状态的不同，材料的密度可以分为以下几种：

(1)密度。密度是指材料在绝对密实状态下单位体积的质量。其按下式计算：

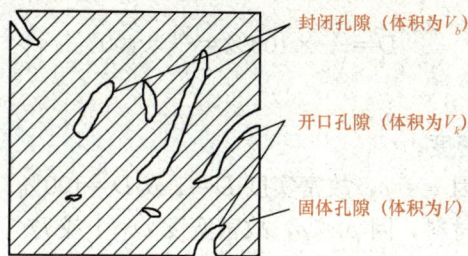

图 2-1　材料的体积构成

$$\rho = m/V \tag{2-1}$$

式中　ρ——密度（g/cm³ 或 kg/m³）；

　　　m——材料在干燥状态下的质量（g 或 kg）；

　　　V——材料在绝对密实状态下的体积（cm³ 或 m³）。

测试时，材料必须是绝对干燥状态。含孔材料则必须磨细后采用排开液体的方法来测定其体积。

（2）**表观密度（或体积密度）**。表观密度（或体积密度）是指材料在自然状态下单位体积的质量。其按下式计算：

$$\rho_0 = m_0/V_0 \tag{2-2}$$

式中　ρ_0——材料的表观密度（g/cm³ 或 kg/m³）；

　　　m_0——在自然状态下材料的质量（g 或 kg）；

　　　V_0——在自然状态下材料的体积（cm³ 或 m³）。

在自然状态下，材料内部的孔隙有两种，即开口孔和闭口孔。常将包括所有孔隙在内时的密度称为表观密度；而将只包括闭口孔在内时的密度称为视密度。

大多数材料的体积中包含有内部孔隙，其孔隙的多少、孔隙中是否含有水及含水的多少，均可能影响其总质量，因此，材料的表观密度除与其微观结构和组成有关外，还与其内部构成状态及含水状态有关。

（3）**堆积密度**。堆积密度是指粉状或粒状材料在堆积状态下单位体积的质量。其按下式计算：

$$\rho_0' = m/V_0' \tag{2-3}$$

式中　ρ_0'——材料的堆积密度（g/cm³ 或 kg/m³）；

　　　m——材料的质量（g 或 kg）；

　　　V_0'——材料的堆积体积（cm³ 或 m³）。

散粒状堆积材料的堆积体积包括两方面内容：一是材料颗粒内部的孔隙；二是颗粒与颗粒之间的空隙。

在工程中，计算材料用量、构件的自重、配料计算以及确定堆放空间时经常要用到材料的密度、表观密度和堆积密度等数据。

（4）**密实度与孔隙率**。

①密实度。密实度是指材料体积内被固体物质所充实的程度，用 D 来表示，其按下式计算：

$$D=\frac{V}{V_0}\times100\%=\frac{\rho_0}{\rho}\times100\% \qquad (2\text{-}4)$$

式中　ρ——密度；

　　　ρ_0——材料的表观密度。

对于绝对密实材料，因 $\rho_0=\rho$，故密实度 $D=1$ 或 $D=100\%$。

对于大多数土木工程材料，因 $\rho_0<\rho$，故密实度 $D<1$ 或 $D<100\%$。

②孔隙率。孔隙率是指材料孔隙的体积占材料总体积的百分率。孔隙率 P 按下式计算：

$$P=\frac{V_0-V}{V_0}\times100\%=\left(1-\frac{\rho_0}{\rho}\right)\times100\%=(1-D)\times100\% \qquad (2\text{-}5)$$

式中　V——材料的绝对密实体积（cm^3 或 m^3）；

　　　V_0——材料的表观体积（cm^3 或 m^3）；

　　　ρ_0——材料的表观密度（g/cm^3 或 kg/m^3）；

　　　ρ——密度（g/cm^3 或 kg/m^3）。

孔隙率反映了材料内部孔隙的多少，直接影响材料的多种性质。孔隙率越大，则材料的表观密度、强度越小，其耐磨性、抗冻性、抗渗性、耐腐蚀性、耐久性越差，而吸水性、吸声性、保温性与吸湿性越强。显然，$D+P=1$。

（5）**填充率和空隙率**。填充率和空隙率二者表示互相填充的疏松致密的程度。

①填充率。填充率是指散粒状材料在堆积体积内被颗粒所填充的程度，用 D' 表示。其按下式计算：

$$D'=\frac{V_0}{V_0'}\times100\%=\frac{\rho_0'}{\rho_0}\times100\% \qquad (2\text{-}6)$$

②空隙率。空隙率是指散粒材料在其堆积体积中颗粒之间的空隙体积所占的比例，用 P' 表示。其按下式计算：

$$P'=\frac{V_0'-V_0}{V_0'}=1-\frac{V_0}{V'}=1-\frac{\rho_0'}{\rho_0}=1-D' \qquad (2\text{-}7)$$

（6）**压实度**。压实度是指散粒状材料被压实的程度。即散粒状材料经压实后的干堆积密度 ρ' 值与该材料经充分压实后的干堆积密度 ρ_m' 值的比率百分数，用 K_y 表示。

$$K_y=\frac{\rho'}{\rho_m'}\times100\% \qquad (2\text{-}8)$$

■ 二、材料与水有关的性质 ....

1. 材料的亲水性与憎水性

亲水性是指与水接触时，有些材料能被水润湿；憎水性是指与水接触时，有些材料不能被水润湿。表面与水亲和力较强的材料称为亲水性材料；反之称为憎水性材料。

在实际工程中，材料是亲水性或憎水性，通常以润湿角的大小划分，润湿角为在材料、水和空气的交点处，沿水滴表面的切线与水和固体接触面所成的夹角。其中，润湿角 θ 越小，表明材料越易被水润湿，如图 2-2 所示。

（1）亲水性材料。当 $\theta\leqslant90°$ 时为亲水性，$\theta=0°$ 完全润湿。

（2）憎水性材料。当 $\theta>90°$ 时为憎水性，$\theta=180°$ 完全不润湿。

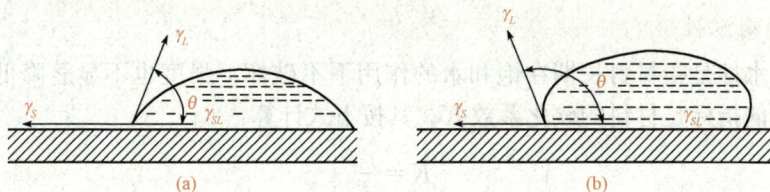

图 2-2 材料的亲水性与憎水性

(a)亲水性；(b)憎水性

2. 材料的吸湿性与吸水性

(1)材料的吸湿性。材料的吸湿性是指材料在潮湿空气中吸收水分的能力，以含水率表示，即含水率是指材料内部所含水质量占材料干燥质量的百分数。

当较干燥的材料处在较潮湿的空气中时，便会吸收空气中的水分；而当较潮湿的材料处在较干燥的空气中时，便会向空气中放出水分。前者是材料的吸湿过程；后者是材料的干燥过程。由此可见，在空气中某一材料的含水多少是随空气的湿度变化的。含水率以 W 表示，其计算公式为

$$W = \frac{m_k - m_1}{m_1} \tag{2-9}$$

式中　m_k——材料在吸湿状态下的质量(g 或 kg)；

　　　m_1——材料在干燥状态下的质量(g 或 kg)。

显然，材料的含水率受所处环境中空气湿度的影响。当空气中的湿度在较长时间内稳定时，材料的吸湿和干燥过程处于平衡状态，此时材料的含水率保持不变，其含水率叫作材料的平衡含水率。

(2)材料的吸水性。材料的吸水性是指材料在水中吸收水分达到饱和的能力，用吸水率表示。

①质量吸水率。质量吸水率是指材料在吸水饱和时，所吸水量占材料在干燥状态下的质量百分比，以 W_w 表示。其计算公式为

$$W_w = \frac{m_2 - m_1}{m_1} \times 100\% \tag{2-10}$$

式中　m_2——材料在吸水饱和状态下的质量(g 或 kg)；

　　　m_1——材料在干燥状态下的质量(g 或 kg)。

②体积吸水率。体积吸水率是指材料在吸水饱和时，所吸水的体积占材料自然体积的百分率，以 W_v 表示。其计算公式为

$$W_v = \frac{V_w}{V_0} = \frac{m_2 - m_1}{V_0} \cdot \frac{1}{\rho_w} \times 100\% \tag{2-11}$$

式中　m_2——材料在吸水饱和状态下的质量(g 或 kg)；

　　　m_1——材料在干燥状态下的质量(g 或 kg)；

　　　V_0——材料在自然状态下的体积(cm³ 或 m³)；

　　　ρ_w——水的密度(g/cm³ 或 kg/m³)，常温下取 $\rho_w = 1.0$ g/cm³。

材料的吸水率与其孔隙率有关，更与其孔特征有关。因为水分是通过材料的开口孔吸入并经过连通孔渗入内部的。材料内与外界连通的细微孔隙越多，其吸水率就越大。

3. 材料的耐水性

材料的耐水性是指材料长期在饱和水的作用下不破坏，强度也不显著降低的性质。衡量材料耐水性的指标是材料的软化系数 K。其按下式计算：

$$K = \frac{f_1}{f} \tag{2-12}$$

式中　K——材料的软化系数；

　　　f_1——材料在吸水饱和状态下的抗压强度（MPa）；

　　　f——材料在干燥状态下的抗压强度（MPa）。

软化系数反映了材料饱水后强度降低的程度。材料的耐水性限制了材料的使用环境，软化系数小的材料耐水性差，其使用环境尤其受到限制。软化系数的波动范围为 $0 \sim 1$。工程中通常将 $K > 0.85$ 的材料称为耐水性材料，可以用于水中或潮湿环境中的重要工程。当用于一般受潮较轻或次要的工程部位时，材料软化系数也不得小于 0.75。

4. 材料的抗渗性

抗渗性是指材料抵抗压力水或其他液体渗透的性质，以渗透系数 K 表示。这种压力水的渗透，不仅会影响工程的使用，而且渗入的水还会带入能腐蚀材料的介质，或将材料内的某些成分带出，造成材料的破坏。

材料的抗渗等级是指用标准方法进行透水试验时，材料标准试件在透水前所能承受的最大水压力，并以字母 P 及可承受的水压力（以 0.1 MPa 为单位）来表示抗渗等级。如 P4、P6、P8、P10…，表示试件能承受逐步增高至（或最大到）0.4 MPa、0.6 MPa、0.8 MPa、1.0 MPa…的水压而不渗透。

5. 材料的抗冻性

材料吸水后，在负温作用条件下，水在材料毛细孔内冻结成冰，体积膨胀所产生的冻胀压力造成材料的内应力，会使材料遭到局部破坏。随着冻融循环的反复，材料的破坏作用逐步加剧，这种破坏称为冻融破坏。

抗冻性是指材料在吸水饱和状态下，能经受反复冻融循环作用而不破坏，强度也不显著降低的性能。

抗冻性以试件在冻融后的质量损失、外形变化或强度降低不超过一定限度时所能经受的冻融循环次数来表示，又称为抗冻等级。

材料的抗冻等级可分为 F15、F25、F50、F100、F200 等，分别表示此材料可承受 15 次、25 次、50 次、100 次、200 次的冻融循环。材料的抗冻性与材料的强度、孔结构、耐水性和吸水饱和程度有关。

■ 三、材料与热有关的性质

1. 导热性

导热性用导热系数 λ 来表示。导热系数的计算公式如下：

$$\lambda = \frac{Qd}{FZ(t_2 - t_1)} \tag{2-13}$$

式中　λ——导热系数 $[\mathrm{W/(m \cdot K)}]$；

　　　Q——传导的热量（J）；

d——材料厚度(m)；

F——热传导面积(m²)；

Z——热传导时间(h)；

(t_2-t_1)——材料两面温度差(K)。

在物理意义上，导热系数为单位厚度(1 m)的材料、两面温度差为 1 K 时、在单位时间(1 s)内通过单位面积(1 m²)的热量。显然，导热系数越小，材料的隔热性能就越好。

材料的导热系数取决于材料的化学组成、结构、构造；孔隙率与孔隙特征；含水状况导热时的温度。

2. 热容量

材料在受热时吸收热量，冷却时放出热量的性质称为材料的热容量。热容量的大小用比热来表示。单位质量材料温度升高或降低 1 K 所吸收或放出的热量称为热容量系数或比热。比热的计算公式如下：

$$C=\frac{Q}{m(t_2-t_1)} \tag{2-14}$$

式中　C——材料的比热[J/(g·K)]；

Q——材料吸收或放出的热量(热容量)；

m——材料质量(g)；

(t_2-t_1)——材料受热或冷却前后的温差(K)。

3. 耐燃性和耐火性

(1)耐燃性。耐燃性是指材料抵抗燃烧的性质。其是影响建筑物防火和耐火等级的主要因素。

根据《建筑内部装修设计防火规范》(GB 50222)，按建筑材料燃烧性质不同可分为以下四类：

①非燃烧材料(A级)，如钢筋、玻璃、混凝土、石材等。

②难燃材料(B1级)，如沥青混凝土等。

③可燃材料(B2级)，如木材、沥青等。

④易燃材料(B3级)，如油漆、纤维织物等。

(2)耐火性。耐火性是指材料在火焰或高温作用下，保持其不破坏、性能不明显下降的能力，其用耐受时间来表示(也可以用耐火度表示)。

根据耐火度的不同，建筑材料可分为以下三类：

①耐火材料，耐火度≥1 580 ℃。

②难熔材料，耐火度 1 350 ℃～1 580 ℃。

③易熔材料，耐火度≤1 350 ℃。

■ 四、材料的声学性能

(1)**吸声性**。吸声性即声能穿透材料和被材料消耗的性质，其用吸声系数表示。吸声系数为0～1，平均吸声系数大于 0.2 的材料就为吸声材料。

(2)**隔声性**。隔声性即材料阻止声波的传播，是控制环境中噪声的重要措施。其用隔声量表示。隔声量越大，隔声性能就越好。

五、材料的光学性能

(1)透光率。透光率是指当光透过透明材料时，透过材料的光能与入射光能之比。

(2)光泽度。光泽度是指材料表面反射光线能力的强弱程度。与材料的颜色和表面光滑程度有关。

任务二　材料的力学性质

任务导入

工程材料在生产、使用过程中会受到各种外力作用，此时将表现出来各种力学性质，主要有强度、变形性能等。

一、材料的强度、强度等级及比强度

1. 强度

材料的强度是指材料在应力作用下抵抗破坏的能力。通常情况下，材料内部的应力多由外力(或荷载)作用而引起，随着外力增加，应力也随之增大，直至应力超过材料内部质点所能抵抗的极限，即强度极限，材料发生破坏。

根据外力作用方式的不同，**材料强度有抗拉、抗压、抗剪、抗弯(抗折)强度**等，具体如图 2-3 所示。

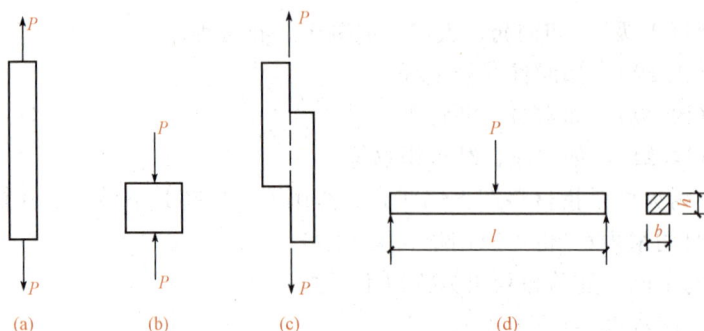

图 2-3　材料的强度
(a)抗拉；(b)抗压；(c)抗剪；(d)抗弯(抗折)

(1)材料的抗拉、抗压、抗剪强度的计算公式如下：

$$f = \frac{F_{max}}{A} \tag{2-15}$$

式中　F_{max}——材料破坏时的最大荷载(N)；

　　　A——试件受力面积(mm^2)。

（2）抗弯（折）强度。材料的抗弯强度与受力情况有关，一般检验方法是将条形试件放在两支点上，中间作用一集中荷载，对矩形截面试件，其抗弯强度用下式计算：

$$f_w = \frac{3F_{max}L}{2bh^2}$$ (2-16)

式中 f_w——材料的抗弯强度（MPa）；

   F_{max}——材料受弯破坏时的最大荷载（N）；

   L——两支点的间距（mm）；

   b、h——试件横截面的宽和高（mm）。

（3）影响材料强度的主要因素。

①材料的组成与结构：金属材料多属于晶体材料，其内部质点排列规则，且以金属键相连接，不易破坏，所以金属材料的强度高。而水泥浆体硬化后形成凝胶粒子的堆积结构，相互之间以分子引力连接，强度很弱，因此，混凝土的强度比金属低得多。材料内部含有孔隙，孔隙的数量、尺度、孔隙结构特征，以及材料内部质点之间的结合方式造成了材料结构上的极大差异，导致不同材料的强度高低有别。一般孔隙率越大，材料的强度越低。

②试验环境与方法：一般情况下，由于"环箍效应"的影响，对于同种材料，大试件测出的强度小于试件测出的强度；棱柱体试件的强度小于同样尺寸的立方体试件的强度；承压板与试件间摩擦越小，所测强度值越低。对试件进行强度检测时，加荷速度越快，所测的强度值越高。

2. 强度等级

为便于合理使用材料，对于以强度为主要指标的材料，通常按材料强度值的高低划分为若干等级，称为材料的强度等级。脆性材料主要以抗压强度来划分，塑性材料和韧性材料主要以抗拉强度来划分。如硅酸盐水泥按 3 d、28 d 抗压、抗折强度划分为 42.5、52.5、62.5 级等强度等级。

3. 比强度

比强度是按单位体积质量计算的材料强度，其值等于材料的强度与其表观密度之比（f/ρ_0），是衡量材料轻质高强特性的技术指标。比强度越大，材料的轻质高强性能就越好。

在高层建筑及大跨度结构工程中，常采用比强度较高的材料。

■ 二、材料的弹性和塑性

1. 弹性

材料在外力作用下产生变形，当外力取消后能够完全恢复原来形状的性质称为弹性。

2. 塑性

材料在外力作用下产生变形，当外力取消后仍能保持变形后的形状和尺寸，并且不产生裂缝的性质称为塑性。这种不能恢复的变形称为塑性变形（或永久变形）。

■ 三、材料的韧性和脆性

1. 韧性

材料在振动和冲击荷载作用下，能吸收较大的能量，产生一定的变形，而不致破坏的性能称为韧性。如木材、建筑钢材、沥青混合料等。

力学特点：抗拉强度接近或高于抗压强度。

2. 脆性

材料在外力作用下，直至断裂前只发生弹性变形，无明显塑性变形而发生突然破坏的性质称为脆性。如天然石材、砖、玻璃、普通混凝土。

力学特点：抗压强度远高于抗拉强度，不宜承受振动和冲击荷载。因此，常用于承受静压力作用的建筑部位，如基础、柱子等。

■ 四、材料的硬度和耐磨性

1. 硬度

硬度是指材料表面抵抗其他硬物压入或刻画的能力。

脆性较大的天然矿物硬度用莫氏硬度表示。莫氏硬度用系列标准硬度的矿物对材料进行划擦，根据划痕确定硬度等级。

韧性材料的硬度等级用压入法测定，主要有布氏硬度法、洛氏硬度法。布氏硬度法是以淬火钢珠压入材料表面产生的球形凹痕单位面积上所受的压力来表示；洛氏硬度法是用金刚石圆锥或淬火的钢球制成压头压入材料表面，以压痕的深度来表示。

2. 耐磨性

耐磨性是指材料表面抵抗磨损的能力，常以磨损率衡量。磨损率越大，材料的耐磨性越差。耐磨性与材料的组成结构、构造、材料强度和硬度等有关。

任务三　材料的耐久性

■ 任务导入

材料在长期使用过程中，能够抵抗环境的破坏作用，并保持原有性质不变、不破坏的一项综合性质，称为材料的耐久性。

■ 一、材料耐久性的影响因素

材料在建筑物中，除要受到各种外力的作用外，还经常要受到环境中许多自然因素的破坏作用。这些破坏作用包括物理、化学、机械及生物的作用。

（1）物理作用。物理作用有干湿变化、温度变化及冻融变化等。这些作用将使材料发生体积的胀缩，或导致内部裂缝的扩展，长期作用后即会使材料逐渐破坏。

在寒冷地区，冻融变化对材料会起着显著的破坏作用；在高温环境下，经常处于高温状态的建筑物或构筑物，所选用的建筑材料要具有耐热性能；在民用和公共建筑中，考虑安全防火要求，须选用具有抗火性能的难燃或不燃的材料。

（2）化学作用。化学作用包括大气、环境水以及使用条件下酸、碱、盐等液体或有害气体对材料的侵蚀作用。

（3）**机械作用**。机械作用包括使用荷载的持续作用，交变荷载引起材料的疲劳、冲击、磨损、磨耗等。

（4）**生物作用**。生物作用包括菌类、昆虫等的作用而使材料腐朽、蛀蚀而破坏。

砖、石料、混凝土等矿物材料，多是由于物理作用而破坏，也可能同时会受到化学作用的破坏。金属材料主要是由于化学作用引起的腐蚀。木材等有机质材料常因生物作用而破坏。沥青材料、高分子材料在阳光、空气和热的作用下，会逐渐老化而使材料变脆或开裂。

■ 二、材料耐久性的测定

材料的耐久性指标是根据工程所处的环境条件来决定的。例如，处于冻融环境的工程，所用材料的耐久性以抗冻性指标来表示。处于暴露环境的有机材料，其耐久性以抗老化能力来表示。

📖 课后习题

一、单项选择题

1. 某铁块的表观密度 $\rho_0 = m / ($ 　　$)$。

　A. V_0 　　　　　　　　　　　B. $V_{孔}$

　C. V 　　　　　　　　　　　　D. V'_0

2. 某粗砂的堆积密度 $\rho'_0 = m / ($ 　　$)$。

　A. V_0 　　　　　　　　　　　B. $V_{孔}$

　C. V 　　　　　　　　　　　　D. V'_0

项目二　参考答案

3. 散粒材料的体积 $V'_0 = ($ 　　$)$。

　A. $V + V_{孔}$ 　　　　　　　　B. $V + V_{孔} + V_{空}$

　C. $V + V_{空}$ 　　　　　　　　D. $V + V_{闭}$

4. 材料的孔隙率 $P = ($ 　　$)$。

　A. P' 　　　　B. V_0 　　　　C. V'_0 　　　　D. $P_K + P_B$

5. 材料憎水性是指润湿角（　　）。

　A. $\theta < 90°$ 　　　B. $\theta > 90°$ 　　　C. $\theta = 90°$ 　　　D. $\theta = 0°$

6. 材料的吸水率的表示方法是（　　）。

　A. $W_{体}$ 　　　B. $W_{含}$ 　　　C. $K_{软}$ 　　　D. P_k

7. 下列性质中与材料的吸水率无关的是（　　）。

　A. 亲水性 　　　　　　　　　　B. 水的密度

　C. 孔隙率 　　　　　　　　　　D. 孔隙形态特征

8. 材料的耐水性可用（　　）表示。

　A. 亲水性 　　　　　　　　　　B. 憎水性

　C. 抗渗性 　　　　　　　　　　D. 软化系数

9. 材料抗冻性的好坏与（　　）无关。
    A. 水饱和度　　　　　　　　　　　B. 孔隙特征
    C. 水的密度　　　　　　　　　　　D. 软化系数

10. 下述导热系数最小的是（　　）。
    A. 水　　　　　　　　　　　　　　B. 冰
    C. 空气　　　　　　　　　　　　　D. 发泡塑料

11. 下述材料中比热容最大的是（　　）。
    A. 木材　　　　　　　　　　　　　B. 石材
    C. 钢材　　　　　　　　　　　　　D. 水

12. 按材料比强度高低排列正确的是（　　）。
    A. 木材、石材、钢材　　　　　　　B. 石材、钢材、木材
    C. 钢材、木材、石材　　　　　　　D. 木材、钢材、石材

13. 水可以在材料表面展开，即材料表面可以被水浸润，这种性质称为（　　）。
    A. 亲水性　　　　　　　　　　　　B. 憎水性
    C. 抗渗性　　　　　　　　　　　　D. 吸湿性

14. 材料的抗冻性以材料在吸水饱和状态下所能抵抗的（　　）来表示。
    A. 抗压强度　　　　　　　　　　　B. 负温温度
    C. 材料的含水程度　　　　　　　　D. 冻融循环次数

15. 含水率4%的砂100 g，其中干砂重（　　）g。
    A. 96　　　　　　　　　　　　　　B. 95.5
    C. 96.15　　　　　　　　　　　　D. 97

16. 材料在吸水饱和状态时水占的体积可视为（　　）。
    A. 闭口孔隙体积　　　　　　　　　B. 开口孔隙体积
    C. 实体积　　　　　　　　　　　　D. 孔隙体积

17. 某岩石在气干、绝干、水饱和状态下测得的抗压强度分别为172 MPa、178 MPa、168 MPa，该岩石的软化系数为（　　）。
    A. 0.87　　　　　　　　　　　　B. 0.85
    C. 0.94　　　　　　　　　　　　D. 0.96

18. 某一块状材料干燥质量为50 g，自然状态下的体积为20 cm³，绝对密实状态下的体积为16.5 cm³。该材料的孔隙率为（　　）。
    A. 17%　　　　B. 83%　　　　C. 40%　　　　D. 60%

19. 在空气中吸收水分的性质称为材料的（　　）。
    A. 吸湿性　　　　　　　　　　　　B. 含水率
    C. 耐水性　　　　　　　　　　　　D. 吸水性

20. 在冲击荷载作用下，材料能够承受较大的变形也不致破坏的性能称为（　　）。
    A. 弹性　　　　B. 塑性　　　　C. 脆性　　　　D. 韧性

21. 材料的耐磨性与（　　）有关。
    A. 含水率　　　　　　　　　　　　B. 硬度
    C. 耐水性　　　　　　　　　　　　D. 吸水性

22. 下列性质中与水无关的性质是（　　　）。
    A. 吸湿性
    B. 导热率
    C. 耐水性
    D. 吸水性

23. 孔隙率增大，材料的（　　　）降低。
    A. 密度
    B. 表观密度
    C. 憎水性
    D. 抗冻性

24. 材料在水中吸收水分的性质称为（　　　）。
    A. 吸水性
    B. 吸湿性
    C. 耐水性
    D. 渗透性

25. 含水率10%的湿砂220 g，其中水的质量为（　　　）g。
    A. 19.8
    B. 22
    C. 20
    D. 20.2

26. 材料的孔隙率增大时，其性质保持不变的是（　　　）。
    A. 表观密度
    B. 堆积密度
    C. 密度
    D. 强度

27. 下列性质中不属于力学性质的是（　　　）。
    A. 强度
    B. 硬度
    C. 密度
    D. 脆性

二、简答题

1. 材料的密度、表观密度、堆积密度有何区别？如何测定？材料含水后对三者有何影响？

2. 简述影响材料抗冻性的主要因素。

3. 什么是材料的强度？影响强度的因素有哪些？

4. 什么是材料的孔隙率？它与密实度有何关系？二者各如何计算？

三、计算题

1. 某石子试样的绝干质量为260 g，将其放入水中，在其吸水饱和后排开水的体积为100 cm³。取出该石子试样并擦干表面后，再次将其投入水中，此时排开水的体积为130 cm³。求该石子的表观密度、体积吸水率、质量吸水率、开口孔隙率。

2. 现有甲、乙两种墙体材料，密度均为2.7 g/cm³。甲的干燥表观密度为1 400 kg/m³，质量吸水率为17%。乙浸水饱和后的表观密度为1 862 kg/m³，体积吸水率为46.2%。试求：(1)甲材料的孔隙率和体积吸水率；(2)乙材料的干燥表观密度和孔隙率；(3)哪种材料抗冻性差，并说出理论根据。

项目三 砂石及其检测技术

项目介绍

本项目主要介绍建筑工程中常用材料——集料在混凝土中的作用，砂石材料的粗细和级配、颗粒特征、杂质含量等技术要求，石子的强度、坚固性，砂石碱活性。其包括砂石的基本性质、砂石的筛分试验、砂石的含泥量和泥块检测。

学有所获

(1)理解砂石集料的作用及质量要求；

(2)掌握砂石集料的技术指标及参数的评定方法；

(3)掌握砂石各检测项目中涉及的检测工具的操作方法；

(4)熟悉检测数据的记录、计算，并能根据数据进行检测结果的判定；

(5)熟练掌握各项砂石检测项目的内容和过程。

任务一 砂石的基本性质

任务导入

任何土木工程建筑物都是由各种材料组成的，这些材料总称为建筑材料。随着建筑工程技术的发展，用于建筑工程的材料不仅在品种上日益增多，而且人们对其质量也不断提出新的要求。

砂石材料有的是由地壳上层的岩石经自然风化得到的（天然砂砾），有的是经人工开采或再经轧制而得（如各种不同尺寸的碎石和砂）。这类材料可以直接用于土木工程结构物，同时，也是配制水泥混凝土或沥青混合料的矿质集料。

混凝土是由水泥、粗集料（碎石或卵石）、细集料（砂）和水拌和，经硬化而成的一种人造石材。砂石在混凝土中起骨架作用，并抑制水泥的收缩；水泥和水形成水泥浆，包裹在粗细集料表面并填充集料间的空隙。水泥浆体在硬化前起润滑作用，使混凝土拌合物具有良好的工作性能，其在硬化后将集料胶结在一起，形成坚固的整体。其结构如图3-1所示。

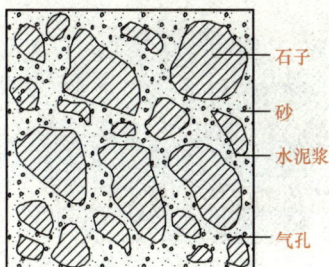

图 3-1　普通混凝土结构示意

■ 一、建筑用砂

建筑用砂主要是指混凝土中的细集料——砂。细集料是指粒径小于 4.75 mm 的岩石颗粒，通常称为砂。其按产源可分为天然砂和人工砂两类。

天然砂是由自然风化、水流搬运和分选、堆积等自然条件作用形成的，可分为山砂、湖砂、河砂和淡化海砂。河砂、湖砂表面洁净光滑、比表面积小，拌制的混凝土的和易性好；山砂风化较严重，颗粒多具棱角，表面粗糙，砂中含泥量及有机杂质较多；海砂中常含有贝壳等杂质，其所含的氯盐、硫酸盐、镁盐会引起混凝土的腐蚀。相对海砂而言，河砂较为适用，故建筑工程中普遍采用河砂作为细集料。

人工砂是由岩石(不包括软质岩、风化岩石)经除土开采、机械破碎、筛分制成的机制砂、混合砂的统称。

根据《建设用砂》(GB/T 14684—2011)的规定，砂的技术要求主要包括以下几个方面。

(一)砂的粗细程度及颗粒级配

在混凝土中，水泥砂浆包裹集料颗粒表面，并填充集料的空隙。为了节约水泥，并使混凝土结构达到较高密实度，故选择集料时，应尽可能选用总表面积较小、空隙率较小的集料，而砂子的总表面积与粗细程度有关，空隙率则与颗粒级配有关。

1. 砂的粗细程度

砂的粗细程度是指不同粒径的砂粒混合在一起的总体粗细程度。通常砂子按粗细程度分为粗砂、中砂、细砂及特细砂。在相同质量的条件下，粗砂颗粒数量少，总面积较小；反之，细砂颗粒数量多，则总面积较大。因此，一般用粗砂拌制混凝土比用细砂更节约水泥。但砂料过粗，会使混凝土拌合物产生离析、泌水等现象，影响混凝土的工作性。因此，用作配制混凝土的砂不宜过细，也不宜过粗。如图 3-2 所示为常见工程用砂。

2. 砂的颗粒级配

砂的颗粒级配是指粒径不同的砂粒互相搭配的情况。一般粗细均匀的砂粒，其空隙率较大，但如果各种粒径的颗粒搭配适当，使细颗粒能填充中等颗粒的空隙，中等颗粒又能填充粗颗粒的空隙，就可以使砂子得到较小的空隙率。故砂子的空隙率取决于砂料各级粒径的搭配，级配好的砂子不仅可以节约水泥，还可以提高混凝土的密实性及强度。砂的粗细及级配对混凝土来说具有很大的技术经济意义，是评定砂粒质量的重要指标。从上面分析来看，应选用级配良好的粗砂，图 3-3 为集料颗粒级配示意。

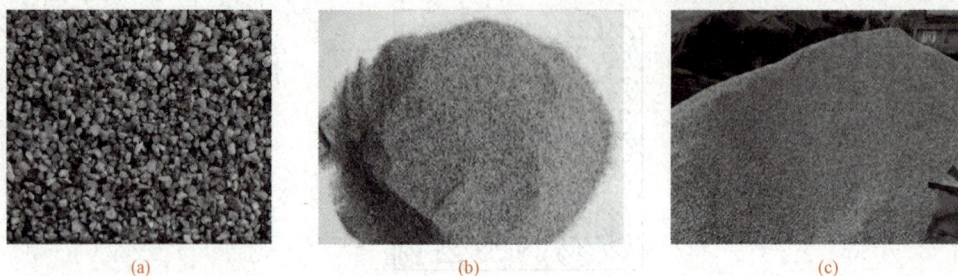

图 3-2 常见工程用砂示意

(a)粗砂；(b)中砂；(c)细砂

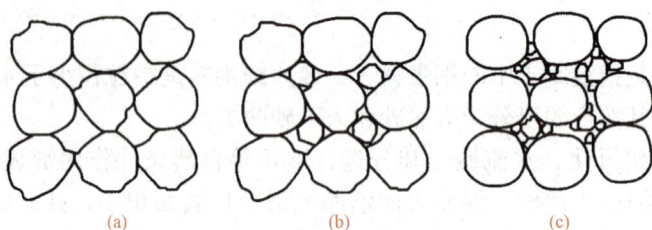

图 3-3 集料颗粒级配示意

(a)单一粒径；(b)两种粒径；(c)多种粒径

3. 砂的粗细程度与颗粒级配的评定

砂的粗细程度和颗粒级配常用筛分析方法进行评定。称取试样 500 g，将试样倒入按孔径大小从上到下组合的套筛(附筛底)上进行筛分，然后称取各筛上的筛余量，计算各筛的分计筛余百分率 a_1、a_2、a_3、a_4、a_5、a_6 及累计筛余百分率 A_1、A_2、A_3、A_4、A_5、A_6，其计算关系见表 3-1。

表 3-1 累计筛余率与分计筛余率计算关系

筛孔尺寸	筛余量/g	分计筛余百分率/%	累计筛余百分率/%
4.75 mm	m_1	$a_1 = (m_1/500) \times 100\%$	$A_1 = a_1$
2.36 mm	m_2	$a_2 = (m_2/500) \times 100\%$	$A_2 = a_1 + a_2$
1.18 mm	m_3	$a_3 = (m_3/500) \times 100\%$	$A_3 = a_1 + a_2 + a_3$
600 μm	m_4	$a_4 = (m_4/500) \times 100\%$	$A_4 = a_1 + a_2 + a_3 + a_4$
300 μm	m_5	$a_5 = (m_5/500) \times 100\%$	$A_5 = a_1 + a_2 + a_3 + a_4 + a_5$
150 μm	m_6	$a_6 = (m_6/500) \times 100\%$	$A_6 = a_1 + a_2 + a_3 + a_4 + a_5 + a_6$

由筛分析试验得出的 6 个累计筛余百分率来计算砂的细度模数(M_x)和检验砂的颗粒级配是否合格。

砂的粗细程度用细度模数 M_x 表示，其计算公式如下：

$$M_x = \frac{(A_2 + A_3 + A_4 + A_5 + A_6) - 5A_1}{100 - A_1} \qquad (3-1)$$

式中　M_x——砂的细度模数；

A_1、A_2、A_3、A_4、A_5、A_6——分别为 4.75 mm、2.36 mm、1.18 mm、600 μm、300 μm、150 μm 筛的累计筛分百分率。

细度模数越大，表示砂越粗。砂按细度模数(M_x)可分为粗砂、中砂、细砂和特细砂，见表 3-2。

表 3-2　砂的分类表

分类	粗砂	中砂	细砂	特细砂
细度模数	3.7～3.1	3.0～2.3	2.2～1.6	1.5～0.7

砂的颗粒级配用级配区表示，以级配区或级配曲线判定砂级配的合格性。对细度模数为 1.6～3.7 的建筑用砂，根据 600 μm 筛的累计筛余百分率分成 3 个级配区，见表 3-3。

表 3-3　砂的颗粒级配

砂的分类	天然砂			机制砂		
级配区	1 区	2 区	3 区	1 区	2 区	3 区
方筛孔	累计筛余百分率/%					
4.75 mm	10～0	10～0	10～0	10～0	10～0	10～0
2.36 mm	35～5	25～0	15～0	35～5	25～0	15～0
1.18 mm	65～35	50～10	25～0	65～35	50～10	25～0
600 μm	85～71	70～41	40～16	85～71	70～41	40～16
300 μm	95～80	92～70	85～55	95～80	92～70	85～55
150 μm	100～90	100～90	100～90	97～85	94～80	94～75

为了更直观地反映砂的颗粒级配，以累计筛余百分率为纵坐标，筛孔尺寸为横坐标，根据表 3-3 的数值可以画出砂子 3 个级配区的级配曲线，如图 3-4 所示。配制混凝土时宜优先选用 2 区砂，其粗细适中，级配较好，能使混凝土拌合物获得良好的和易性；采用 1 区砂（较粗砂）时，应适当提高砂率，保证足够水泥用量，以满足和易性要求；采用 3 区砂（较细砂）时，应适当降低砂率，以保证混凝土强度。当砂的细度模数不符合级配区要求时，可人工改善，即将粗、细砂按适当比例试配，掺合使用，或将砂过筛，筛除过粗或过细的颗粒。

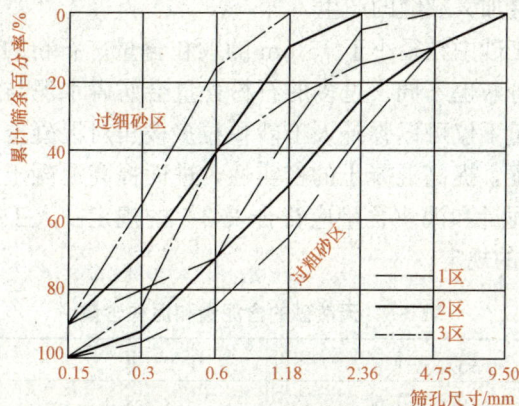

图 3-4　砂的级配曲线图

【例 3-1】 用 500 g 烘干砂进行筛分试验，其结果见表 3-4 所求。试分析该砂的粗细程度与颗粒级配。

表 3-4 砂样筛分结果

筛孔尺寸	筛余量/g	分计筛余百分率/%	累计筛余百分率/%
4.75 mm	27.5	5.5	5.5
2.36 mm	42	8.4	13.9
1.18 mm	47	9.4	23.3
600 μm	191.5	38.3	61.6
300 μm	102.5	20.5	82.1
150 μm	82	16.4	98.5
< 150 μm	7.5	1.5	100

【解】 计算细度模数 M_x：

$$M_x = \frac{(A_2+A_3+A_4+A_5+A_6)-5A_1}{100-A_1} = \frac{(13.9+23.3+61.6+82.1+98.5)-5\times5.5}{100-5.5}$$

$$=2.66$$

评定结果：

将累计筛余百分率与表 3-3 作对照，或绘出级配曲线，此砂处于 2 区，级配良好；细度模数为 2.66，对照表 3-2 可知属于中砂。

(二)含泥量、石粉含量和泥块含量

含泥量是指在天然砂中粒径小于 75 μm 的颗粒含量；石粉含量是指在人工砂中粒径小于 75 μm 的颗粒含量；泥块含量是指砂中原粒径大于 1.18 mm，经水浸洗、手捏后粒径小于 600 μm 的颗粒含量。混凝土中含泥量过大，妨碍了水泥浆与砂的粘结，使混凝土的强度降低。除此之外，泥的表面积较大、含泥量多会降低混凝土拌合物的流动性，或者在保持相同流动性的条件下，增加水和水泥用量，从而导致混凝土的强度、耐久性降低，干缩、徐变增大，严重含泥还会加大裂缝的产生。

石粉含量是指在人工砂中粒径小于 75 μm 的颗粒含量；石粉的粒径虽小，但与天然砂中的泥成分不同，粒径分布也不同。过多的石粉含量会妨碍水泥与集料的粘结，对混凝土无益；但适的石粉含量不仅可以弥补人工砂颗粒多棱角对混凝土带来的不利，还可完善混凝土的细集料颗粒级配，提高混凝土的密实性，进而提高混凝土的综合性能，但其掺量也要适宜。天然砂的含泥量和泥块含量应符合表 3-5 的规定。人工砂的石粉含量和泥块含量应符合表 3-6、表 3-7 的规定。

表 3-5 天然砂的含泥量和泥块含量

类别	I	II	III
含泥量(按质量计)/%	≤1.0	≤3.0	≤5.0
泥块含量(按质量计)/%	0	≤1.0	≤2.0

表 3-6　人工砂的石粉含量和泥块含量(MB 值≤1.4 或快速法试验合格)

类别	I	II	III
MB 值	≤0.5	≤1.0	≤1.4 或合格
石粉含量(按质量计)/%*		≤10.0	
泥块含量(按质量计)/%	0	≤1.0	≤2.0

* 此指标根据使用地区和用途，经试验验证，可由供需双方协商确定。

表 3-7　人工砂的石粉含量和泥块含量(MB 值＞1.4 或快速法试验合格)

类别	I	II	III
石粉含量(按质量计)/%	≤1.0	≤3.0	≤5.0
泥块含量(按质量计)/%	0	≤1.0	≤2.0

(三)有害物质含量

相关国家标准规定，砂中不应混有草根、树叶、塑料、煤块、炉渣等杂物。砂中如含有云母、轻物质、有机物、硫化物及硫酸盐、氯盐等，其含量应符合表 3-8 的规定。

表 3-8　有害物质含量

类别	I	II	III
云母(按质量计)/%	≤1.0	≤2.0	
轻物质(按质量计)/%		≤1.0	
有机物		合格	
硫化物及硫酸盐(SO_3 质量计)/%		≤0.5	
氯化物(以氯离子质量计)/%	≤0.01	≤0.02	≤0.06
贝壳(按质量计)/%*	≤3.0	≤5.0	≤8.0

* 该指标仅适用于海砂，对其他砂种不作要求。

(四)坚固性

砂的坚固性是指砂在自然风化和其他外界物理、化学因素作用下，抵抗破裂的能力。天然砂采用硫酸钠溶液法进行试验，砂样经 5 次循环后其质量损失应符合表 3-9 的规定。人工砂采用压碎指标法进行试验，压碎指标值应符合表 3-10 的规定。

表 3-9　坚固性指标(GB/T 14684—2011)

类别	I	II	III
质量损失/%		≤8	≤10

表 3-10　压碎指标(GB/T 14684—2011)

类别	I	II	III
单级最大压碎指标/%	≤20	≤25	≤30

(五)表观密度、堆积密度、空隙率

砂的表观密度、堆积密度、空隙率应符合的规定包括：表观密度大于 2 500 kg/m³；松散堆积密度大于 1 350 kg/m³；空隙率小于 47%。

(六)碱-集料反应

碱-集料反应是指水泥、外加剂等混凝土组成物及环境中的碱与集料中碱活性矿物在潮湿环境下缓慢发生并导致混凝土开裂破坏的膨胀反应。

经碱-集料反应试验后，由砂制备的试件无裂缝、酥裂、胶体外溢等现象，在规定的试验龄期膨胀率应小于 0.10%。

■ 二、建筑用石材

(一)石材的基本知识

石材是使用历史最悠久的建筑材料之一。最古老的石砌建筑是在公元前 2750 年建于撒哈拉沙漠的金字塔。我国著名的古代石材建筑是河北省的赵州桥。

石材的优点是：抗压强度高，耐久性、耐磨性、装饰性好，资源丰富；其缺点是：表观密度大，脆性大，开采加工费用高。目前，在结构应用方面，石材逐步被混凝土所取代；在装饰应用方面，石材仍在继续发展，同时，也正被其他更适宜的装饰材料所逐步取代。利用岩石还可生产岩棉、铸石等建材产品。

1. 岩石的组成

岩石是由一种或多种矿物构成的。由一种矿物构成的岩石称为单成岩(如石灰岩)，其性质由其矿物组成及结构构造决定；由几种矿物集合组成的岩石称为复成岩(如花岗石)，其性质由其组成矿物的相对含量及结构构造决定。岩石没有确定的化学组成和物理性质。

岩石的主要造岩矿物有石英(结晶状的二氧化硅)、长石(结晶的铝硅酸盐)、云母(片状铝硅酸盐)、角闪石、辉石、橄榄石(结晶的铁镁硅酸盐)、方解石(结晶状的碳酸钙)、白云石(结晶的碳酸钙镁复盐)等。

大多岩石的结构属于结晶结构，少数具有玻璃质结构。岩石的构造有块状(花岗岩、正长岩、大理岩、石英岩)、层片状(砂岩、板岩、片麻岩)、流纹状、斑状、杏仁状、结核状、气孔状(浮石、玄武岩、火山凝灰岩)。

2. 岩石的分类

根据地质形成条件不同，岩石可分为岩浆岩、沉积岩、变质岩。地表岩石中三者分布情况为：沉积岩占 75%；岩浆岩和变质岩占 25%。它们具有显著不同的组成、构造和性质。

(1)**岩浆岩**。岩浆岩又称为火成岩，是地壳内的熔融岩浆在地下或喷出地面后冷凝而成的岩石。根据不同的形成条件，岩浆岩可分为深成岩、喷出岩和火山岩。

(2)**沉积岩**。沉积岩又称为水成岩，由地表岩石经风化后沉积再造而成。根据成因和物质成分，沉积岩可分为机械沉积岩(如页岩、砂岩、砾岩)、化学沉积岩(如石膏、菱镁石、白云岩)、生物沉积岩(如石灰岩、白垩、硅藻土)。

(3)**变质岩**。变质岩是地壳中原有的各类岩石，在地层压力或温度作用下，原岩石在固

体状态下发生再结晶作用，其矿物成分、结构构造以至化学成分发生部分或全部改变而形成的新岩石。一般由岩浆岩变质而成的称为正变质岩，如片麻岩等；由沉积岩变质而成的称为副变质岩，如大理石、石英岩等。

3. 常用石材

建筑常用石材包括建筑饰面石材、砌筑用石材。常用建筑饰面石材包括花岗石和大理石。**砌筑用石材包括毛石和料石。**

(1)建筑饰面石材。

1)岩石学所说的花岗石是指由石英、长石及少量的云母和暗色矿物组成全晶质的岩石；而建筑上所说的花岗石泛指具有装饰功能并可磨光、抛光的各类岩浆岩及少量其他类岩石，包括花岗石、闪长岩、正长岩、辉长岩、辉绿岩、玄武岩、安山岩、片麻岩等。花岗石呈块状构造或粗晶嵌入玻璃质结构中的斑状构造，其具有强度高、硬度大的特点。花岗石抗压强度为120~250 MPa，使用年限为75~200年。产品质量应符合《天然花岗石建筑板材》(GB/T 18601—2009)的规定。其适用于建筑物内、外饰面及构筑。

2)岩石学所说的大理石是由石灰岩或白云岩变质而成，其主要造岩矿物是方解石或白云石；而建筑上所说的大理石泛指具有装饰功能并可磨光、抛光的各种沉积岩和变质岩，包括大理岩、致密石灰岩、白云岩、石英岩、蛇纹岩、砂岩、石膏岩等。大理石质地均匀、硬度小、易于加工和磨光。大理石抗压强度为70~110 MPa，使用年限为40~100年。产品质量应符合《天然大理石建筑板材》(GB/T 19766—2016)的规定。其适用于建筑物室内饰面。图3-5为常用建筑饰面石材。

图 3-5　建筑饰面石材
(a)花岗石；(b)大理石

(2)砌筑用石材。砌筑用石材分为毛石、料石两类。

1)毛石又称为片石或块石，其是由爆破直接得到的石块。按其表面的平整程度可分为乱毛石和平毛石。乱毛石是形状不规则的毛石，常用于砌筑基础、勒脚、墙身、堤坝、挡土墙等，也可作毛石混凝土的集料；平毛石是乱毛石略经加工而成的石块，形状较整齐，表面粗糙，其中部厚度不应小于200 mm。

2)料石又称为条石，其是由人工或机械开采出的较规则并略加凿琢而成的六面体石块。料石常用致密的砂岩、石灰岩、花岗石等开采凿制，至少应有一个面的边角整齐，以便相互合缝。料石常用于砌筑墙身、地坪、踏步、拱和纪念碑等；形状复杂的料石制品可用于建筑物柱头、柱基、窗台板、栏杆和其他装饰等。图3-6为常见砌筑用石材毛石、料石。

图3-6　砌筑用石材
(a)毛石；(b)料石

(二)粗集料——石子

砂、石在混凝土中起骨架作用，称为骨料或集料，其中粒径大于 5 mm 的集料称为粗集料。普通混凝土常用的粗集料有碎石及卵石两种。碎石是天然岩石、卵石或矿山废石经机械破碎、筛分制成的粒径大于 5 mm 的岩石颗粒。卵石是由自然风化、水流搬运和分选、堆积而成的粒径大于 5 mm 的岩石颗粒。按其产源不同可分为河卵石、海卵石、山卵石等。如图 3-7 所示为混凝土粗集料碎石、卵石。

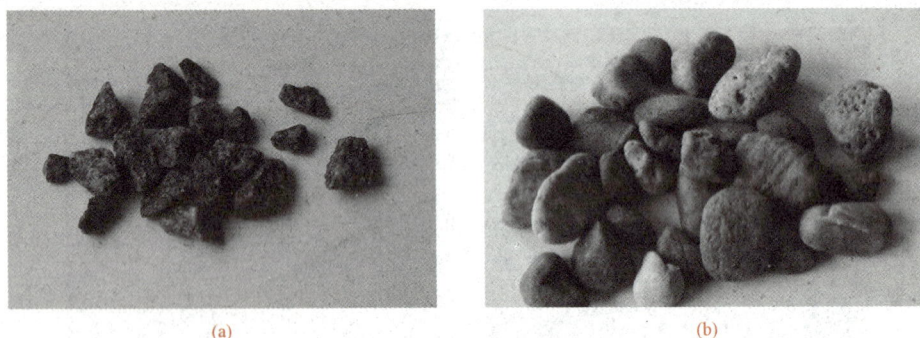

图3-7　混凝土粗集料
(a)碎石；(b)卵石

与碎石相比，卵石的表面光滑，拌制的混凝土比碎石混凝土流动性更大，但与水泥砂浆的粘结力差，故强度较低；而碎石表面粗糙，多棱角，在相同配合比的条件下，拌制的混凝土流动性较小，但其表面积大，与水泥的粘结强度较高，故所配混凝土的强度较高。卵石、碎石按技术要求分为Ⅰ、Ⅱ、Ⅲ类。Ⅰ类宜用于强度等级大于 C60 的混凝土；Ⅱ类宜用于强度等级为 C30～C60 及抗冻、抗渗或其他要求的混凝土；Ⅲ类宜用于强度等级小于 C30 的混凝土。

《建设用卵石、碎石》(GB/T 14685—2011)对粗集料的技术性能要求如下。

1. 最大粒径与颗粒级配

(1)最大粒径(D_{max})。粗集料公称粒级的上限称为该粒级的最大粒径。粗集料的最大粒径增大,则其总表面积相应减小,包裹粗集料所需的水泥浆量就减少,可节约水泥;或者在一定和易性和水泥用量条件下,能减少用水量而提高混凝土强度。故在满足技术要求的前提下,粗集料的最大粒径应尽量选大一些。在钢筋混凝土结构中,粗集料的最大粒径不得大于混凝土结构截面最小尺寸的1/4,并不得大于钢筋最小净距的3/4。对于混凝土实心板,其最大粒径不宜大于板厚的1/3,并不得超过40 mm。泵送混凝土用的碎石,不应大于输送管内径的1/3,卵石不应大于输送管内径的1/2.5。

(2)颗粒级配。良好的粗集料,对提高混凝土强度、耐久性,节约水泥是极为有利的。粗集料的颗粒级配分连续粒级和单粒粒级两种。其中,单粒级的集料一般用于组合成具有要求级配的连续粒级,它也可与连续粒级的碎石或卵石混合使用,以改善其级配。如资源受限必须使用单粒级集料时,则应采取措施避免混凝土发生离析。粗集料颗粒级配好坏的判定是通过筛分析法进行的。

2. 强度与坚固性

(1)强度。由于粗集料在混凝土中要形成坚硬的骨架,故其强度要满足一定的要求。粗集料的强度有岩石抗压强度和压碎指标两种。

1)岩石抗压强度是将母岩制成50 mm×50 mm×50 mm的立方体试件或ϕ50 mm×50 mm的圆柱体试件,测得的其在饱和水状态下的抗压强度值。岩石抗压强度:火成岩应不小于80 MPa,变质岩不小于60 MPa,水成岩应不小于30 MPa。

2)压碎指标是对粒状粗集料强度的另一种测定方法。压碎指标表示石子抵抗压碎的能力,以间接地推测其相应的强度,其值越小,表明集料抵抗受压碎裂的能力越强。碎石和卵石的压碎指标应符合表3-11的规定。

表3-11　碎石和卵石的压碎指标

类别	I	II	III
碎石压碎指标/%	≤10	≤20	≤30
卵石压碎指标/%	≤12	≤14	≤16

(2)坚固性。坚固性是指卵石、碎石在自然风化和其他外界物理、化学因素作用下抵抗破裂的能力。采用硫酸钠溶液法进行试验,卵石和碎石经5次循环后,其质量损失应符合表3-12的规定。

表3-12　坚固性指标

类别	I	II	III
质量损失/%	≤5	≤8	≤12

(3)针、片状颗粒。卵石和碎石颗粒的长度大于该颗粒所属相应粒级的平均粒径2.4倍者为针状颗粒;厚度小于平均粒径0.4倍者为片状颗粒(平均粒径指该粒级上、下限粒径的平均值)。针、片状颗粒易折断,且会增大集料的空隙率和总表面积,使混凝土拌合物的和易性、强度、耐久性降低。其含量应符合表3-13的规定。

表 3-13　针、片状颗粒含量

类别	Ⅰ	Ⅱ	Ⅲ
针、片状颗粒(按质量计)/%	≤5	≤10	≤15

（4）含泥量和泥块含量。粗集料中的含泥量是指粒径小于 75 μm 的颗粒含量；粗集料中的泥块含量是指原粒径大于 4.75 mm，经水浸洗、手捏后小于 2.36 mm 的颗粒含量。粗集料中含泥量和泥块含量应符合表 3-14 的规定。

表 3-14　含泥量和泥块含量

类别	Ⅰ	Ⅱ	Ⅲ
含泥量(按质量计)/%	≤0.5	≤1.0	≤1.5
泥块含量(按质量计)/%	0	≤0.2	≤0.5

（5）有害物质。卵石和碎石中不应混有草根、树叶、树枝、塑料、煤块和炉渣等杂物。卵石和碎石中如含有有机物、硫化物及硫酸盐，其含量应符合表 3-15 的规定。

表 3-15　有害物质含量

类别	Ⅰ	Ⅱ	Ⅲ
有机物	合格	合格	合格
硫化物及硫酸盐(按 SO_3 质量计)/%	≤0.5	≤1.0	≤1.0

任务二　砂石的筛分析试验

■ 任务导入

对于砂石材料来说，颗粒级配和粗细程度是两项重要的技术指标。通过试验来确定砂石的这两项技术指标可以得到材料的工程性质，从而为实际工程的勘察、设计和施工服务。下面我们就学习通过筛分析试验来测定砂石的颗粒级配和粗细程度这两项重要技术指标的方法。

■ 一、砂的筛分析试验

（一）试验依据

《建设用砂》(GB/T 14684—2011)。

（二）试验目的

砂的颗粒级配即表示砂大小颗粒的搭配情况。砂的粗细程度是指不同粒径的砂粒混合在一起后的总体的粗细程度，通常有粗砂、中砂与细砂之分。在配制混凝土时，这两个因素(砂的颗粒级配和砂的粗细程度)应同时考虑。控制砂的颗粒级配和粗细程度有很大的技术经济意义，它们是评定砂质量的重要指标。用级配区表示砂的颗粒级配，用细度模数表示砂的粗细。本试验我们将学习通过筛分析试验来测定砂的颗粒级配和粗细程度这两项重要技术性质的好坏。

(三)试验准备

1. 样品的缩分

(1)**用分料器缩分**：将样品在潮湿状态下拌和均匀，然后将其通过分料器，留下两个接料斗中的一份，并将另一份再次通过分料器。重复上述过程，直至把样品缩分到检测所需量为止。

(2)**人工四分法缩分**：将所取样品置于平板上，在潮湿状态下拌和均匀，并堆成厚度约为 20 mm 的"圆饼"，然后沿互相垂直的两条直径把"圆饼"分成大致相等的四份，取其中对角线的两份重新拌匀，再堆成"圆饼"。重复上述过程，直至把样品缩分到试验所需量为止。

2. 试样制备

试验前先将试样通过 10 mm 筛，并算出筛余百分率。若试样含泥量超过 5%，应先用水洗。称取每份不少于 550 g 的试样两份，分别倒入两个浅盘中，在 105 ℃±5 ℃ 的温度下烘干至恒重，冷却至室温备用。

3. 仪器设备

(1)**试验筛**：砂的筛分析试验采用公称直径分别为 9.50 mm、4.75 mm、2.36 mm、1.18 mm、0.6 mm、300 μm、150 μm 的方孔筛各一只，筛的底盘和盖各一只，筛框为 300 mm 或 200 mm。其产品质量应符合现行国家标准《试验筛 技术要求和检验 第 1 部分：金属丝编织网试验筛》(GB/T 6003.1—2012)和《试验筛 技术要求和检验 第 2 部分：金属穿孔板试验筛》(GB/T 6003.2—2012)的要求。标准方孔筛如图 3-8(a)所示。

(2)**天平**：称量 1 000 g，感量 1 g。

(3)**摇筛机**：如图 3-8(b)所示。

(4)**烘箱**：能使温度控制在 105 ℃±5 ℃，如图 3-8(c)所示。

(5)搪瓷盘、毛刷等。

(a)　　　　　　　　　(b)　　　　　　　　　(c)

图 3-8　主要检测设备

(a)标准方孔筛；(b)摇筛机；(c)烘箱

(四)试验步骤

(1)按规定取样，并将试样缩分至 1 100 g，放在烘烤箱中于 105 ℃烘干至恒重，待冷却后筛除大于 9.50 mm 的颗粒，分为相等的两份备用。

(2)取试样 500 g，精确至 1 g，将试样倒入按孔径大小从上到下组合的套筛上，然后进行筛分。

(3)将套筛置于摇筛机上，摇 10 min，取下套筛，按筛孔大小顺序再逐个用手筛，筛至每分钟通过最小量小至总量 0.1%为止。通过的试样放入下一号筛中，并和下一号筛中的试样一起过筛，按顺序进行，直至各号筛全部筛完为止。

(4)称出各号筛的筛余量，精确至 1 g，试样在各号筛上的筛余量不得超过式(3-2)计算出的量，否则应该将该筛的筛余试样分成两部分，再次进行筛分，并以筛余量之和作为该筛的筛余量。

$$m_r = \frac{A\sqrt{d}}{300} \tag{3-2}$$

式中 m_r——某一个筛上的剩余量(g);

     A——筛面面积(mm^2);

     d——筛孔边长(mm)。

(五)检测数据处理与分析

根据各号筛的筛余量计算分析筛余率和累计筛余率，以两次试验结果的算术平均值作为测定值，精确至 0.1%。 当两次试验所得的细度模数之差大于 0.20 时，应重新取试样进行试验。根据各筛两次试验累计筛余的平均值，评定该试验的颗粒级配分布情况，精确至 1%。

(六)试验记录格式

砂的筛分析试验记录表见表 3-16。

表 3-16   砂的筛分析试验记录表

筛孔尺寸/mm	筛余砂样质量/g	分计筛余百分率/%	累计筛余百分率/%	备注
4.75				A_1
2.36				A_2
1.18				A_3
0.6				A_4
0.3				A_5
0.15				A_6
底盘				
总计/g		试验前后砂样质量相对误差/%		

计算砂的细度模数 M_x(精确至 0.01):

$$M_x = \frac{(A_2 + A_3 + A_4 + A_5 + A_6) - 5A_1}{100 - A_1}$$

评定结果：根据《普通混凝土用砂、石质量及检验方法标准》(JGJ 52—2006)(粗砂 3.1~

3.7；中砂 2.3～3.0；细砂 1.6～2.2；特细砂 0.7～1.5），则该砂样属于_____砂。

二、石的筛分析试验

(一)试验依据

《普通混凝土用砂、石质量及检验方法标准》(JGJ 52—2006)。

(二)试验目的

通过筛分析试验来测定石的颗粒级配和粗细程度这两项重要技术指标，通过测定碎石或卵石的颗粒级配，以便于选择优质粗集料，达到节约水泥和改善混凝土性能的目的；同时，通过本试验掌握《建设用碎石、卵石》(GB/T 14685—2011)的测试方法，正确使用所用仪器与设备，并熟悉其性能。

(三)试验准备

1. 样品的缩分

碎石或卵石缩分时，应将样品置于平板上，在自然状态下拌和均匀，并堆成锥体，然后沿互相垂直的两条直径把锥体分成大致相等的四份，取其对角的两份重新拌匀，再堆成锥体。重复上述过程，直至把样品缩分至检测所需量为止。

2. 试样制备

试验前，根据石子的最大粒径不同，将样品缩分至表 3-17 所规定的试样最少质量，并烘干或风干后备用。

表 3-17 筛分所需试样的最少质量

公称粒径/mm	10.0	16.0	20.0	25.0	31.5	40.0	63.0	80.0
试样最少质量/kg	2.0	3.2	4.0	5.0	6.3	8.0	12.6	16.0

3. 仪器设备

(1)**试验筛**：公称直径分别为 100.0 mm、80.0 mm、63.0 mm、50.0 mm、40.0 mm、31.5 mm、25.0 mm、20.0 mm、16.0 mm、10.0 mm、5.00 mm、2.50 mm 的方孔筛及筛底、筛盖各一只，公称直径分别为 1.25 mm 及 80 μm 方孔筛各一只，筛框直径为 300 mm，质量要求应符合现行国家标准《试验筛 技术要求和检验 第 2 部分：金属穿孔板试验筛》(GB/T 6003.2—2012)的要求。

(2)**天平和秤**：天平的称量 5 kg，感量 5 g；秤的称量 20 kg，感量 20 g。

(3)**烘箱**：温度控制范围为 105 ℃±5 ℃。

(4)**浅盘**。

(四)试验步骤

(1)按表 3-17 的规定称取试样。

(2)将试样按筛孔大小顺序过筛，当每只筛上的筛余层厚度大于试样的最大粒径值时，应将该筛上的筛余试样分成两份，再次进行筛分，直至各筛每分钟的通过量不超过试验总量的 0.1%。

(3)称取各筛筛余的质量，精确至试样总质量的 0.1%。各筛的分计筛余量和筛底剩余量的总和与筛分前测定的试样总量相比，其相差不得超过1％。

(五)数据处理与分析

计算分计筛余(各筛上筛余量除以试样的百分率)，精确至0.1％；计算累计筛余(该筛的分计筛余与筛孔大于该筛的各筛的分计筛余百分率总和)，精确至1％。

根据各筛的累计筛余，评定该试样的颗粒级配。砂的筛分析度试验评价表见表3-18。

表3-18 砂的筛分析试验评价表

项目	评分依据	评价				
		优	良	中	差	未完成
		10~8分	8~6分	6~4分	4~3分	<3分
检测准备	1. 检测前能正确准备实验检测设备，得2分； 2. 能正确抽取试样并将样品缩分，得2分； 3. 能正确测量试样所需温度，得2分； 4. 能正确将样品在烘箱中烘干，得4分	得分	1.			
			2.			
			3.			
			4.			
		合计	自评		教师或第三方评价	
砂的筛分试验	1. 能准确称取试样，得3分； 2. 能正确使用筛分机，能正确使用手筛进行筛分，得4分； 3. 能正确称取各筛的筛余量和累计筛余量，得3分	得分	1.			
		合计	2.			
			3.			
			自评		教师或第三方评价	
数据分析与评定	1. 能正确称取样品质量及烘干质量，得3分； 2. 能正确按公式计算砂的细度模数，得4分； 3. 能正确判断砂的种类，得3分	得分	1.			
			2.			
			3.			
		合计	自评		教师或第三方评价	
情感目标评价	1. 在操作过程中会严格按照步骤操作，得3分； 2. 在小组中能积极配合各成员工作，形成团队协作，使检测顺利完成，得5分； 3. 尊重检测结果并分析误差，得2分	得分	1.			
			2.			
			3.			
		合计	自评		教师或第三方评价	
综合评定						

任务三　砂石的含泥量检测

■ 一、砂的含泥量试验

(一)试验依据

《普通混凝土用砂、石质量及检验方法标准》(JGJ 52—2006)。

(二)试验目的

由于混凝土用砂的含泥量对混凝土的技术性能有很大影响，故在拌制混凝土时应对建筑用砂含泥量进行试验，为普通混凝土配合比设计提供原材料参数，从而指导混凝土配合比设计，确保工程施工质量。

(三)试验准备

1. 试样制备

将试样在潮湿状态下用四分法缩分至约 1 100 g，置于温度为 105 ℃±5 ℃的烘箱中烘干至恒重，冷却至室温后，称取 400 g(m_0)试样各两份备用。

2. 仪器设备

(1)**天平**：称量 1 000 g，感量 1 g。

(2)**烘箱**：能使温度控制在 105 ℃±5 ℃。

(3)**试验筛**：筛孔公称直径为 80 μm 和 1.25 mm 的方孔筛各一个。

(4)**洗砂用的容器及烘干用的浅盘等**。

(四)试验步骤

(1)取一份烘干的试样置于容器中，并注入饮用水，使水面高出砂面约 150 mm，充分拌匀后浸泡 2 h，然后，用手在水中淘洗试样，使尘屑、淤泥和黏土与砂粒分离，并使之悬浮或溶于水中。缓缓地将浑浊液倒至 1.25 mm 及 80 μm 的套筛上，滤去小于 80 μm 的颗粒。试验前筛子的两面应先用水润湿，在整个试验过程中应注意避免砂粒丢失。

(2)再次加水于容器中，重复上述过程，直至洗出的水清澈为止。

(3)用水冲洗剩留在筛上的细粒，并将 80 μm 筛放在水中来回摇动，以充分洗除小于 80 μm 的颗粒。然后将两只筛上剩留的颗粒和容器中已经洗净的试样一并装入浅盘，置于温度为 105 ℃±5 ℃的烘箱中烘干至恒重，取出来冷却至室温后，称量试样的质量(m_1)。

(五)数据处理与分析

含泥量按式(3-3)计算(精确至 0.1%)：

$$w_c = \frac{m_0 - m_1}{m_0} \times 100\% \tag{3-3}$$

式中　w_c——砂中含泥量(%)；

　　　m_0——检测前烘干试样的质量(g)；

　　　m_1——检测后烘干试样的质量(g)。

含泥量检测结果评定以两次检测结果的算术平均值作为测定值，当两次结果的差大于 0.5%时，则测试结果无效，应重新取样进行检测。

■ 二、石的含泥量试验

(一)试验依据

《普通混凝土用砂、石质量及检验方法标准》(JGJ 52—2006)。

(二)试验目的

由于混凝土用石的含泥量对混凝土的技术性能有很大影响，故在拌制混凝土时应对建筑用石含泥量进行试验，为普通混凝土配合比设计提供原材料参数，从而指导混凝土配合比设计，确保工程施工质量。

(三)试验准备

1. 试样制备

检测前，将试样用四分法缩分至表 3-19 所规定的量，并置于温度为 105 ℃±5 ℃的烘箱内烘干至恒重，冷却至室温后分成两份备用。

表 3-19 含泥量检测所需试样的最少质量

最大公称粒径/mm	10.0	16.0	20.0	25.0	31.5	40.0	63.0	80.0
试样最少质量/kg	2	2	6	6	10	10	20	20

2. 仪器设备

(1)秤：称量 20 kg，感量 20 g。

(2)烘箱：能使温度控制在 105 ℃±5 ℃。

(3)试验筛：筛孔公称直径为 80 μm 和 1.25 mm 的方孔筛各一个。

(4)容器：容积约 10 L 的瓷盘或金属盒。

(5)浅盘。

(四)试验步骤

(1)称取一份试样(m_0)装入容器中摊平，并注入饮用水，使水面高出石子表面约 150 mm，用手在水中淘洗颗粒，使尘屑、淤泥和黏土与较粗的颗粒分离，并使之悬浮或溶解于水中。缓缓地将浑浊液倒至 1.25 mm 及 80 μm 的套筛上，整个试验过程中应注意避免大于 80 μm 的颗粒丢失。

(2)再次加水于容器中，重复上述过程，直至洗出的水清澈为止。

(3)用水冲洗剩留在筛上的细粒，并将 80 μm 筛放在水中来回摇动，以充分洗除小于 80 μm 的颗粒，然后，将两只筛上剩留的颗粒和筒中已洗净的试样一并装入浅盘，置于温度为 105 ℃±5 ℃的烘箱中烘干至恒重。冷却至室温后取出，称取试样的质量(m_1)。

(五)数据处理与分析

卵石、碎石泥含量 w_c 检测结果按式(3-4)计算(精确至 0.1%)：

$$w_c = \frac{m_0 - m_1}{m_0} \times 100\% \qquad (3-4)$$

式中　w_c——碎(卵)石中含泥量(%)；

　　　m_0——检测前烘干试样的质量(g)；

　　　m_1——检测后烘干试样的质量(g)。

含泥量检测结果评定以两次检测结果的算术平均值作为测定值，当两次结果的差值大于 0.2% 时，则测试结果无效，应重新取样进行检测。砂石的含泥量检测评价表见表 3-20。

表 3-20　砂石的含泥量检测评价表

项目	评分依据	评价				
		优	良	中	差	未完成
		10～8分	8～6分	6～4分	4～3分	＜3分
检测准备	1. 检测前能正确准备实验检测设备，得2分； 2. 能正确将试样按四分法进行缩分，得3分； 3. 能正确将样品在烘箱中烘干，得3分； 4. 能正确称取冷却后的试样样品，得2分	得分	1.			
			2.			
			3.			
			4.			
		合计	自评		教师或第三方评价	
砂的含泥量试验	1. 能正确对砂进行水洗，得3分； 2. 能正确将砂的浑浊液放在套筛上进行过滤，得4分； 3. 能正确将过滤过的剩留颗粒置于烘箱中烘干，得3分	得分	1.			
			2.			
			3.			
		合计	自评		教师或第三方评价	
数据分析与评定	1. 能正确记录烘干前后的样品质量，得4分； 2. 能正确按公式计算砂的含泥量，得6分	得分	1.			
			2.			
		合计	自评		教师或第三方评价	
情感目标评价	1. 在操作过程中会严格按照步骤操作，得3分； 2. 在小组中能积极配合各成员工作，形成团队协作，使检测顺利完成，得5分； 3. 尊重检测结果并分析误差，得2分	得分	1.			
			2.			
			3.			
		合计	自评		教师或第三方评价	
综合评定						

课后习题

一、填空题

1. 混凝土是由_____、_____、_____和_____拌和，经硬化而成的一种人造石材。

2. 石材的优点是_____；缺点是_____。

3. 根据地质形成条件不同，岩石可分为_____、_____和沉积岩。

4. 建筑常用石材包括_____和砌筑用石材。常用建筑饰面石材包括花岗石和_____。砌筑用石材包括毛石和_____。

5. 普通混凝土常用的粗集料有_____及_____两种。

6. 砂的粗细程度是指_____。

项目三　参考答案

7. 粗集料公称粒级的上限称为该粒级的_____。

8. 细度模数越大，表示砂越粗。砂按细度模数 (M_x) 分为_____、_____、_____和特细砂。

9. 砂的颗粒级配是指_____。

10. 与碎石相比，卵石的表面_____，拌制的混凝土比碎石混凝土流动性更大，但与水泥砂浆粘结力差，故强度_____。

二、选择题

1. 建筑用砂主要是指混凝土中的细集料——砂。细集料是指粒径小于(　　)mm 的岩石颗粒，通常称为砂。

    A. 4.5　　　　　　　　　　　　　B. 4.75

    C. 5　　　　　　　　　　　　　　D. 7

2. 砂、石在混凝土中起骨架作用，称为骨料或集料，其中粒径大于(　　)mm 的集料称为粗集料。

    A. 4　　　　　　　　　　　　　　B. 5

    C. 6　　　　　　　　　　　　　　D. 7

3. 在钢筋混凝土结构中，粗集料的最大粒径不得大于混凝土结构截面最小尺寸的(　　)，并不得大于钢筋最小净距的 3/4。

    A. 1/3　　　　B. 1/4　　　　C. 1/5　　　　D. 1/6

4. 对于混凝土实心板，其最大粒径不宜大于板厚的(　　)，并不得超过 40 mm。

    A. 1/2　　　　B. 1/3　　　　C. 1/4　　　　D. 1/5

5. 泵送混凝土用的碎石，不应大于输送管内径的(　　)，卵石不应大于输送管内径的(　　)。

    A. 1/2, 1/3　　　B. 1/2.5, 1/3　　　C. 1/3, 1/2.5　　　D. 1/3, 1/2

三、简答题

1. 混凝土中四种组成部分各自的作用是什么？

2. 砂的粗细及级配对混凝土有什么影响？

3. 在钢筋混凝土结构中，粗集料最大粒径有什么规定？

4. 简述砂的筛分析试验步骤。

项目四　水泥及其检测技术

项目介绍

本项目主要介绍建筑工程中常用材料——水泥的种类、特性、保存以及常见的水泥检测项目，包括水泥标准稠度用水量、水泥的体积安定性、水泥的凝结时间和水泥胶砂强度的检测。

学有所获

(1)了解水泥的种类；

(2)掌握常用水泥的基本性质；

(3)掌握水泥各检测项目中涉及的检测工具的操作方法；

(4)熟悉检测数据的记录、计算，并能根据数据进行检测结果的判定；

(5)熟练掌握 4 项水泥检测项目的内容和过程。

任务一　水泥的基本知识

任务导入

水泥被广泛运用到土木工程中，它是一种粉末状无机胶凝材料，加水拌和后可成塑性浆体，经物理化学作用可变成坚硬的石状体，并能将砂、石等材料胶结成为整体。水泥的种类很多，不同种类的水泥具有不同的特性，下面我们一起来学习水泥的相关知识。

一、水泥的种类

水泥按性能和用途可分为通用水泥、特种水泥。其中，特种水泥在工程中可分为专用水泥和特性水泥，见表 4-1。通用水泥组成及其代号见表 4-2。

表 4-1　水泥按性能和用途分类

水泥品种	性能及用途	主要品种
通用水泥	指一般土木工程通常使用的水泥。水泥产量大，适用范围广	有硅酸盐水泥、普通硅酸盐水泥、矿渣硅酸盐水泥、火山灰质硅酸盐水泥、粉煤灰硅酸盐水泥和复合硅酸盐水泥共六大品种

水泥品种		性能及用途	主要品种
特种水泥	专用水泥	具有专门用途的水泥	如砌筑水泥、道路水泥、油井水泥等
	特性水泥	某种性能比较突出的水泥	如快硬硅酸盐水泥、自应力硅酸盐水泥、白色硅酸盐水泥等

表4-2　通用水泥组成及其代号

水泥品种	组成		代号
硅酸盐水泥	硅酸盐水泥熟料＋石灰石或粒化高炉矿渣(占水泥质量分数计为0～5%)＋适量石膏磨细制成的水硬性胶凝材料，称为硅酸盐水泥(国外称为波特兰水泥)	不掺混合材料(掺量0%)的称为Ⅰ型硅酸盐水泥。 在硅酸盐水泥粉磨时掺加不超过水泥质量5%的石灰石或粒化高炉矿渣混合材料的称为Ⅱ型硅酸盐水泥	P·Ⅰ P·Ⅱ
普通硅酸盐水泥	硅酸盐水泥熟料＋混合材料(占水泥质量分数计为5%～20%)＋适量石膏磨细制成的水硬性胶凝材料，称为普通硅酸盐水泥(简称普通水泥)	在掺活性混合材料时，最大掺量不超过水泥质量的20%，其中允许用不超过水泥质量5%的窑灰或不超过水泥质量的非活性混合材来代替。 在掺非活性混合材料时，最大掺量不超过水泥质量的8%	P·O
矿渣硅酸盐水泥	硅酸盐水泥熟料＋粒化高炉矿渣(占水泥质量分数计为20%～70%)＋适量石膏磨细制成的水硬性胶凝材料，称为矿渣硅酸盐水泥(简称矿渣水泥)	允许用石灰石、窑灰、粉煤灰和火山灰质混合材料中的一种代替矿渣，代替数量不得超过水泥质量的8%	P·S
火山灰质硅酸盐水泥	硅酸盐水泥熟料＋火山灰质混合材料(占水泥质量分数计为20%～40%)＋适量石膏磨细制成的水硬性胶凝材料，称为火山灰质硅酸盐水泥(简称火山灰质水泥)		P·P
粉煤灰硅酸盐水泥	硅酸盐水泥熟料＋粒化高炉矿渣(占水泥质量分数计为20%～40%)＋适量石膏磨细制成的水硬性胶凝材料，称为粉煤灰硅酸盐水泥(简称粉煤灰水泥)		P·F
复合硅酸盐水泥	硅酸盐水泥熟料＋两种或两种以上规定的混合材料(占水泥质量分数计为20%～50%)＋适量石膏磨细制成的水硬性胶凝材料，称为复合硅酸盐水泥(简称复合水泥)	水泥中允许用不超过8%的窑灰代替部分混合材料；掺矿渣时混合材料掺量不得与矿渣水泥重复	P·C

■ 二、硅酸盐水泥熟料的矿物组成及其特性

　　硅酸盐系列水泥熟料在高温下形成，其矿物主要由**硅酸钙**组成，还有少量的**游离氧化钙**(f-CaO)、**游离氧化镁**(f-MgO)以及杂质，其中C_3S和C_2S矿物称为硅酸盐矿物，占熟料总质量的75%～82%；C_3A和C_4AF矿物称为溶剂矿物，一般占总量的18%～25%。游离氧化钙和游离氧化镁是水泥中的有害成分，含量高会引起水泥安定性不良。硅酸盐水泥

熟料的主要矿物组成及其含量范围见表 4-3。

表 4-3　硅酸盐水泥熟料的主要矿物组成及其含量范围

矿物名称	氧化物成分	缩写	含量
硅酸三钙	$3CaO \cdot SiO_2$	C_3S	$36\% \sim 60\%$
硅酸二钙	$2CaO \cdot SiO_2$	C_2S	$15\% \sim 37\%$
铝酸三钙	$3CaO \cdot Al_2O_3$	C_3A	$7\% \sim 15\%$
铁铝酸四钙	$4CaO \cdot Al_2O_3 \cdot Fe_2O_3$	C_4AF	$10\% \sim 18\%$

水泥熟料经过磨细之后均能与水发生化学反应，表现较强的水硬性，每种矿物水化都具有一定的特性。水泥熟料主要矿物及其特性见表 4-4。

表 4-4　水泥熟料主要矿物及其特性

性能指标		熟料矿物			
		C_3S	C_2S	C_3A	C_4AF
水化速率		快	慢	最快	快
水化热		较高	低	最高	中
强度	早期	高	低	低	低
	后期	高	高	低	低

■ 三、硅酸盐水泥凝结与硬化

水泥加水拌和后，最初形成具有可塑性又有流动性的浆体，经过一定时间，水泥浆体逐渐变稠失去塑性，这一过程称为凝结。随时间继续增长产生强度，强度逐渐提高，并变成坚硬的石状物体——水泥石，这一过程称为硬化。水泥凝结与硬化是一个连续的复杂的物理化学变化过程，这些变化决定了水泥一系列的技术性能。因此，了解水泥的凝结与硬化过程，对水泥的应用有着重要的意义。

(一)硅酸盐水泥熟料水化

水泥颗粒与水接触后，颗粒表面的熟料矿物立即与水发生水化作用，生成水化产物，并放出一定的热量。

为调节水泥凝结时间，在熟料磨细时加入适量的石膏(占水泥质量的 $5\% \sim 7\%$)，石膏与水化铝酸钙发生二次反应，形成难溶于水的高硫型水化硫铝酸钙。随着石膏的逐渐消耗，部分高硫型的水化硫铝酸钙会逐渐转变为低硫型水化硫铝酸钙，延长了水化产物的析出，从而延缓了水泥的凝结时间。

(二)水泥的凝结硬化过程

水泥的凝结硬化过程是很复杂的物理化学变化过程。水泥加水拌和后，未水化的水泥颗粒分散在水中，成为水泥浆体。当水化开始时，由于水化物尚不多，包有凝胶体膜层的水泥颗粒之间还是分离着的，相互间引力较小，此时水泥浆具有良好的塑性。随着水泥颗粒不断水化，凝胶体膜层不断增厚而破裂，并继续扩展，在水泥颗粒之间形成了网状结构，水泥浆体逐渐变稠，黏度不断增高，失去塑性，这就是水泥的凝结过程。以上过程不断地进行，水化产物不断生成并填充颗粒之间空隙，毛细孔越来越少，使结构更加紧密，水泥浆体逐渐产生强度而进入硬化阶段。

水泥的水化反应是由颗粒表面逐渐深入到内层的。当水化物增多时，堆积在水泥颗粒周围的水化物不断增加，以致阻碍水分继续透入，使水泥颗粒内部的水化越来越困难，经过长时间（几个月甚至几年）的水化以后，多数颗粒仍剩余尚未水化的内核。因此，硬化后的水泥石是由凝胶体（凝胶和晶体）、未水化水泥颗粒内核和毛细孔组成的不匀质结构体组成。

■ 四、硅酸盐水泥的技术性质与应用

水泥作为大宗应用的建筑材料，在建筑工程上主要用以配制砂浆和混凝土，国家标准《通用硅酸盐水泥》(GB 175—2007)、《水泥标准稠度用水量、凝结时间、安定性检验方法》(GB/T 1346—2011)对通用硅酸盐水泥各项性能有着明确的规定和要求。

1. 细度

细度是指水泥颗粒的粗细程度。水泥颗粒的粗细对水泥的性质有很大的影响。水泥颗粒越细，表面积就越大，因而与水接触面积越充分，水化反应就越快，水泥的早期强度和后期强度都较高。颗粒越细的水泥在空气中硬化时收缩越大，而且磨制特细的水泥需要消耗较多的粉磨能量，成本增加。颗粒过粗不利于水泥活性的发挥。因此，硅酸盐水泥的细度应适宜。

国家标准《通用硅酸盐水泥》(GB 175—2007)规定：硅酸盐水泥和普通硅酸盐水泥的细度以比表面积表示，其比表面积须大于 300 m^2/kg；矿渣硅酸盐水泥、火山灰质硅酸盐水泥、粉煤灰硅酸盐水泥、复合硅酸盐水泥的细度以筛余表示，其 80 μm 方孔筛筛余不大于 10.0% 或 45 μm 方孔筛筛余不大于 30%。

2. 凝结时间

水泥的凝结时间分为初凝时间和终凝时间。初凝时间为自水泥加水拌和时起，到水泥浆（标准稠度）开始失去可塑性为止所需的时间。终凝时间为自水泥加水拌和时起，至水泥浆完全失去可塑性并开始产生强度所需的时间。

国家标准《通用硅酸盐水泥》(GB 175—2007)规定，硅酸盐水泥的初凝时间不得早于 45 min，终凝时间不得迟于 390 min。普通硅酸盐水泥、矿渣硅酸盐水泥、火山灰质硅酸盐水泥、粉煤灰硅酸盐水泥、复合硅酸盐水泥的初凝时间不得早于 45 min，终凝时间不得迟于 600 min。

水泥的凝结时间在施工中具有重要的意义。初凝的时间不宜过快，以保证有足够的时间进行施工操作，如搅拌、运输和浇筑等。当施工完毕之后，则要求水泥尽快凝结硬化，产生强度，以利下一步施工工序的进行。为此，水泥终凝时间又不宜过迟。

3. 体积安定性（安定性）

水泥的体积安定性是指水泥在凝结硬化过程中，体积变化的均匀性。如水泥硬化后产

生不均匀的体积变化，即为体积安定性不良。引起体积安全性不良的原因是水泥中过多的游离氧化钙 f-CaO、游离氧化镁 f-MgO 和水泥粉磨时所掺入的石膏超量造成的。

熟料中的 f-CaO 和 f-MgO 是在高温下生成的，属于过烧的，熟化很慢，在水泥凝结硬化后才进行水化，这时产生体积膨胀，水泥石出现龟裂、弯曲、松脆、崩溃等现象。当水泥熟料中石膏掺量过多时，在水泥硬化后，其三氧化硫离子还会继续与固态的水化铝酸钙反应生成水化硫铝酸钙，体积膨胀引起水泥石开裂。

国家标准《水泥标准稠度用水量、凝结时间、安定性检验方法》(GB/T 1346—2011)规定，f-CaO 引起的水泥安定性不良，必须采用沸煮法检验，试验过程可分为试饼法和雷氏法。当试饼法与雷氏法有争议时以雷氏法为准；f-MgO 引起的安定性不良，必须采用压蒸法才能检验出来。国家标准《通用硅酸盐水泥》(GB 175—2007)规定，硅酸盐水泥和普通硅酸盐水泥中氧化镁含量不得超过 5.0%，三氧化硫含量不得超过 3.5%。

4. 标准稠度用水量

水泥标准稠度通过试验不同含水量水泥净浆的穿透性，以确定水泥标准稠度净浆中所需加入的水量，即为标准稠度用水量。标准稠度用水量是作为测定水泥的凝结时间和安定性所用净浆的拌和水量的依据，也是水泥基本性能指标之一。硅酸盐水泥的标准稠度需水量与矿物组成及细度有关，一般为 23%～31%。

5. 强度

水泥的强度是水泥性能的主要技术指标，也是评定水泥等级的依据。水泥的强度等级按规定龄期的抗压强度和抗折强度来划分。

国家标准《水泥胶砂强度检验方法(ISO 法)》(GB/T 17671—1999)规定，以水泥、标准砂及水按规定比例拌制成塑性水泥胶砂，并按规定方法制成 40 mm×40 mm×160 mm 的标准试件，在标准养护条件下(温度为 20 ℃±1 ℃，相对湿度不低于 90%)的水中养护，测定其规定龄期的抗折强度及抗压强度，即为水泥的强度等级。按国家标准《通用硅酸盐水泥》(GB 175—2007)的规定，根据 3 d 和 28 d 的抗折强度及抗压强度将硅酸盐水泥分为 42.5、42.5R、52.5、52.5R、62.5、62.5R 六个强度等级，将普通硅酸盐水泥分为 42.5、42.5R、52.5、52.5R 四个强度等级。各类型水泥的强度等级不得低于表 4-5 规定的数值。

表 4-5　硅酸盐水泥和普通硅酸盐水泥各龄期的强度值　　　　　　　　　　MPa

品种	强度等级	抗压强度		抗折强度	
		3 d	28 d	3 d	28 d
硅酸盐水泥	42.5	≥17.0	≥42.5	≥3.5	≥6.5
	42.5R	≥22.0		≥4.0	
	52.5	≥23.0	≥52.5	≥4.0	≥7.0
	52.5R	≥27.0		≥5.0	
	62.5	≥28.0	≥62.5	≥5.0	≥8.0
	62.5R	≥32.0		≥5.5	

品种	强度等级	抗压强度		抗折强度	
		3 d	28 d	3 d	28 d
普通硅酸盐水泥	42.5	≥17.0	≥42.5	≥3.5	≥6.5
	42.5R	≥22.0		≥4.0	
	52.5	≥23.0	≥52.5	≥4.0	≥7.0
	52.5R	≥27.0		≥5.0	

注：表中 R 为早强型。

水泥的强度主要取决于**熟料的矿物组成和细度**。熟料中四种主要矿物的强度各不相同，它们的相对含量改变时，水泥强度及增长速度也随之变化，硅酸三钙含量多，粉磨较细的水泥，强度增长较快，最终强度也较高。另外，水胶比、试件制作方法、养护条件和养护时间也有一定的影响。

■ 五、掺混合材料的硅酸盐水泥

1. 矿渣硅酸盐水泥

凡由硅酸盐水泥熟料和粒化高炉矿渣、适量石膏磨细制成的水硬性胶凝材料称为矿渣硅酸盐水泥（简称矿渣水泥），代号为 P·S。根据国家标准《通用硅酸盐水泥》(GB 175—2007)的规定，矿渣硅酸盐水泥中粒化高炉矿渣掺加量按质量百分比计为 **20%～70%**。允许用火山灰质混合材料（包括粉煤灰）、石灰石、窑灰来替代矿渣，但替代的数量不得超过水泥质量的 8%。**替代后水泥中的粒化高炉矿渣不得少于 20%**。

与硅酸盐水泥相比，矿渣水泥有如下特点：

(1)早期强度低，后期强度高。矿渣水泥的水化首先是熟料矿物水化，然后生成的氢氧化钙才与矿渣中的活性氧化硅和活性氧化铝发生反应。同时，由于矿渣水泥中含有粒化高炉矿渣，相应熟料含量较少，因此凝结稍慢，早期(3 d、7 d)强度较低。但在硬化后期，28 d 以后矿渣水泥的强度发展将超过硅酸盐水泥。一般矿渣掺入量越多，早期强度越低，但后期强度增长率越大。为了保证其强度不断增长，应长时间在潮湿环境下养护。

另外，矿渣水泥受温度影响的敏感性较硅酸盐水泥大。在低温下硬化很慢，显著降低早期强度；而采用蒸汽养护等湿热处理方法，则能加快硬化速度，并且不影响后期强度的发展。

矿渣水泥适用于采用蒸汽养护的预制构件，而不宜用于早期强度要求高的混凝土工程。

(2)具有较强的抗溶出性侵蚀及抗硫酸盐侵蚀的能力。由于水泥熟料中的氢氧化钙与矿渣中的活性氧化硅和活性氧化铝发生二次反应，使水泥中易受腐蚀的氢氧化钙大为减少。同时，因掺入矿渣而使水泥中易受硫酸盐侵蚀的铝酸三钙含量也相对降低。因而，矿渣水泥抗溶出性侵蚀能力及抗硫酸盐侵蚀能力较强。

矿渣水泥可用于受溶出性侵蚀，以及受硫酸盐侵蚀的水工及海工混凝土。

(3)水化热低。矿渣水泥中硅酸三钙和铝酸三钙的含量相对减少，水化速度较慢，故水化热也相应较低。此种水泥适用于大体积混凝土工程。

2. 火山灰质硅酸盐水泥

凡由硅酸盐水泥熟料和火山灰质混合材料、适量石膏磨细制成的水硬性胶凝材料称为火山灰质硅酸盐水泥（简称火山灰质水泥），代号为 P·P。根据国家标准《通用硅酸盐水泥》（GB 175—2007）的规定，**水泥中火山灰质混合材料掺加量按质量百分比计为 20%～40%**。

火山灰质水泥各龄期的强度要求与矿渣水泥相同。细度、凝结时间及体积安定性的要求与硅酸盐水泥相同。火山灰质水泥和矿渣水泥在性能方面有许多共同点，如早期强度较低，后期强度增长率较大，水化热低，耐蚀性较强，抗冻性差等。

火山灰质水泥常因所掺混合材料的品种、质量及硬化环境的不同而有其本身的特点。

（1）抗渗性及耐水性高。火山灰质水泥颗粒较细，泌水性小。当处在酸潮湿环境中或在水中养护时，火山灰质混合材料和氢氧化钙作用，生成较多的水化硅酸钙胶体，使水泥石结构致密，因而具有较高的抗渗性和耐水性。

（2）在干燥环境中易产生裂缝。火山灰质水泥在硬化过程中干缩现象较矿渣水泥更显著。当处在干燥空气中时，形成的水化硅酸钙胶体会逐渐干燥，产生干缩裂缝。在水泥石表面，由于空气中的二氧化碳能使水化硅酸钙凝胶分解成碳酸钙和氧化硅的粉状混合物，使已经硬化的水泥石表面产生"起粉"现象。因此，在施工时，应特别注意加强养护，需要较长时间保持潮湿状态，以免产生干缩裂缝和起粉。

（3）耐蚀性较强。火山灰质水泥耐蚀性较强的原理与矿渣水泥相同。但如果混合材料中活性氧化铝含量较高时，在硬化过程中，氢氧化钙与氧化铝相互作用生成水化铝酸钙。在此种情况下，则不能很好地抵抗硫酸盐侵蚀。

火山灰质水泥除适用于蒸气养护的混凝土构件、大体积工程、抗软水和硫酸盐侵蚀的工程外，特别适用于有抗渗要求的混凝土结构。不宜用于干燥地区及高温车间，也不宜用于有抗冻要求的工程。由于火山灰质水泥中所掺的混合材料种类很多，所以，必须区别出不同混合材料所产生的不同性能，在使用时加以具体分析。

3. 粉煤灰硅酸盐水泥

由硅酸盐水泥熟料和粉煤灰、适量石膏磨细制成的水硬性胶凝材料称为粉煤灰硅酸盐水泥（简称粉煤灰水泥），代号为 P·F。根据国家标准《通用硅酸盐水泥》（GB 175—2007）的规定，**水泥中粉煤灰掺加量按质量百分比计为 20%～40%**。

粉煤灰水泥各龄期的强度要求与矿渣水泥和火山灰质水泥相同。其细度、凝结时间、体积安定性的要求与硅酸盐水泥相同。

粉煤灰本身就是一种火山灰质混合材料，因此，实质上粉煤灰水泥就是一种火山灰质水泥。粉煤灰水泥凝结硬化过程及性质与火山灰质水泥极为相似，但由于粉煤灰的化学组成和矿物结构与其他火山灰质混合材料有所差异，因而构成了粉煤灰水泥的特点。

（1）早期强度低。粉煤灰呈球形颗粒，表面致密，不易水化。粉煤灰活性的发挥主要在后期，所以，这种水泥早期强度发展速率比矿渣水泥和火山灰质水泥更低，但后期可明显地超过硅酸盐水泥。

（2）干缩性小，抗裂性高。由于粉煤灰表面呈致密球形，吸水能力弱，与其他掺混合材料水泥比较，标准稠度需水量较小，干缩性也小，因而抗裂性较高。但球形颗粒的保水性差，泌水较快，若处理不当易引起混凝土产生失水裂缝。

由上述可知，粉煤灰水泥适用于大体积水工混凝土工程及地下和海港工程。对承受荷载较迟的工程更为有利。

4. 复合硅酸盐水泥

由硅酸盐水泥熟料、两种或两种以上规定的混合材料、适量石膏磨细制成的水硬性胶凝材料，称为复合硅酸盐水泥（简称复合水泥），代号为 P·C。**水泥中混合材料总掺加量按质量百分比应大于 20%，不超过 50%。**

复合硅酸盐水泥由于掺入了两种或两种以上的混合材料，多种材料互掺可弥补一种混合材料性能的不足，改善水泥的性能，令其使用范围更广。复合硅酸盐水泥的性能一般受所用混合材料的种类、掺量及比例等因素影响，早期强度高于矿渣硅酸盐水泥、火山灰质硅酸盐水泥和粉煤灰硅酸盐水泥，大体上性能与上述三种水泥相似，适用范围较广。

按国家标准《通用硅酸盐水泥》(GB 175—2007)的规定，根据 3 d 和 28 d 的抗折强度及抗压强度将矿渣硅酸盐水泥、火山灰质硅酸盐水泥、粉煤灰硅酸盐水泥的强度等级分为 32.5、32.5R、42.5、42.5R、52.5、52.5R 六个强度等级，将复合硅酸盐水泥的强度等级分为 32.5R、42.5、42.5R、52.5、52.5R 五个等级。矿渣硅酸盐水泥、火山灰质硅酸盐水泥、粉煤灰硅酸盐水泥各强度等级水泥不同龄期的强度要求不得低于表 4-6 规定的数值。

表 4-6 掺混合材料硅酸盐水泥各龄期的强度值   MPa

品种	强度等级	抗压强度		抗折强度	
		3 d	28 d	3 d	28 d
矿渣硅酸盐水泥 火山灰质硅酸盐水泥 粉煤灰硅酸盐水泥	32.5	≥10.0	≥32.5	≥2.5	≥5.5
	32.5R	≥15.0		≥3.5	
	42.5	≥15.0	≥42.5	≥3.5	≥6.5
	42.5R	≥19.0		≥4.0	
	52.5	≥21.0	≥52.5	≥4.0	≥7.0
	52.5R	≥23.0		≥4.5	

■ 六、通用水泥的应用

通用水泥的主要特性和适用范围见表 4-7 和表 4-8。

表 4-7 通用硅酸盐水泥的主要技术性质

品种	硅酸盐水泥	普通硅酸盐水泥	矿渣硅酸盐水泥	火山灰质硅酸盐水泥	粉煤灰硅酸盐水泥	复合硅酸盐水泥
主要特性	①凝结硬化快 ②早期强度高 ③水化热大 ④抗冻性好 ⑤干缩性好 ⑥耐蚀性差 ⑦耐热性好	①凝结硬化较快 ②早期强度较高 ③水化热较大 ④抗冻性较好 ⑤干缩性较小 ⑥耐蚀性较差 ⑦耐热性较差	①凝结硬化慢 ②早期强度低，后期增长较快 ③水化热低 ④抗冻性差 ⑤干缩性大 ⑥耐蚀性较好 ⑦耐热性好 ⑧泌水性大	①凝结硬化慢 ②早期强度低，后期增长较快 ③水化热低 ④抗冻性差 ⑤干缩性大 ⑥耐蚀性较好 ⑦耐热性好 ⑧抗渗性较好	①凝结硬化慢 ②早期强度低，后期增长较快 ③水化热低 ④抗冻性差 ⑤干缩性较小，抗裂性较好 ⑥耐蚀性较好 ⑦耐热性较好	与所掺混合材料的种类、掺量有关，其特性基本与矿渣硅酸盐水泥、火山灰质硅酸盐水泥、粉煤灰硅酸盐水泥的特性相似

表 4-8　通用硅酸盐水泥的选用

混凝土工程特点或所处环境条件		优先选用	可以使用	不得使用
环境条件	在普通气候环境中的混凝土	普通硅酸盐水泥	矿渣硅酸盐水泥、火山灰质硅酸盐水泥、粉煤灰硅酸盐水泥	
	在干燥环境中的混凝土	普通硅酸盐水泥	矿渣硅酸盐水泥	火山灰质硅酸盐水泥、粉煤灰硅酸盐水泥
	在高湿度环境中或永远处在水下的混凝土	矿渣硅酸盐水泥	普通硅酸盐水泥、火山灰质硅酸盐水泥、粉煤灰硅酸盐水泥	
	严寒地区的露天混凝土、寒冷地区处在水位升降范围内的混凝土	普通硅酸盐水泥	矿渣硅酸盐水泥	火山灰质硅酸盐水泥、粉煤灰硅酸盐水泥
	严寒地区处在水位升降范围内的混凝土	普通硅酸盐水泥		火山灰质硅酸盐水泥、粉煤灰硅酸盐水泥
	厚大体积的混凝土	粉煤灰硅酸盐水泥、矿渣硅酸盐水泥	普通硅酸盐水泥、火山灰质硅酸盐水泥	硅酸盐水泥、快硬硅酸盐水泥
工程特点	要求快硬的混凝土	快硬硅酸盐水泥、硅酸盐水泥	普通硅酸盐水泥	矿渣硅酸盐水泥、火山灰质硅酸盐水泥、粉煤灰硅酸盐水泥
	高强度（大于 C60）的混凝土	硅酸盐水泥	普通硅酸盐水泥、矿渣硅酸盐水泥	火山灰质硅酸盐水泥、粉煤灰硅酸盐水泥
	有抗渗性要求的混凝土	普通硅酸盐水泥、火山灰质硅酸盐水泥		矿渣硅酸盐水泥
	有耐磨性要求的混凝土	硅酸盐水泥、普通硅酸盐水泥	矿渣硅酸盐水泥	火山灰质硅酸盐水泥、粉煤灰硅酸盐水泥

注：1. 蒸汽养护时用的水泥品牌，宜根据具体条件通过试验确定。

2. 复合硅酸盐水泥选用应根据其混合的比例确定。

■ 七、特性水泥

在实际建筑施工过程中，往往遇到一些特殊要求的工程，如紧急抢修工程，具有鲜艳颜色的工程，耐热耐酸工程、新旧混凝土搭接工程等前面介绍的几种水泥已不能满足这些工程的要求，这就需要采用其他品种的水泥，如铝酸盐水泥、快硬硅酸盐水泥、白色硅酸盐水泥、膨胀水泥等。

1. 铝酸盐水泥

铝酸盐水泥也称为矾土水泥，是以铝矾土和石灰石为原料，经高温煅烧得到以铝酸钙为主要成分的熟料，经磨细而成的水硬性胶凝材料，代号为 CA。这种水泥与上述的硅酸盐水泥不同，属于铝酸盐系列的水泥，它是一种快硬、早强、耐腐蚀、耐热的水泥。其 1 d、3 d、28 d 抗压、抗折强度确定的强度等级见表 4-9。

表 4-9 铝酸盐水泥各龄期的强度值　　　　　　　　　　　　　　　　MPa

强度等级	抗压强度			抗折强度		
	1 d	3 d	28 d	1 d	3 d	28 d
32.5	15.0	32.5	52.5	3.5	5.0	7.2
37.5	17.0	37.5	57.5	4.0	6.0	7.6
42.5	19.0	42.5	62.5	4.5	6.4	8.0

2. 白色硅酸盐水泥

白色硅酸盐水泥是白色水泥中最主要的品种，其是以氧化铁和其他有色金属氧化物含量低的石灰石、黏土、硅石为主要原料，经高温煅烧、淬冷成水泥熟料，加入适量石膏(也可加入少量白色石灰石代替部分熟料)，在装有石质(或耐磨金属)衬板和研磨体的磨机内磨细而成的一种硅酸盐水泥，代号为 P·W。

3. 膨胀水泥

膨胀水泥是指在水化和硬化过程中产生体积膨胀的水泥，可以解决由于收缩带来的不利后果。膨胀水泥用途广泛。

膨胀水泥混凝土抗渗强度等级大于 C30，又称为自防水混凝土。用该水泥配制自防水混凝土，省工省料、缩短工期，且耐久性好；新型膨胀水泥早期强度高，后期强度增长较大，长期强度稳定上升；膨胀水泥配制的混凝土因内部建立有膨胀自应力，与钢筋产生更强的握裹力；不含氯盐，对钢筋无锈蚀。膨胀混凝土是用膨胀水泥或膨胀剂配制的水泥混凝土。除具有补偿收缩和产生自应力功能外，还具有抗渗性强、早期快硬、后期强度高(或超过 100 MPa)、耐硫酸盐能好等特点。

膨胀水泥适用于地下、防水、贮罐、路面、屋面、楼板、墙板、管道、接缝、锚固、大跨与高层建筑、水利工程、海水工程、冬期施工工程、抢修工程等。

■ 八、包装、标志、储存 ···

(1)**包装**：水泥可以袋装或散装。袋装水泥每袋净含量 50 kg，且不少于标志质量的 99%，随机抽取 20 袋，总质量(含包装袋)不得少于 1 000 kg。其他包装形式由供需双方协商确定，但有关袋装质量要求必须符合上述原则。

(2)**标志**：水泥包装袋应清楚标明执行标准、水泥品种、代号、强度等级、生产者名称、生产许可证标志(QS)及编号、出厂编号、包装日期、净含量。包装两侧应根据水泥品种采用不同的颜色印刷名称和强度等级，硅酸盐水泥和普通硅酸盐水泥采用红色；矿渣硅酸盐水泥采用绿色；火山灰质硅酸盐水泥、粉煤灰硅酸盐水泥和复合硅酸盐水泥采用黑色或蓝色。散装发运时应提交与袋装标志相同内容的卡片。

(3)**储存**：①防潮；②防混合：水泥不得和石灰、石膏、化肥等粉状物混存同一仓库内；③储存分类；④环境要求；⑤时间限制。

(4)水泥在运输和储存时不得受潮和混入杂质,储存期不能过长,通用水泥存储期不超过三个月。若超过三个月,水泥会受潮结块,强度大幅度降低,从而影响水泥的使用。受潮处理方法见表 4-10。过期水泥应按照规定进行取样复验,并按照复验结果使用,但不允许用于重要工程和工程的重要部位。

表 4-10　水泥受潮处理方法

受潮程度	处理方法	使用场合
只有粉块,手捏可成粉	压碎粉块	通过试验,按实际强度使用
部分结成硬块	筛除硬块,压碎粉块	通过试验,按实际强度使用于非重要部位或用于砂浆
大部分结成硬块	粉碎磨细	不作为水泥,作为混料掺入砂浆(≤25%)

任务二　水泥标准稠度用水量的检测

任务导入

水泥标准稠度用水量是水泥浆体达到标准稠度的用水量,以水占水泥质量的百分数表示。通过试验测定水泥的标准稠度用水量,拌制标准稠度的水泥浆体,为准确判定水泥的凝结时间和安定性提供了依据。下面我们一起学习如何进行水泥标准稠度用水量的检测。

一、检测依据

《水泥标准稠度用水量、凝结时间、安定性检验方法》(GB/T 1346—2011)。

二、检测目的

了解水泥标准稠度用水量的检验方法;检验水泥标准稠度用水量。

三、检测准备

1. 仪器设备

(1)水泥净浆搅拌机:符合《水泥净浆搅拌机》(JC/T 729—2005)的要求。

(2)标准法维卡仪:如图 4-1 所示。标准稠度测定用试杆[图 4-1(c)]有效长度为 50 mm±1 mm,由直径为 $\phi 10$ mm±0.05 mm 的圆柱形耐腐蚀金属制成。滑动部分的总质量为 300 g±1 g。与试杆、试针连接的滑动杆表面应光滑,能靠重力自由下落,不得有紧涩和摇动现象。

盛装水泥净浆的试模[图 4-1(a)]应由耐腐蚀的、有足够硬度的金属制成。试模为深 40 mm±0.2 mm、顶直径 $\phi 65$ mm±0.5 mm、底内径 $\phi 75$ mm±0.5 mm 的截圆锥体。每只试模应配备一个大于试模、厚度≥2.5 mm 的平板玻璃底板。

(3)量水器:最小刻度 0.1 mL,精度为 1%。

（4）**天平**：最大称量不小于 1 000 g，分度值不大于 1 g。

2. 检测环境条件要求

试验温度为 20 ℃±2 ℃，相对湿度应不低于 50%；水泥试样、拌和水、仪器和用具的温度应与试验室温度一致，湿气养护箱的温度为 20 ℃±1 ℃，相对湿度不低于 90%。

3. 试样制备

（1）标准稠度用水量可用调整水量和不变水量两种方法中任一种测定，如发生矛盾，以前者为准。

（2）试验前必须做到维卡仪的金属棒能自由滑动，调整至试杆接触玻璃板时指针应对准零点，净浆搅拌机能正常运行。

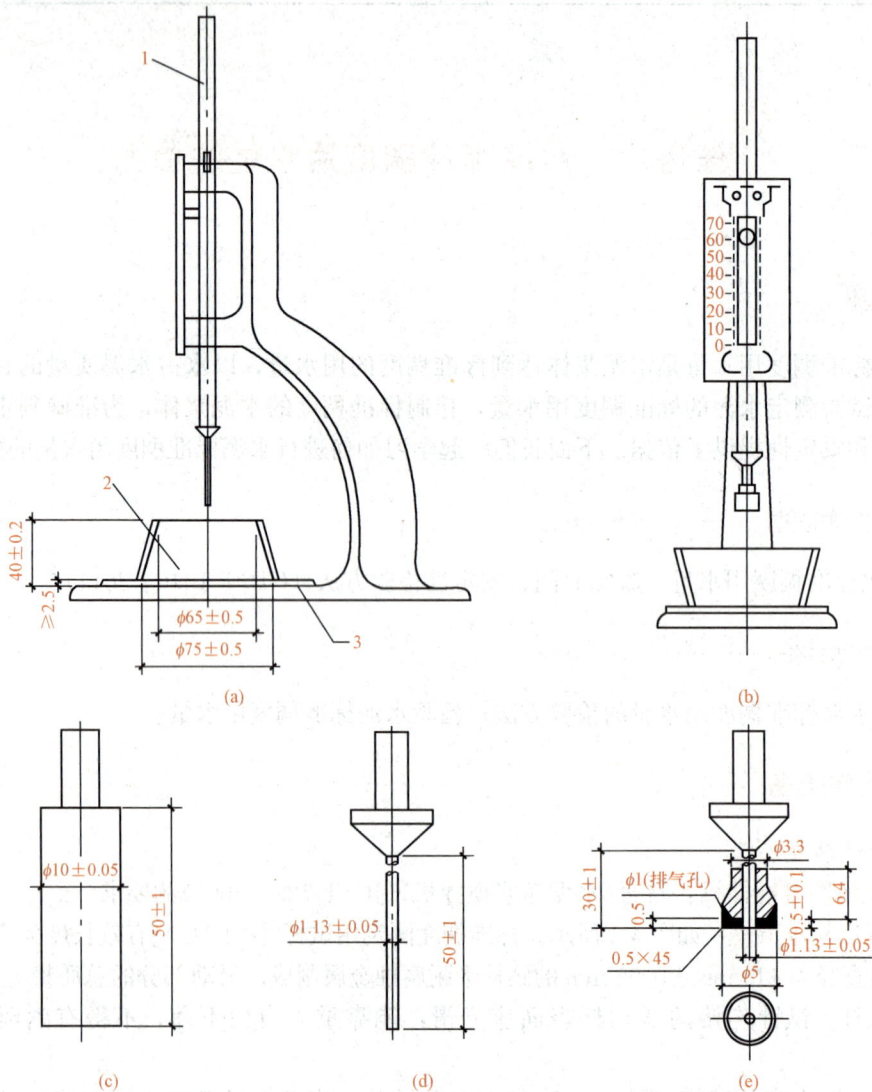

图 4-1 测定水泥标准稠度和凝结时间用维卡仪及配件示意图

(a)初凝时间测定用立式试模的侧视图；(b)终凝时间测定用反转试模的前视图；

(c)标准稠度试杆；(d)初凝用试针；(e)终凝用试针

1—滑动杆；2—试模；3—玻璃板

■ 四、检测步骤

(1)用净浆搅拌机搅拌水泥净浆,搅拌锅和搅拌叶片先用湿布擦过,将拌和水倒入搅拌锅内,然后在 5～10 s 内小心将称好的 500 g 水泥加入水中,防止水泥和水溅出;拌和时,先将锅放在搅拌机的锅座上,升至搅拌位置,启动搅拌机,低速搅拌 120 s,停 15 s。同时,将叶片和锅壁上的水泥浆刮入锅中间,接着高速搅拌 120 s 后停机。

(2)拌和结束后,立即将拌制好的水泥净浆装入已置于玻璃底板上的试模中,用小刀插轻轻振动数次,刮去多余的水泥净浆;抹平后迅速将试模和底板移到维卡仪上,并将其中心定在试杆下,降低试杆直至与水泥净浆表面接触,拧紧螺丝 1～2 s 后突然放松,使试杆垂直自由地沉入水泥净浆中;在试杆停止沉入或释放试杆 30 s 时记录试杆距底板之间的距离,升起试杆后立即擦净;整个操作应在搅拌后 1.5 min 内完成。

■ 五、数据处理与分析

以试杆沉入净浆距离底板 6 mm±1 mm 的水泥净浆为标准稠度净浆,其拌和水量为该水泥的标准稠度用水量,按水泥质量的百分比计。如测试结果不能达到标准稠度,应增减用水量并重复以上步骤,直至达到标准稠度为止。

水泥标准稠度用水量测定记录表和评价表分别见表 4-11、表 4-12。

表 4-11　水泥标准稠度用水量测定记录表

标准稠度用水量测定				
试验次数	水泥用量/g	用水量 W/mL	试杆下沉深度 距离地板距离 S/mm	标准稠度 用水量/%

表 4-12　水泥标准稠度用水量测定评价表

项目	评分依据	评价				
			优	良	中	差	未完成
			10～8分	8～6分	6～4分	4～3分	<3分
检测 准备	1. 检测前能正确对水泥进行取样,得4分; 2. 检测前能正确调整维卡仪的金属棒使其自由滑动,得3分; 3. 能正确调整指针零点,得3分	得分	1. 2. 3.				
		合计	自评		教师或第三方评价		

项目	评分依据	评价				
		优	良	中	差	未完成
		10～8分	8～6分	6～4分	4～3分	＜3分
水泥标准稠度用水量检测	1. 能正确拌制水泥净浆，得4分； 2. 能正确将水泥净浆放入试模中，得2分； 3. 能正确测定水泥标准稠度时试杆距玻璃底板的距离，得4分	得分	1.			
			2.			
			3.			
		合计	自评		教师或第三方评价	
数据分析与评定	1. 能正确称量所取水泥样品质量，得3分； 2. 能正确测定水泥标准稠度时试杆距玻璃底板的距离，得4分； 3. 能正确计算水泥用水量，得3分	得分	1.			
			2.			
			3.			
		合计	自评		教师或第三方评价	
情感目标评价	1. 在操作过程中会严格按照步骤操作，得3分； 2. 在小组中能积极配合各成员工作，形成团队协作，使检测顺利完成，得5分； 3. 尊重检测结果并分析误差，得2分	得分	1.			
			2.			
			3.			
		合计	自评		教师或第三方评价	
综合评定						

任务三　水泥体积安定性的检测

■ 任务导入

　　水泥体积安定性是指水泥浆体硬化后体积变化的稳定性。做好水泥体积安定性的检测是判定水泥是否合格的一项重要技术指标。准确地检测和判定水泥的安定性是否合格在水泥检验过程中是非常重要的，下面我们一起学习如何进行水泥体积安定性的检测。

■ 一、检测依据

　　《水泥标准稠度用水量、凝结时间、安定性检验方法》(GB/T 1346—2011)。

■ 二、检测目的

　　了解水泥安定检验方法；检验水泥安定性。

三、检测准备

1. 仪器设备

(1)**沸煮箱**：有效容积约为 410 mm×240 mm×310 mm，箅板与加热器之间的距离大于 50 mm。箱的内层由不易锈蚀的金属材料制成，能在 30 min±5 min 内将箱内的试验用水由室温升至沸腾状态并保持 3 h 以上，整个试验过程中不需补充水量。

(2)**玻璃板**：两块，尺寸约为 100 mm×100 mm。

(3)**雷氏夹膨胀测定仪**：如图 4-2 所示，标尺最小刻度为 1 mm。

(4)**雷氏夹**：也称为水泥雷氏夹，由铜质材料制成，质量约为 30 g，是标准法进行水泥安定性试验的必备试验器具，由一个环模和两个指针组成，如图 4-3 所示。

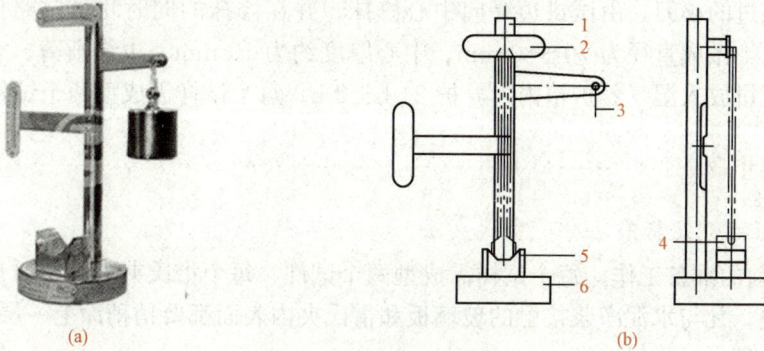

图 4-2　雷氏夹膨胀测定仪

(a)雷氏夹实物图；(b)雷氏夹结构图

1—支架；2—标尺；3—弦线；4—雷氏夹；5—垫块；6—底座

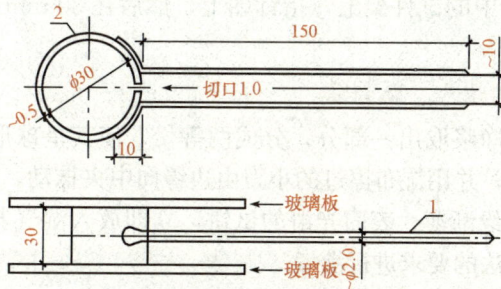

图 4-3　雷氏夹

1—指针；2—环模

根据《水泥标稠度用水量、凝结时间、安定性检验方法》(GB/T 1346—2011)的标准要求，环模直径为 30 mm，高度为 30 mm，指针长度为 150 mm。当一根指针的根部先悬挂在一根金属丝或尼龙丝上；另一根指针的根部再挂上 300 g 质量的砝码时，两根指针针尖的距离增加在 17.5 mm±2.5 mm 范围内。当去掉砝码后，针尖的距离能恢复至挂砝码前的状态。

(5)**量水器**：最小刻度 0.1 mL，精度为 1%。

(6)**天平**：能准确称量至 1 g。

(7)**湿气养护箱**：应能使温度控制在 20 ℃±1 ℃，湿度大于 90％。

2. 检测环境条件要求

与水泥标准稠度用水量测定相同。

3. 试样制备

(1)雷氏夹试样的制备。将雷氏夹放在已准备好的玻璃板上，并立即将已经拌和好的标准稠度净浆装满试模。装模时一手扶持试模，另一手用宽约为 10 mm 的小刀插捣 15 次左右，然后抹平，盖上玻璃板，立刻将试模移至湿气养护箱内，养护 24 h±2 h。每个试样需成型两个试件。

(2)试饼法试样的制备。从拌和好的净浆中取约 150 g，分成两份，放在预先准备好的涂抹少许机油的玻璃板上，呈球形，然后轻轻振动玻璃板，水泥净浆即扩展成试饼。

用湿布擦过的小刀，由试饼边缘向中心修抹，并在修抹的同时将试饼略作转动，中间切忌添加净浆，做成直径为 70～80 mm、中心厚度约为 10 mm、边缘渐薄、表面光滑的试饼。接着将试饼放入湿气养护箱内，养护 24 h±2 h。每个试样需成型两个试件。

■ 四、检测步骤

1. 安定性的测定标准法——雷氏夹法

(1)测定前的准备工作。每个试样需成型两个试件，每个雷氏夹需配备质量为 75～85 g 的玻璃板两块，凡与水泥净浆接触的玻璃板和雷氏夹内表面都要稍稍涂上一层油。

(2)沸煮。

①调整好沸煮箱内的水位，使其能保证在整个沸煮过程中都超过试件，不需中途添补试验用水。同时，又能保证其在 30 min±5 min 内升至沸腾。

②脱去玻璃板取下试件，先测量雷氏夹指针尖端间的距离(A)，精确至 0.5 mm。接着，将试件放入沸煮箱水中的试件架上，指针朝上，然后在 30 min±5 min 内加热至沸并恒沸 180 min±5 min。

2. 安定性的测定代用法——试饼法

将制备好的标准稠度净浆取出一部分，分成两等份，使其呈球形，放在预先涂过油的玻璃板上，轻轻振动玻璃板，并用湿布擦过的小刀由边缘向中央抹动，做成直径为 70～80 mm、中心厚度约为 10 mm、边缘渐薄、表面光滑的试饼，立即放入湿气养护箱内养护 24 h±2 h。然后，按照安定性标准方法的要求进行沸煮。

■ 五、数据处理与分析

1. 雷氏夹法

沸煮结束后，立即放掉沸煮箱中的热水，打开箱盖，待箱体冷却至室温，取出试件进行判别。测量雷氏夹指针尖端的距离(C)，精确至 0.5 mm，当两个试件煮后增加距离($C-A$)的平均值不大于 5.0 mm 时，即认为该水泥安定性合格；当两个试件的($C-A$)值相差超过 4.0 mm 时，应用同一样品立即重做一次试验。再如此，则认为该水泥为安定性不合格。

2. 试饼法

目测未发现裂缝，用直尺检查也没有弯曲的试饼为安定性合格；反之，为不合格。当两个试饼的结果有矛盾时，该水泥的安定性为不合格。

水泥体积安定性的检测记录表和评价表分别见表 4-13、表 4-14。

表 4-13 水泥体积安定性的检测记录表

试饼法				
试饼尺寸	养护	沸煮时间	情况	安定性
雷氏法				
养护	A 针尖距离	沸煮时间	C 针尖距离	$C-A$	安定性

表 4-14 水泥体积安定性的检测评价表

项目	评分依据	评价				
		优	良	中	差	未完成
		10~8分	8~6分	6~4分	4~3分	<3分
检测准备	1. 能正确称量水泥样品并拌制水泥浆，得4分； 2. 检查设备仪器是否运行正常，得3分； 3. 检测试件准确制作，得3分	得分	1. 2. 3.			
		合计	自评		教师或第三方评价	
水泥体积安定性检测	1. 能正确操作检测仪器，得2分； 2. 能独立正确按照检测顺序完成检测，得4分； 3. 能读取精确读数，得2分； 4. 能很好地把握操作时间，没有超过规定的时间，得2分	得分	1. 2. 3.			
		合计	自评		教师或第三方评价	
数据分析与评定	1. 能正确记录检测中所得的数据，得2分； 2. 能利用自己得到的数据分析水泥的体积安定性是否合格，得4分； 3、能正确分析造成错误结论和产生检测误差的原因，得4分	得分	1. 2. 3.			
		合计	自评		教师或第三方评价	
情感目标评价	1. 在操作过程中会严格按照步骤操作，得3分； 2. 在小组中能积极配合各成员工作，形成团队协作，使检测顺利完成，得5分； 3. 尊重检测结果并分析误差，得2分	得分	1. 2. 3.			
		合计	自评		教师或第三方评价	
综合评定						

任务四 水泥凝结时间的检测

任务导入

水泥凝结时间是试针沉入水泥标准稠度净浆至一定深度所需的时间。凝结时间可分为初凝和终凝。凝结时间对水泥的使用具有重要的意义，做好水泥凝结时间检测是判定水泥质量的一项重要技术指标，确定其能否用于工程中。下面我们一起学习如何进行水泥凝结时间的检测。

一、检测依据

《水泥标准稠度用水量、凝结时间、安定性检验方法》(GB/T 1346—2011)。

二、检测目的

了解水泥凝结时间的检验方法；检验水泥凝结时间。

三、检测准备

1. 仪器设备

(1)**水泥净浆搅拌机**：符合《水泥净浆搅拌机》(JC/T 729—2005)的要求。

(2)**标准法维卡仪**：如图 4-1 所示。测定凝结时间时取下试杆，用试针[图 4-1(d)、(e)]代替试杆。试针是由钢制成，有效长度初凝针为 50 mm±1 mm、终凝针为 30 mm±1 mm，直径为 1.13 mm±0.05 mm 的圆柱体。滑动部分的总质量为 300 g±1 g。与试杆、试针连接的滑动杆表面应光滑，能靠重力自由下落，不得有紧涩和摇动现象。

盛装水泥净浆的试模[图 4-1(a)]应由耐腐蚀的、有足够硬度的金属制成。试模为深 40 mm±0.2 mm、顶直径 5 mm±0.5 mm、底内径 75 mm±0.5 mm 的截顶圆锥体。每只试模应配备一个大于试模、厚度≥2.5 m 的平板玻璃底板。

(3)**量水器**：最小刻度 0.1 mL，精度为 1%。

(4)**天平**：最大称量不小于 1 000 g，分度值不大于 1 g。

2. 检测环境条件要求

与标准稠度用水量测定、安定性测定相同。

3. 试样制备

试验前必须做到维卡仪的金属棒能自由滑动，调整至试杆接触玻璃板时指针应对准零点，净浆搅拌机能正常运行。

以标准稠度用水量按此方法制成标准稠度的净浆一次装满试模，振动数次至刮平，立即放入湿气养护箱中。记录水泥全部加入水中的时间作为凝结时间的起始时间。

四、检测步骤

(1)调整凝结时间：测定仪的试针接触玻璃板时，指针对准零点。

(2)初凝时间测定：试模在湿气养护箱中养护至加水后 30 min 时进行第一次测定。测定时，从湿气养护箱中取出试模放到试针下，降低试针使其与水泥净浆表面接触。拧紧螺钉1~2 s后突然放松，试针垂直自由地沉入水泥净浆。观察试针停止下沉或释放试针 30 s时指针的读数。当试针沉至距底板 4 mm±1 mm 时，为水泥达到初凝状态。由水泥全部加入水中至初凝状态的时间为水泥的初凝时间，用 min 表示。

(3)终凝时间的测定：为了准确观测试针沉入的状况，在试针上安装了一个环形附件[图 4-1(e)]。在完成初凝时间测定后，立即将试模连同浆体以平移的方式从玻璃板取下，翻转 180°，直径大端向上，小端向下放在玻璃板上，再放入湿气养护箱中继续养护。临近终凝时间时，每隔 15 min 测定一次；当试针沉入试体 0.5 mm 时，即环形附件开始不能在试体上留下痕迹时，为水泥达到终凝状态。由水泥全部加入水中至终凝状态的时间为水泥的终凝时间，用 min 表示。

(4)测定注意事项：在最初测定的操作时应轻轻扶持金属柱，使其徐徐下降，以防试针撞弯，但结果以自由下落为准；在整个测试过程中，试针沉入的位置至少要距试模内壁 10 mm。临近初凝时，每隔 5 min 测定一次；临近终凝时，每隔 15 min 测定一次，到达初凝或终凝时应立即重复测一次，当两次结论相同时才能定为到达初凝或终凝状态。每次测定不能让试针落入原针孔，每次测试完毕需将试针擦净并将试模放回湿气养护箱内，整个测试过程要防止试模受振。

五、数据处理与分析

水泥凝结时间测定记录表和评价表分别见表 4-15、表 4-16。

表 4-15　水泥凝结时间测定记录表

凝结时间测定							
试验次数	试样质量/g	用水量/g	开始加水时间	初凝		终凝	
				初凝时间	初凝	终凝时间	终凝

表 4-16 水泥凝结时间测定评价表

项目	评分依据	评价					
			优	良	中	差	未完成
			10～8分	8～6分	6～4分	4～3分	＜3分
检测准备	1. 能正确称量水泥样品，得3分； 2. 能根据标准稠度用水量拌制标准稠度净浆，得4分； 3. 能正确将放入圆模内的水泥净浆放入养护箱内养护，得3分	得分	1. 2. 3.				
		合计	自评		教师或第三方评价		
水泥凝结时间检测	1. 能正确判定水泥浆初凝，得3分； 2. 能正确判定水泥浆终凝，得3分； 3. 能正确记录水泥浆初凝和终凝的时间，得4分	得分	1. 2. 3.				
		合计	自评		教师或第三方评价		
数据分析与评定	1. 能正确计算水泥的初凝时间，得3分； 2. 能正确计算水泥的终凝时间，得3分； 3. 能正确对水泥的凝结时间进行评定，得4分	得分	1. 2. 3.				
		合计	自评		教师或第三方评价		
情感目标评价	1. 在操作过程中会严格按照步骤操作，得3分； 2. 在小组中能积极配合各成员工作，形成团队协作，使检测顺利完成，得5分； 3. 尊重检测结果并分析误差，得2分	得分	1. 2. 3.				
		合计	自评		教师或第三方评价		
综合评定							

任务五 水泥胶砂强度的检测

任务导入

　　水泥胶砂强度是水泥的重要技术指标，抗压强度和抗折强度的大小是确定水泥强度等级的重要依据。检验水泥各龄期强度，以确定强度等级，或已知强度等级，检验强度是否满足规范要求。下面我们一起学习如何进行水泥胶砂强度的检测。

一、检测依据

　　《水泥胶砂强度检验方法(ISO法)》(GB/T 17671—1999)。

■ 二、检测目的 ·····

通过试验测定水泥的胶砂强度，评定水泥强度等级或判定水泥的质量。

■ 三、检测准备 ·····

1. 仪器设备

（1）**试验筛**：金属丝网试验筛应符合《试验筛 技术要求和检验 第1部分：金属丝编织网试验筛》（GB/T 6003.1—2012）要求，其筛孔尺寸见表4-17。

表4-17 试验筛

系列	网眼尺寸/mm	系列	网眼尺寸/mm
R20	2.0	R20	0.5
	1.6		0.16
	1.0		0.08

（2）**水泥胶砂搅拌机**（图4-4）：行星式，应符合《行星式水泥胶砂搅拌机》（JC/T 681—2005）要求。用多台搅拌机工作时，搅拌锅与搅拌叶片应保持配对使用。叶片与锅之间的间隙，是指叶片与锅壁最近的距离，应每月检查一次。

（3）**水泥胶砂强度试模**：由三个水平的模槽组成（图4-5）。可同时成型三条截面尺寸为40 mm×40 mm、长160 mm的菱形试体，其材质和制造尺寸应符合《水泥胶砂试模》（JC/T 726—2005）要求。成型操作时，应在试模上面加有一个壁高20 mm的金属模套。为了控制料层厚度和刮平砂胶，应备有两个播料器和一个刮平直尺。

图4-4 水泥胶砂搅拌机

图4-5 水泥胶砂强度试模

（4）**水泥胶砂试体成型振实台**（图4-6）：振实台应符合《水泥胶砂试体成型振实台》（JC/T 682—2005）要求。振实台应安装在高度约400 mm的混凝土基座上。混凝土体积约为0.25 m³，质量约为600 kg。将仪器用地脚螺栓固定在基座上，安装后设备成水平状态，仪器底座与基座之间要铺一层砂浆以保证它们完全接触。

（5）**抗折强度试验机**（图4-7）：应符合《水泥胶砂电动抗折试验机》（JC/T 724—2005）的要求。

（6）**抗压强度试验机**：在较大的 4/5 量程范围内使用时记录的荷载应有±1‰精度，并具有按（2 400±200）N/s 速率的加荷能力。

（7）**抗压强度试验机用夹具**：需要使用夹具时，应把它放在压力试验机的上、下压板之间并与试验机处于同一轴线，以便将试验机的荷载传递至胶砂试件的表面。夹具应符合《40 mm×40 mm 水泥抗压夹具》（JC/T 683—2005）的要求，受压面积为 40 mm×40 mm。夹具在试验机上的位置如图 4-8 所示，夹具要保持清洁，球座应能转动，以使其上压板能从一开始就适应试体的形状并在试验中保持不变。

图 4-6　水泥胶砂试体成型振实台　　　　图 4-7　抗折强度试验机

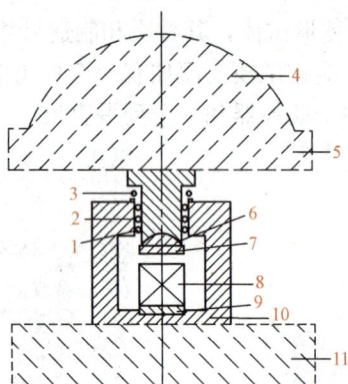

图 4-8　典型的抗压强度试验机用夹具

1—滚珠轴承；2—滑块；3—复位弹簧；4—压力机球座；
5—压力机上压板；6—夹具球座；7—夹具上压板，8—试体；
9—底板；10—夹具下垫板；11—压力机下压板

2. 检测环境条件要求

与标准稠度用水量测定、凝结时间测定相同。

3. 试样制备

（1）**材料准备**。

①**中国 ISO 标准砂**：应完全符合规定的颗粒分布和湿含量。可以单级分包装，也可以各级预混合以 1 350 g±5 g 量的塑料袋混合包装，但所有塑料袋材料不得影响试验结果。

ISO 标准砂颗粒分布见表 4-18。

表 4-18　ISO 标准砂颗粒分布

方孔边长/mm	累计筛余/%	方孔边长/mm	累计筛余/%
2.0	0	0.5	67±5
1.6	7±5	0.16	87±5
1.0	33±5	0.08	99±1

②水泥：从取样至试验要保持 24 h 以上时，应储存在基本装满和气密的容器内，容器不得与水泥起反应。

③水：仲裁检验或其他重要检验用蒸馏水，其他试验可用饮用水。

（2）胶砂的制备。

①配合比：胶砂的质量配合比应为一份水泥、三份标准砂和半份水（水胶比为 0.50）。一锅胶砂成型三条试体。

②配料：水泥、标准砂、水和试验仪器及用具的温度应与试验时温度相同，应保持在 20 ℃±2 ℃，相对湿度应不低于 50%。称量用天平的精度应为 ±1 g。当用自动滴管加 225 mL 水时，滴管精度应达到 ±1 mL。

③搅拌：每锅胶砂采用胶砂搅拌机进行机械搅拌。先将搅拌机处于待工作状态，然后按以下的程序进行操作：将水加入锅里，再加入水泥，把锅放在固定架上，上升至固定位置。然后，立即开动机器，低速搅拌 30 s 后，在第二个 30 s 开始的同时均匀地将砂子加入。当各级砂石分装时，从最粗粒级开始，依次将所需的每级砂量加完。把机器转至高速再推 30 s，停拌 90 s。在第一个 15 s 内用一胶皮刮具将叶片和锅壁上的胶砂刮入锅中间，在高速下继续搅拌 60 s。各个搅拌阶段，时间误差应在 ±1 s 以内。每锅胶砂的材料质量见表 4-19。

表 4-19　每锅胶砂的材料质量　　　　　　　　　　　　　g

材料 水泥品种	水泥	标准砂	水
硅酸盐水泥			
普通硅酸盐水泥			
矿渣硅酸盐水泥	450±2	1 350±5	225±1
粉煤灰硅酸盐水泥			
复合硅酸盐水泥			

（3）试件制作。

①用振实台成型：胶砂制备后立即成型。将空试模和模套固定在振实台上，用一个适当勺子直接从搅拌锅里将胶砂分两层装入试模，装第一层时，每个槽里约放 300 g 胶砂，用大播料器垂直架在模套顶部沿每个模槽来回一次将料层播平，接着振实 60 次。再装入第二层胶砂，用小播料器播平，再振实 60 次。移走模套，从振实台上取下试模，用一金属直尺以近似 90° 的角度架在试模模顶的一端，然后沿试模长度方向以横向锯割动作慢慢向另一端移动，一次将试模部分的胶砂刮去，并用同一直尺以近似水平的情况下将试体表面抹平。

在试模上作标记或加字条标明试件编号和试件相对于振实台的位置。

②用振动台成型：使用代用振动台时，在搅拌胶砂的同时将试模和下料斗卡紧在振动台的中心。将搅拌好的胶砂均匀地装入下料斗中，开动振动台，胶砂通过漏斗流入试模。振动 120 s±5 s 停车。振动完毕，取下试模，用刮尺以规定的刮平手法刮去其高出试模的胶砂并抹平。接着，在试模上作标记或用字条标明试件编号。

(4)**试件养护**。

①**脱模前的处理和养护**。去掉留在试模四周的胶砂，立即将做好标记的试模放入雾室或湿气养护箱的水平架子上养护，湿空气应能与试模各边接触，雾室或湿气养护箱温度应控制在 20 ℃±1 ℃，相对湿度不低于 90%，养护时不应将试模放在其他试模上。一直养护到规定的脱模时间取出脱模。脱模前，用防水墨汁或颜料笔对试体进行编号和做其他标记。两个龄期以上的试体，在编号时应将同一试模中的三条试体分在两个以上的龄期内。

②**脱模**。脱模时可用塑料锤或橡皮榔头或专门的脱模器。对于 24 h 龄期的，应在破型试验前 20 min 内脱模；对于 24 h 以上龄期的，应在成型后 20~24 h 内脱模。已确定作为 24 h 龄期试验(或其他不下水直接做试验)的已脱模试体，应用湿布覆盖至做试验时为止。

③**水中养护**。将做好标记的试件立即水平或竖直放在 20 ℃±1 ℃ 水中养护，水平放置时刮平面应朝上。试件放在不易腐烂的箅子上，并彼此间保持一定间距，以让水与试件的六个面接触。养护期间试件之间间隔或试体上表面的水深不得小于 5 mm。每个养护池只养护同类型的水泥试件，不允许在养护期间全部换水。除 24 h 龄期或延迟至 48 h 脱模的试体外，任何到龄期的试体应在试验(破型)前 15 min 从水中取出。揩去试体表面沉积物，并用湿布覆盖至试验为止。

④**强度试验试体的龄期**。试体龄期从水泥加水搅拌开始算起。不同龄期强度试验在下列时间里进行：24 h±15 min；48 h±30 min；72 h±45 min；7d±2 h；>28 d±8 h。

■ 四、检测步骤

(1)总则：用抗折强度试验机以中心加荷法测定抗折强度。在折断后的棱柱体上进行抗压试验，受压面是试体成型时的两个侧面，面积为 40 mm×40 mm。当不需要抗折强度数值时，抗压强度试验应在不使试件受有害应力情况下折断的两截棱柱体上进行。

(2)抗折强度测定：将试体一个侧面放在试验机支撑圆柱上，试体长轴垂直于支撑圆柱，通过加荷圆柱以 50 N/s±10 N/s 的速率均匀地将荷载垂直地加在棱柱体相对侧面上，直至折断，分别记下三个试件的抗折破坏荷载 F。保持两个半截棱柱体处于潮湿状态，直至抗压试验。

(3)抗压强度测定：抗压强度在试件的侧面进行。半截棱柱体试件中心与压力机压板受压中心差应在 ±0.5 mm 内，棱柱体露在压板外的部分约为 10 mm。在整个加荷过程中以 2 400 N/s±200 N/s 的速率均匀地加荷直至破坏，分别记下抗压破坏荷载 F。

■ 五、数据处理与分析

1. 抗折强度

(1)每个试件的抗折强度 $f_{ce,m}$ 按下式计算(精确至 0.1 MPa)。

$$f_{ce,m} = 3FL/2b^3 = 0.002\ 34F$$

式中 F ——折断时施加于棱柱体中部的荷载(N);

L ——支撑圆柱体之间的距离(mm), $L=100$ mm;

b ——棱柱体截面正方形的边长(mm), $b=40$ mm。

(2)以一组三个棱柱体抗折结果的平均值作为试验结果。当三个强度值中有一个超出平均值±10%时,应剔除后再取平均值作为抗折强度试验结果。如有两个试件的测定结果超过平均值的±10%时,应重做试验。试验结果精确至 0.1 MPa。

2. 抗压强度

(1)每个试件的抗压强度 $f_{ce,c}$ 按下式计算(MPa,精确至 0.1 MPa)。

$$f_{ce,c} = F/A = 0.000\ 625F$$

式中 F ——试件最大破坏荷载(N);

A ——受压部分面积(mm²)(40 mm×40 mm=1 600 mm²)

(2)以一组三个棱柱体上得到的六个抗压强度测定值的算术平均值作为试验结果。如六个调定值中有一个超出六个平均值的±10%,应去除这个结果,以剩下五个的平均值作为结果。如果五个测定值中再有超过它们平均值±10%的,则此组结果作废。试验结果精确至 0.1 MPa。

水泥胶砂强度检测记录表和评价表分别见表 4-20、表 4-21。

表 4-20 水泥胶砂强度检测记录表

抗折强度				
试件编号	支点间距/mm	破坏荷载/N	抗折强度/MPa	
			单值	平均

抗压强度				
试件编号	受压面积/mm²	破坏荷载/N	抗压强度/MPa	
			单值	平均

表 4-21　水泥胶砂强度检测评价表

项目	评分依据	评价				
		优	良	中	差	未完成
		10～8分	8～6分	6～4分	4～3分	<3分
检测准备	1. 能正确称量水泥、砂、水等原材料，得3分； 2. 能正确使用搅拌机搅拌砂浆，得3分； 3. 能正确对试样进行养护，得4分	得分	1.			
			2.			
			3.			
		合计	自评		教师或第三方评价	
水泥强度检测	1. 能正确使用抗折、抗压试验机，得2分； 2. 能正确进行抗折试样测定抗折强度，得4分； 3. 能正确进行抗压试验测定抗压强度，得4分	得分	1.			
			2.			
			3.			
		合计	自评		教师或第三方评价	
数据分析与评定	1. 能准确读取标尺上的抗折强度值，得2分； 2. 能正确按公式计算水泥的抗压强度值，得4分； 3. 能根据计算结果正确评定水泥的抗折强度和抗压强度，得4分	得分	1.			
			2.			
			3.			
		合计	自评		教师或第三方评价	
情感目标评价	1. 在操作过程中会严格按照步骤操作，得3分； 2. 在小组中能积极配合各成员工作，形成团队协作，使检测顺利完成，得5分； 3. 尊重检测结果并分析误差，得2分	得分	1.			
			2.			
			3.			
		合计	自评		教师或第三方评价	
综合评定						

📘 课后习题

1. 水泥是怎样分类的？通用水泥主要包括哪些品种？

2. 硅酸盐水泥的主要矿物成分是什么？这些矿物的特性如何？硅酸盐水泥的水化产物有哪些？

3. 国家标准对普通硅酸盐水泥的细度、凝结时间、体积安定性是如何规定的？

4. 现有甲、乙两个品种的硅酸盐水泥熟料，其矿物成分见表4-22。若用它们分别制成硅酸盐水泥，估计其强度发展情况，说明其水化放热的差异，并阐述其理由。

项目四　参考答案

表 4-22　矿物成分

品种及其主要矿物成分	熟料矿物组成/%			
	C_3S	C_2S	C_3A	C_4AF
甲	56	20	11	13
乙	44	31	7	18

5. 为什么生产硅酸盐水泥掺适量的石膏对水泥不起破坏作用，而用硬化的水泥在硫酸盐水的环境介质中生产石膏时就有破坏作用？

6. 与普通硅酸盐水泥相比，掺有大量混合材料的硅酸盐水泥有哪些共同技术特点？

7. 为什么矿渣硅酸盐水泥、火山灰质硅酸盐水泥、粉煤灰硅酸盐水泥不宜用于早期强度较高或较低温度环境中施工的工程？

8. 何谓六大品种的水泥？它们各自的定义是什么？

9. 有下列混凝土构件和工程，试分别选用合适的水泥品种，并说明选用的理由：(1)现浇混凝土楼板、梁、柱；(2)采用蒸汽养护的混凝土预制构件；(3)紧急抢修的工程或紧急军事工程；(4)大体积混凝土坝和大型设备基础；(5)有硫酸盐腐蚀的地下工程；(6)高炉基础；(7)海港码头工程；(8)道路工程。

10. 称取 25 g 某普通水泥做细度试验，称得筛余量为 2.0 g。问该水泥的细度是否达到标准要求？

11. 某普通水泥，贮藏期超过三个月。已测得其 3 d 强度达到强度等级为 32.5 级的要求。现又测得其 28 d 抗折、抗压破坏荷载见表 4-23。

表 4-23　抗折、抗压破坏荷载

技术要求 ＼ 试件编号	1		2		3	
抗折破坏荷载/kN	2.9		2.6		2.8	
抗压破坏荷载/kN	65.0	64.0	64.0	53.0	66.0	70.0

请问：该水泥是否能按原强度等级使用？

项目五　砂浆及其检测技术

项目介绍

本项目主要介绍普通砂浆的组成、主要技术性质、应用和特种砂浆的种类及用途、砌筑砂浆的配合比设计、普通砂浆稠度检测试验。其具体包括砂浆的和易性、强度等级概念、不同工程条件下砂浆品种的选择、砌筑砂浆配合比的计算，重点掌握砂浆的基本知识。

学有所获

(1)掌握普通砂浆的主要技术性质；

(2)了解砌筑砂浆配合比设计的步骤；

(3)熟悉特种砂浆的种类及用途；

(4)掌握根据工程性质正确选用砂浆类型的方法；

(5)掌握砂浆稠度检测项目中涉及的检测工具的操作方法；

(6)熟悉检测数据的记录、计算，并能根据数据进行检测结果的判定。

任务一　砂浆的基本知识

任务导入

建筑砂浆被广泛运用到土木工程中，它是由胶凝材料、细集料和水按一定比例配制而成的，是建筑工程中一项用量大、用途广的建筑材料。砂浆的种类很多，不同种类的砂浆具有不同的技术特性，适用的工程情况也不同。下面我们一起来学习建筑砂浆的相关知识。

建筑砂浆是由胶凝材料、细集料、水以及根据性能确定的其他组分(掺加料)按适当比例配合、拌制并经硬化而成的建筑工程材料。建筑砂浆与普通混凝土的主要区别在于组成材料中没有粗集料，因此，也称为细集料混凝土。其具有细集料用量大、胶凝材料用量多、干燥收缩大、强度低等特点。

建筑砂浆常用于砌筑砌体(如砖、砌块、石)结构，建筑物内外表面(如墙面、地面、顶棚)的抹面，大型墙板和砖石墙的勾缝以及装饰材料的贴面等。根据用途不同，可分为普通砂浆和特种砂浆；根据胶凝材料不同，可分为水泥砂浆、石灰砂浆、聚合物砂浆和混合砂浆等。

■ 一、普通砂浆

普通砂浆主要包括砌筑砂浆、抹灰砂浆、装饰砂浆。其主要用于承重墙、非承重墙中各种混凝土砖、粉煤灰砖、烧结普通砖的砌筑抹灰以及建筑物内外表面装饰。

(一)砌筑砂浆

凡用于砌筑砖、石砌体或各种砌块、混凝土构件接缝等的砂浆称为砌筑砂浆。其作用主要是将块状材料胶结成为一个坚固的整体，从而提高砌体的强度和稳定性，并使上层块状材料所受的荷载能均匀地传递到下层。同时，砌筑砂浆填充块状材料之间的缝隙，提高建筑物保温、隔声、防潮等性能。图 5-1 所示为砂浆砌筑墙体工程施工图。

图 5-1　砂浆砌筑墙体工程施工图

1. 砌筑砂浆的组成材料

(1)胶凝材料。用于砌筑砂浆的胶凝材料有水泥和石灰。

①水泥。水泥通常采用通用硅酸盐水泥或砌筑水泥，且应符合《通用硅酸盐水泥》(GB 175—2007)和《砌筑水泥》(GB/T 3183—2003)的规定。水泥强度等级应根据砂浆品种及强度的要求进行选择。M15 及以下强度等级的砌筑砂浆宜选用 32.5 级通用硅酸盐水泥或砌筑水泥；M15 以上强度等级的砌筑砂浆宜选用 42.5 级通用硅酸盐水泥。施工时，通常在砂浆中掺加适量石灰膏或电石渣等胶凝材料代替部分水泥，对于特定的环境应选用相适应的水泥品种。

②石灰。在非承重结构部位，可用石灰膏或磨细生石灰粉作为拌制石灰砂浆的胶凝材料，这种砂浆具有良好的保水性及和易性，但硬化较慢。在配制砌筑砂浆时，石灰常用作水泥砂浆的掺合料，所以，也称为掺合料。石灰为气硬性胶凝材料，需要注意砂浆使用的场所。

(2)细集料。砌筑砂浆用砂应符合《建设用砂》(GB/T 14684—2011)的技术性质要求。砌筑砂浆用砂最常用的是天然砂，且宜选用中砂，其中毛石砌体宜选用粗砂。砌筑砂浆用砂应符合《建设用砂》(GB/T 14684—2011)的规定，并应全部通过 4.75 mm 的筛孔。

因砂中含泥量过大，不但会增加砂浆、水泥用量，还会使砂浆收缩值增大、耐久性降低，影响砌筑质量。因此，砌筑砂浆的含泥量应不大于 5%。目前，人工砂的使用越来越广泛，其中石粉含量增加会增大砂浆收缩，使用时应符合《建设用砂》(GB/T 14684—2011)的规定。

（3）**水**。拌制砂浆用水与混凝土拌和用水要求相同，应满足《混凝土用水标准》(JGJ 63—2006)规定的质量要求。

（4）**掺合料与外加剂**。为改善砂浆和易性并节约水泥，降低成本，在配制砂浆时，常掺入适量磨细生石灰、石灰膏、电石膏、粉煤灰、粒化高炉矿渣粉等物质作为掺合料。其应符合以下规定：

①生石灰应先熟化成石灰膏，用孔径不大于 3 mm×3 mm 的网过滤，且熟化时间应不小于 7 d；磨细生石灰粉的熟化时间应不小于 2 d，使其熟化成石灰膏以便可以使用。沉淀池中储存的石灰膏，应采取措施防止干燥、冻结和污染。严禁使用脱水硬化的石灰膏。严寒地区，磨细生石灰粉应直接加入砌筑砂浆。

②制作电石膏的电石渣应用孔径不大于 3 mm×3 mm 的网过滤，检验时应加热至 70 ℃并保持 20 min，没有乙炔气味后方可使用。

③消石灰粉不得直接用于砌筑砂浆中。消石灰粉是未充分熟化的石灰，颗粒太粗，起不到改善和易性的作用，还会大幅度降低砂浆强度。

④石灰膏、电石膏试配时，稠度应为 120 mm±5 mm。若稠度不在规定范围内，可按表 5-1 进行换算。

表 5-1　石灰膏不同稠度时的换算系数

石灰膏稠度/mm	120	110	100	90	80	70	60	50	40	30
换算系数	1.00	0.99	0.97	0.95	0.93	0.92	0.90	0.88	0.87	0.86

⑤砌筑砂浆中的水泥和石灰膏、电石膏等材料的用量可按表 5-2 选用。

表 5-2　砌筑砂浆材料用量(JGJ/T 98—2010)　　　　　　　kg/m³

砂浆种类	材料用量
水泥砂浆	≥200
水泥混合砂浆	≥350
预拌砌筑砂浆	≥200

注：1. 水泥砂浆中的材料用量指水泥用量；
　　2. 水泥混合砂浆中的材料用量指水泥和石灰膏、电石膏的材料总量；
　　3. 预拌砌筑砂浆中的材料用量指胶凝材料用量，包括水泥和替代水泥的粉煤灰等活性矿物掺合料。

⑥粉煤灰、粒化高炉矿渣粉、硅灰、天然沸石粉应分别符合《用于水泥和混凝土中的粉煤灰》(GB/T 1596—2005)等相关现行国家标准的规定。当采用其他品种矿物掺合料时，应有可靠的技术依据，并应在使用前进行试验验证。

⑦采用保水增稠材料(改善砂浆可操作性及保水性能的非石灰类材料)时，使用前应试验验证，并应有完整的型式检验报告。

⑧外加剂应符合现行国家有关标准，引气型外加剂还应有完整的型式检验报告。

2. 砌筑砂浆的主要技术性质

（1）**砂浆拌合物的表观密度**。砂浆拌合物硬化后，在荷载作用下，会因温度、湿度的变化而变形。若变形过大或变形不均匀，砌体会产生沉陷或裂缝，影响砌体质量。因此，砂浆拌合物必须具有一定的表观密度，以保证硬化后的密实度，减少变形影响，满足砌体力学性能的要求。砌筑砂浆拌合物的表观密度宜符合表 5-3 的规定。

表 5-3　砌筑砂浆拌合物的表观密度

砂浆种类	表观密度 /(kg·m^{-3})
水泥砂浆	≥1 900
水泥混合砂浆	≥1 800
预拌砌筑砂浆	≥1 800

（2）**砂浆拌合物的和易性**。砂浆的和易性是指砂浆是否容易在砖石等表面上铺成均匀、连续的薄层，且与基层紧密粘结的性质。其包括流动性和保水性两个方面的含义。

①流动性。流动性（又称为稠度）表示砂浆在自重或外力作用下产生流动的性质，用砂浆稠度测定仪测定，以沉入度（mm）表示。沉入度越大，表明砂浆流动性越大。但流动性过大，其硬化后强度会降低；流动性过小又不利于施工操作。影响砂浆稠度的因素主要有胶凝材料种类及用量、用水量、砂子粗细和粒形、级配、搅拌时间等。

砂浆稠度的选择与砌体材料种类、施工条件及施工气候有关。对于多孔、吸水的砌体材料和干热天气，要求砂浆流动性大一些；而对于密实、不吸水的砌体材料和湿冷天气，则要求砂浆流动性小一些。砌筑砂浆的施工稠度宜按表 5-4 选用。

表 5-4　砌筑砂浆的施工稠度

砌体种类	砂浆稠度/mm
烧结普通砖砌体、粉煤灰砖砌体	70～90
混凝土砖砌体、普通混凝土小型空心砌块砌体、灰砂砖砌体	50～70
烧结多孔砖、烧结空心砖砌体、轻集料小型混凝土空心砌块砌体、蒸压加气混凝土砌块砌体	60～80
石砌体	30～50

②保水性。新拌砂浆保持内部水分不泌出流失的能力，称为保水性。保水性不好的砂浆在运输、停放和施工中容易产生离析和泌水现象；当铺抹于基底后，水分易被基面很快吸走，从而使砂浆干涩，不便施工，并影响胶凝材料正常水化硬化，使强度与粘结力下降。为提高砂浆的保水性，往往掺入适量石灰膏和保水增稠材料。

砌筑砂浆的保水性并非越高越好，对于不吸水基层的砌筑砂浆，保水性太高会使得砂浆内部水分早期无法蒸发释放，不利于砂浆强度的增长，还会增大砂浆的干缩裂缝，降低砌体的整体性。根据《砌筑砂浆配合比设计规程》（JGJ/T 98—2010）的规定，砂浆的保水性用保水率表示。砌筑砂浆保水率应符合表 5-5 的规定。

表 5-5　砌筑砂浆保水率　　　　　　　　　　　　　　　　%

砂浆种类	保水率
水泥砂浆	≥80
水泥混合砂浆	≥84
预拌砌筑砂浆	≥88

(3)硬化砂浆的强度。

①砂浆的抗压强度。《建筑砂浆基本性能试验方法标准》(JGJ/T 70—2009)规定,砂浆强度等级是以 70.7 mm×70.7 mm×70.7 mm 的 3 个立方体试件,在标准条件(试件在 20 ℃±5 ℃的室温下静置 24 h±2 h,拆模后立即放入温度为 20 ℃±2 ℃、相对湿度为 90%以上的标准养护室)下养护 28 d,按标准试验方法测得。

《砌筑砂浆配合比设计规程》(JGJ/T 98—2010)规定,水泥砂浆及预拌砌筑砂浆分为 M5、M7.5、M10、M15、M20、M25、M30 七个强度等级;水泥混合砂浆可分为 M5、M7.5、M10、M15 四个强度等级。

②砂浆的粘结性。砖、石、砌块等材料是靠砂浆粘结成坚固整体并传递荷载的,因此,砂浆与基层材料之间应有一定的粘结强度。两者粘结越牢,砌体的整体性、强度、耐久性及抗震性越好。一般而言,砂浆抗压强度越高,其粘结力越强。砂浆粘结强度还与基层材料的表面状态、清洁程度、湿润状况以及施工养护等因素有关,也与砂浆的胶凝材料种类有关。若加入聚合物,可使砂浆的粘结性大为提高。

③砂浆的抗冻性。有抗冻性要求的砌体工程,砌筑砂浆应进行冻融试验。砌筑砂浆的抗冻性应符合表 5-6 的规定。如果对抗冻性有明确的设计要求,还应符合设计规定。

表 5-6　砌筑砂浆的抗冻性

使用条件	抗冻指标	质量损失/%	强度损失/%
夏热冬暖地区	F15		
夏热冬冷地区	F25	≤5	≤25
寒冷地区	F35		
严寒地区	F50		

④影响砂浆强度的因素。当原材料质量一定时,砂浆强度主要取决于水泥强度和用量,与拌和用水量无关。另外,砂浆强度还受砂、外加剂、掺入的混合材料以及砌筑和养护条件等的影响。当砂中泥及其他杂质含量多时,砂浆强度也会受到影响。

3. 现场配制砌筑砂浆的配合比设计

砌筑砂浆配合比可通过查阅相关资料或手册来选择,必要时通过计算来确定。现场配制砌筑砂浆是指由水泥、细集料、水及根据需要加入的石灰、活性掺合料或外加剂在现场配制成的砂浆,其可分为水泥混合砂浆和水泥砂浆。

(1)砌筑砂浆配合比设计的基本要求。

①砂浆的稠度和保水率应符合施工要求;

②砂浆拌合物的表观密度:水泥砂浆应不小于 1 900 kg/m³,水泥混合砂浆和预拌砌筑砂浆应不小于 1 800 kg/m³;

③砂浆的强度、耐久性应满足设计要求;

④在保证质量的前提下,应尽量节省水泥和掺合料,降低成本。

(2)现场配制水泥混合砂浆的配合比设计。

①确定砂浆的试配强度($f_{m,0}$)。《砌筑砂浆配合比设计规程》(JGJ/T 98—2010)规定,砂浆的试配强度按式(5-1)计算:

$$f_{m,0} = k f_2 \tag{5-1}$$

式中　$f_{m,0}$——砂浆的试配强度，应精确至 0.1 MPa；

　　　f_2——砂浆的强度等级，应精确至 0.1 MPa；

　　　k——系数，可按表 5-7 取值。

表 5-7　砂浆强度标准差 σ 及 k 值

强度等级 施工水平	强度标准差 σ/MPa							k
	M5	M7.5	M10	M15	M20	M25	M30	
优良	1.00	1.50	2.00	3.00	4.00	5.00	6.00	1.15
一般	1.25	1.88	2.50	3.75	5.00	6.25	7.50	1.20
较差	1.50	2.25	3.00	4.50	6.00	7.50	9.00	1.25

　　a. 有统计资料时，砂浆强度标准差（σ）按式（5-2）确定：

$$\sigma = \sqrt{\frac{\sum_{i=1}^{n} f_{m,i}^2 - n\mu_{fm}^2}{n-1}} \tag{5-2}$$

式中　$f_{m,i}$——统计周期内同一品种砂浆第 i 组试件的强度（MPa）；

　　　μ_{fm}——统计周期内同一品种砂浆 n 组试件的强度平均值（MPa）；

　　　n——统计周期内同一品种砂浆试件的总组数，$n \geqslant 25$。

　　b. 无统计资料时，砂浆强度标准差（σ）可按表 5-7 取值。

　　②确定砂浆的水泥用量（Q_C）。每立方米砂浆中的水泥用量按式（5-3）计算：

$$Q_C = \frac{1\,000(f_{m,0} - \beta)}{\alpha f_{ce}} \tag{5-3}$$

式中　Q_C——每立方米砂浆的水泥用量，精确至 1 kg；

　　　α，β——砂浆的特征系数，取 $\alpha=3.03$，$\beta=-15.09$；

　　　f_{ce}——水泥的实测强度，应精确至 0.1 MPa。

　　无法取得水泥实测强度 f_{ce} 时，可按式（5-4）计算：

$$f_{ce} = \gamma_c \cdot f_{ce,k} \tag{5-4}$$

式中　$f_{ce,k}$——水泥强度等级值（MPa）；

　　　γ_c——水泥强度等级值的富余系数，宜按实际统计资料确定；无统计资料时可取 1.00。

　　③确定砂浆的石灰膏用量（Q_D）。每立方米砂浆中石灰膏用量按式（5-5）计算：

$$Q_D = Q_A - Q_C \tag{5-5}$$

式中　Q_D——1 m³ 砂浆的石灰膏用量，应精确至 1 kg，石灰膏使用时的稠度宜为 120 mm±5 mm；

　　　Q_A——1 m³ 砂浆中水泥和石灰膏总量，应精确至 1 kg；可为 350 kg；

　　　Q_C——1 m³ 砂浆的水泥用量，应精确至 1 kg。

　　④确定砂浆的砂子用量（Q_s）。每立方米砂浆中的砂用量，应按砂子在干燥状态（含水率小于 0.5%）的堆积密度作为计算值（kg/m³），即每立方米砂浆含有堆积体积 1 m³ 的砂子。

　　⑤确定砂浆的单位用水量（Q_w）。

　　a. 根据砂浆稠度等要求可选用 210～310 kg；

· 73 ·

b. 混合砂浆中的用水量不包括石灰膏中的水；

c. 当采用细砂或粗砂时，用水量分别取上限或下限；

d. 当稠度小于 70 mm 时，用水量可小于下限；

e. 当施工现场气候炎热或干燥时，可酌量增加用水量。

通过上述步骤，可获取水泥、石灰膏、砂和水的用量，得到初步配合比：

$$水泥：石灰膏：砂：水 = Q_C : Q_D : Q_s : Q_w = 1 : \frac{Q_D}{Q_C} : \frac{Q_s}{Q_C} : \frac{Q_w}{Q_C}$$

（3）现场配制水泥砂浆的配合比选用。

①水泥砂浆配合比选用。水泥砂浆的材料用量可按表 5-8 选用。

表 5-8　每立方米水泥砂浆材料用量　　　　　　　　　　　　　　kg/m³

强度等级	水泥	砂	用水量
M5	200～230		
M7.5	230～260		
M10	260～290		
M15	290～330	砂的堆积密度值	270～330
M20	340～400		
M25	360～410		
M30	420～480		

注：1. M15 及 M15 以下强度等级水泥砂浆，水泥强度等级为 32.5 级；M15 以上强度等级水泥砂浆，水泥强度等级为 42.5 级；

　　2. 当采用细砂或粗砂时，用水量分别取上限或下限；

　　3. 当稠度小于 70 mm 时，用水量可小于下限；

　　4. 在施工现场气候炎热或干燥季节，可酌量增加用水量。

②水泥粉煤灰砂浆的配合比选用。水泥粉煤灰砂浆材料用量可按表 5-9 选用。

表 5-9　每立方米水泥粉煤灰砂浆材料用量　　　　　　　　　　　kg/m³

强度等级	水泥粉煤灰总量	粉煤灰	砂	用水量
M5	210～240			
M7.5	240～270	粉煤灰掺量可占胶凝材料总量的 15%～25%	砂的堆积密度值	270～330
M10	270～300			
M15	300～330			

注：1. 表中水泥强度等级为 32.5 级；

　　2. 当采用细砂或粗砂时，用水量分别取上限或下限；

　　3. 当稠度小于 70 mm 时，用水量可小于下限；

　　4. 在施工现场气候炎热或干燥季节，可酌量增加用水量。

（4）配合比的试配、调整与确定。

①试配拌和。试验所用原材料应与现场使用材料一致。按计算或查表所得配合比进行试拌，并采用机械搅拌，搅拌量宜为搅拌机容量的 30%～70%，搅拌时间从开始加水算起，水泥砂浆和水泥混合砂浆应不小于 120 s，预拌砌筑砂浆和掺粉煤灰、外加剂、保水增稠材

料等的砂浆应不小于 180 s。

②**检测和易性，确定基准配合比**。砂浆拌合物的稠度和保水率按《建筑砂浆基本性能试验方法标准》(JGJ/T 70—2009)测定。若稠度和保水率不能满足要求，则应调整材料用量，直到符合要求为止，然后确定其为试配时的砂浆基准配合比。

③**复核强度，确定试配配合比**。试配时至少采用三个不同的配合比，其中一个为试配基准配合比，其余两个的水泥用量应分别比试配基准配合比增加及减少 10%。按《建筑砂浆基本性能试验方法标准》(JGJ/T 70—2009)分别测定不同配合比砂浆的表观密度 ρ_c 及强度；选定符合强度及和易性要求、水泥用量最低的配合比作为砂浆的试配配合比。

④**数据校正，确定设计配合比**。当砂浆的表观密度实测值 ρ_c 与理论 ρ_t 值之差的绝对值不超过理论值的 2% 时，可将试配配合比确定为砂浆设计配合比；当超过 2% 时，应将试配配合比中每项材料用量乘以校正系数后，才为确定的砂浆设计配合比。

(5)砂浆配合比设计示例。

【例 5-1】 设计用于砌筑砖墙的水泥混合砂浆的配合比，要求强度等级为 M7.5，稠度为 70~90 mm。施工单位无统计资料，施工水平一般。原材料如下：

水泥：32.5 级矿渣水泥；细集料：干燥中砂，堆积密度为 1 450 kg/m³；掺合料：石灰膏，稠度为 110 mm。

【解】 ①确定试配强度($f_{m,0}$)。

因施工单位无统计资料，施工水平一般，经查表 5-7，取系数 $k=1.20$。

则砂浆试配强度为 $f_{m,0}=kf_2=1.2\times7.5=9(\text{MPa})$

②确定水泥用量(Q_C)。

由特征系数 α、β 的规定，取 $\alpha=3.03$，$\beta=-15.09$，故由式(5-3)知，水泥用量为：

$$Q_C=\frac{1\,000(f_{m,0}-\beta)}{\alpha f_{ce}}=\frac{1\,000(9+15.09)}{3.03\times32.5\times1.0}=245(\text{kg/m}^3)$$

③确定石灰膏用量(Q_D)。

由前述对石灰膏与水泥总量的规定，可取 $Q_A=350\ \text{kg}$。

则标准稠度石灰膏用量为：

$$Q_D=Q_A-Q_C=350-245=105(\text{kg})$$

本题石灰膏稠度是 110 mm，并非 120 mm 的标准稠度，依表 5-1 可知，石灰膏稠度为 110 mm 时的换算系数为 0.99，故该稠度石灰膏实际用量为：

$$Q_D=0.99\times Q_D{}'=0.99\times105\approx104(\text{kg})$$

④确定砂子用量(Q_s)。

因所给干砂堆积密度是 1 450 kg/m³，故砂的用量为：

$$Q_s=1\,450\times1=1\,450(\text{kg})$$

⑤确定用水量(Q_w)。

根据对水泥混合砂浆用水量的规定，对于稠度为 70~90 mm 的混合砂浆，可选用 270~330 kg/m³ 的单位用水量。故此处可选用水量 300 kg/m³。即

$$Q_w=300\ \text{kg/m}^3$$

假如经试配和强度检测，上述材料用量能满足设计要求，则该水泥混合砂浆的设计配合比为

水泥：石灰膏：砂：水＝245：105：1 450：300＝1：0.43：5.92：1.22

需要指出的是，本例所得结果为初步配合比。必须进一步按砂浆配合比设计的相关要求，调整和易性及强度检验合格，而且水泥用量最少，此时的材料用量之比才是满足要求的配合比。

(二)抹灰砂浆

抹灰砂浆又称为抹面砂浆，是指大面积涂抹于建筑物墙、顶棚、柱等表面的砂浆。其作用是保护墙体不受风雨、潮气等侵蚀，提高墙体防潮、防风化、防腐蚀的能力。同时，使墙面、地面等建筑部位平整、光滑、清洁美观，抹灰砂浆兼有保护基层、满足使用要求和增加美观的作用。按组成材料，可分为水泥抹灰砂浆、水泥粉煤灰抹灰砂浆、水泥石灰抹灰砂浆、掺塑化剂水泥抹灰砂浆、聚合物水泥抹灰砂浆和石膏抹灰砂浆；按生产方式，可分为拌制抹灰砂浆和预拌抹灰砂浆。

抹灰砂浆与砌筑砂浆不同，它是以薄层大面积地涂抹在基层上，对它的主要技术要求不是强度，而是与基层的粘结力，所以，需要胶凝材料的数量较多。抹灰砂浆与空气接触面面积大，有利于气硬性胶凝材料的硬化，因而，具有良好和易性的石灰砂浆得到广泛的应用。当然，在有防水、防潮要求时，仍需使用水泥砂浆。若基层为混凝土，宜用水泥混合砂浆；若基层为板条，则应在砂浆中掺入适当麻刀等纤维材料，以减少收缩开裂。图 5-2 所示为抹灰工程施工图。

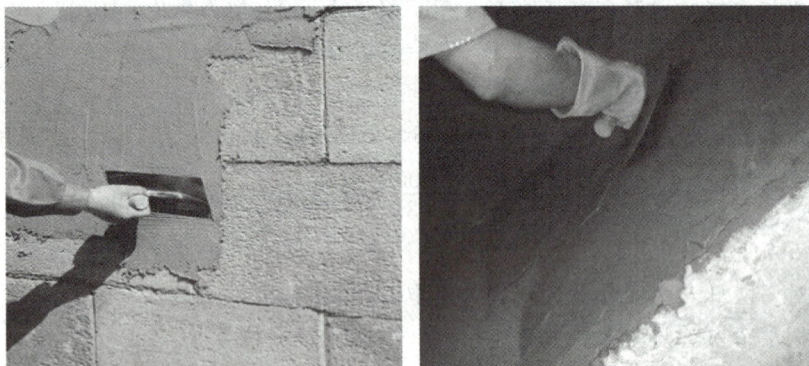

图 5-2　抹灰工程施工图

1. 抹灰砂浆的基本规定

按照《抹灰砂浆技术规程》(JGJ/T 220—2010)的要求，抹灰砂浆的基本规定如下：

(1)一般抹灰工程宜选用预拌抹灰砂浆，抹灰砂浆应采用机械搅拌。

(2)抹灰砂浆强度等级不宜比基体材料强度高出两个及以上等级，并应符合以下几项：

①对于无粘贴饰面砖的外墙，底层抹灰砂浆宜比基体材料高一个强度等级或等于基体材料强度；

②对于无粘贴饰面砖的内墙，底层抹灰砂浆宜比基体材料低一个强度等级；

③对于有粘贴饰面砖的内墙和外墙，中层抹灰砂浆宜比基体材料高一个强度等级且不宜低于 M15，并宜选用水泥抹灰砂浆；

④孔洞填补和窗台、阳台抹面等宜采用 M15 或 M20 水泥抹灰砂浆。

（3）配制强度等级不大于 M20 抹灰砂浆，宜用 32.5 级通用硅酸盐水泥或砌筑水泥；配制强度等级大于 M20 的抹灰砂浆，宜用 42.5 级通用硅酸盐水泥。通用硅酸盐水泥宜采用散装的。

（4）当采用通用硅酸盐水泥拌制抹灰砂浆时，可掺入适量石灰膏、粉煤灰、粒化高炉矿渣粉、沸石粉等，不应掺入消石灰粉。用砌筑砂浆拌制抹灰砂浆时，不得再掺粉煤灰等矿物掺合料。

（5）根据需要，拌制抹灰砂浆可掺入改善砂浆性能的添加剂。

（6）抹灰砂浆品种宜根据使用部位或基体种类，按相应规范规定选用。

（7）抹灰砂浆施工稠度宜按相关规范选取。聚合物水泥抹灰砂浆的施工稠度宜为 50～60 mm，石膏抹灰砂浆的施工稠度宜为 50～70 mm。

2. 抹灰砂浆的配合比设计

抹灰砂浆的配合比设计分为三步：一是按规程选取配合比的材料用量；二是按规范进行试配、调整和校正；三是得出符合要求且水泥用量最低的设计配合比。

（1）水泥抹灰砂浆的配合比选用。

①水泥抹灰砂浆的基本规定：强度等级应为 M15、M20、M25、M30；拌合物的表观密度不小于 1 900 kg/m³；保水率不小于 82%，拉伸粘结强度不小于 0.20 MPa。

②水泥抹灰砂浆材料用量：可按规范规定量选用。

（2）水泥石灰抹灰砂浆的配合比选用。

①水泥石灰抹灰砂浆的基本规定：强度等级应为 M2.5、M5.0、M7.5、M10；拌合物表观密度不小于 1 800 kg/m³；保水率不小于 88%，其拉伸粘结强度不小于 0.15 MPa。

②水泥石灰抹灰砂浆配合比的材料用量可按表 5-10 选用。

表 5-10　水泥石灰抹灰砂浆配合比的材料用量　　　　　　　　　　kg/m³

强度等级	水泥	石灰膏	砂	水
M2.5	200～230			
M5	230～280	(350～400)－C	1 m³ 砂的堆积密度值	180～280
M7.5	280～330			
M10	330～380			

注：表中，C 为水泥用量。

3. 抹灰砂浆的施工构造要求

为保证砂浆与基层粘结牢固、表面平整、不开裂，抹面砂浆通常可分为两层或三层进行施工，包括底层、中层、面层，各层的作用与要求不同，所选用的砂浆也不同。

（1）**底层**：使砂浆与底面牢固粘结，要求良好的和易性、较高的粘结力，保水性要好。

（2）**中层**：用于找平，有时可省去。

（3）**面层**：起装饰作用，应达到平整、美观的效果。

确定抹面砂浆组成材料及配合比的主要依据是工程使用部位及基层材料的性质。常用普通抹面砂浆配合比可参照前述步骤进行设计。另外，当抹灰层厚度大于 35 mm 时，应采取与基体粘结的加强措施。不同材料的基体交接处应设加强网，加强网与各基体的搭接宽度不应小于 100 mm。图 5-3 所示为抹灰分层施工及加强网施工图。

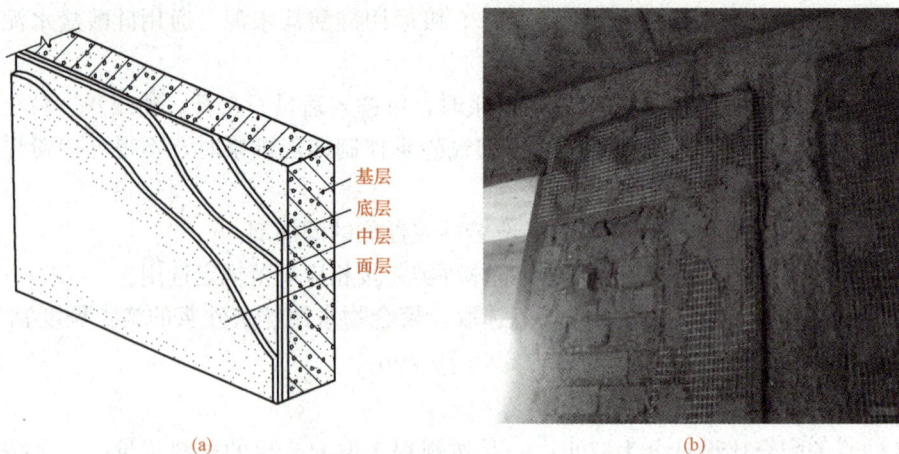

(a)   (b)

图 5-3　抹灰分层施工及加强网施工图

(a)抹灰分层施工图；(b)加强网施工图

(三)装饰砂浆

涂抹在建筑物内外墙表面，且具有美观装饰效果的抹灰砂浆统称为装饰砂浆。装饰砂浆的底层和中层抹灰与普通抹灰砂浆基本相同。装饰砂浆的面层，要选用具有一定颜色的胶凝材料和集料以及采用某些特殊的操作工艺，使表面呈现出不同的色彩、线条与花纹等装饰效果。

装饰砂浆所采用的胶凝材料有普通水泥、矿渣水泥、火山灰质水泥、白水泥和彩色水泥，以及石灰、石膏等。集料常采用大理石、花岗石等带颜色的碎石渣或玻璃、陶瓷碎粒。

常用装饰砂浆的施工操作方法包括拉毛、弹涂、喷涂、水刷石、干粘石、水磨石、斩假石等。

1. 拉毛

拉毛的具体做法是先用水泥砂浆或水泥混合砂浆做底层，再用水泥石灰砂浆或水泥纸筋灰浆做面层，在面层灰浆尚未凝结之前用铁抹子等工具将表面轻压后顺势轻轻拉起，形成凹凸感较强的饰面层。拉毛灰同时具有装饰和吸声作用，多用于外墙面及影剧院等公共建筑的室内墙壁和顶棚的饰面，也常用于外墙面、阳台栏板或围墙等外饰面。图 5-4 所示为墙面拉毛处理施工效果图。

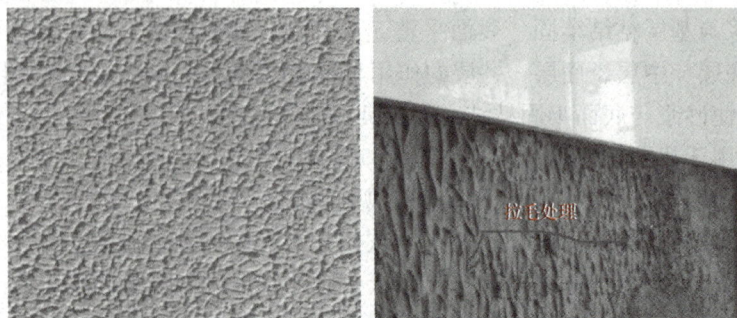

图 5-4　墙面拉毛处理施工效果图

2. 弹涂

弹涂是指在墙体表面涂刷一层聚合物水泥色浆后，用电动弹力器分几遍将各种水泥砂浆弹到墙面上，形成直径为 1~3 mm、颜色不同、互相交错的圆形色点，深浅色点互相衬托，构成彩色的装饰面层，最后再刷一道树脂罩面层，起防护作用。其适用于建筑物内外墙面，也可用于顶棚饰面。图 5-5 所示为墙面弹涂处理施工效果图。

图 5-5　墙面弹涂处理施工效果图

3. 喷涂

喷涂多用于外墙饰面，是用砂浆泵或喷斗，将掺有聚合物的水泥砂浆喷涂在墙面基层或底灰上，形成饰面层。最后，在表面再喷一层甲基硅醇钠或甲基硅树脂疏水剂，以提高饰面层的耐久性和减少墙面污染。图 5-6 所示为墙面喷涂处理施工图。

图 5-6　墙面喷涂处理施工图

4. 水刷石

水刷石是将水泥和粒径为 5 mm 左右的石渣按比例混合，配制成水泥石渣砂浆，涂抹成型待水泥浆初凝后，以硬毛刷蘸水刷洗或喷水冲刷，将表面水泥浆冲走，使石渣半露出来，达到装饰效果。水刷石饰面具有石料饰面的质感效果，主要用于外墙饰面，另外，檐口、腰线、窗套、阳台、雨篷、勒脚及花台等部位也常使用。图 5-7 所示为水刷石施工效果图。

5. 干粘石

干粘石是在素水泥浆或聚合物水泥砂浆粘结层上，将彩色石渣、石子等直接粘在砂浆层上，再拍平压实的一种装饰抹灰做法。其可分为人工甩粘和机械喷粘两种。要求石子粘结牢固、不脱落、不露浆，石粒的 2/3 应压入砂浆中。干粘石装饰效果与水刷石相同，而且避免了湿作业，既提高了施工效率又节约了材料，应用广泛。图 5-8 所示为干粘石施工效果图。

图 5-7　水刷石施工效果图

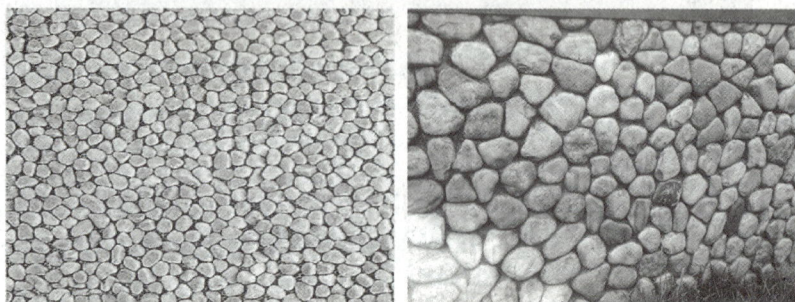

图 5-8　干粘石施工效果图

6. 水磨石

水磨石是用普通水泥、白水泥或彩色水泥和有色石渣或白色大理石碎粒及水按适当比例配合，需要时掺入适量颜料，经拌匀、浇筑捣实、养护、硬化、表面打磨、洒草酸冲洗、干燥后上蜡等工序制成。水磨石可分为预制和现制两种。它不仅美观而且具有较好的防水、耐磨性能，多用于室内地面和装饰等。图 5-9 所示为水磨石施工效果图。

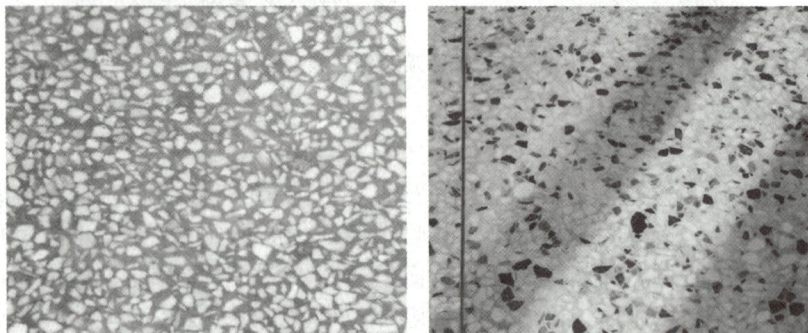

图 5-9　水磨石施工效果图

7. 斩假石

斩假石又称为剁斧石，是在水泥砂浆基层上涂抹水泥石渣浆或水泥石屑浆，待其硬化具有一定强度时，用钝斧及各种凿子等工具，在表层上剁斩出纹理。

斩假石既有石材的质感，又有精工细作的特点，给人以朴实、自然、素雅、庄重的感觉。斩假石饰面一般多用于局部小面积装饰，如勒脚、台阶、柱面、扶手等。图5-10所示为斩假石施工效果图。

图5-10　斩假石施工效果图

■ 二、特种砂浆 ···

特种砂浆包括**保温砂浆、防水砂浆、吸声砂浆、自流平砂浆等**。其用途也是多种多样，广泛用于建筑外墙保温、室内装饰修补等。

(一)保温砂浆

保温砂浆是以水泥、石灰、石膏等胶凝材料与膨胀珍珠岩、膨胀蛭石、火山渣或浮石砂、陶砂等轻质多孔集料，按一定比例配制成的砂浆。其具有轻质和良好的保温性能，保温砂浆可用于**平屋顶保温层**及**顶棚、内墙抹灰**与**供热管道的保温防护**。常用的保温砂浆有水泥膨胀珍珠岩砂浆、水泥膨胀蛭石砂浆、水泥石灰膨胀蛭石砂浆等。保温砂浆施工构造如图5-11所示。

图5-11　保温砂浆施工构造图

(a)保温砂浆；(b)保温砂浆施工构造

1—基材；2—聚苯颗粒保温砂浆；3—抹面砂浆；

4—耐碱玻璃纤维增强网格布；5—抹面砂浆；6—涂料饰面层

(二)防水砂浆

用作防水层的砂浆叫作防水砂浆。砂浆防水是刚性防水的一种，根据施工方法可分为利用高压喷枪机械施工、利用人工多层抹压。其原理都是提高砂浆的密实性或改善抗裂性，以达到防水、抗渗效果。防水砂浆适用于不受振动和具有一定刚度的混凝土或砖、石砌体工程，用于水塔、水池等的防水。

常用的防水砂浆品种有水泥砂浆、水泥砂浆加防水剂、膨胀水泥砂浆。目前，应用最广泛的是在普通水泥中掺入防水剂而制得的防水砂浆。国内生产的防水剂有硅酸钠类(水玻璃)、金属皂类、氯化物金属盐类(氯化铁)等。

(三)吸声砂浆

吸声砂浆具有良好的吸声性能，吸声砂浆可由轻质多孔集料配制而成，也可在石灰、石膏砂浆中掺入玻璃纤维、矿棉等松软纤维材料制成。

由轻集料配制成的保温砂浆，一般均具有良好的吸声性能，故也可用作吸声砂浆。另外，还可以用水泥、石膏、砂、锯末(体积比为 1∶1∶3∶5)配制吸声砂浆，或在石灰、石膏砂浆中掺入玻璃纤维、矿棉等松软纤维材料，也能获得一定的吸声效果。**吸声砂浆常用于有吸声要求的室内墙壁、顶棚、平顶等处。**

(四)自流平砂浆

自流平砂浆是由水泥、精细集料及多种添加剂组成的，与水混合后形成一种流动性强、高塑性的自流平地基材料。其稍经刮刀展开，即可获得高平整基面。自流平砂浆硬化速度快，24 h 即可在上行走，或进行后续工程(如铺木地板、金刚板等)，施工快捷、简便，是传统人工找平所无法比拟的。**自流平砂浆适用于混凝土地面的精确找平及所有铺地材料，**其广泛应用于民间及商业建筑。

自流平砂浆的关键技术是掺用合适的化学外加剂，严格控制砂的级配、含泥量、颗粒形态，选用合适的水泥品种。良好的自流平砂浆使地面平整、光洁，强度高，无开裂，技术经济效果好。

■ 三、砂浆应用工程实例分析

(一)砂浆的质量问题

某工地现配制 M10 砂浆砌筑砖墙，将水泥直接倒在砂堆上，再人工搅拌。该砌体灰缝饱满度及粘结性均差。请分析原因。

【原因分析】

(1)砂浆的均匀性可能有问题。将水泥直接倒入砂堆上，采用人工搅拌的方式往往导致混合不够均匀，使强度波动大，宜加入搅拌机中搅拌。

(2)仅以水泥与砂配制砂浆，使用少量水泥虽可满足强度要求，但往往流动性及保水性较差，而使砌体饱满度及粘结性较差，影响砌体强度，可掺入少量石灰膏、石灰粉或微沫剂等，以改善砂浆和易性。

(二)以硫铁矿渣代替建筑砂配制砂浆的质量问题

上海市某中学教学楼为五层内廊式砖混结构，工程交工验收时质量良好。但使用半年后，发现砖砌体裂缝，墙面抹灰层起壳。继续观察一年后，建筑物裂缝严重，以致成为危房不能使用。该工程砂浆采用硫铁矿渣代替建筑砂。其含硫量较高，有的高达 4.6%，请分析其原因。

【原因分析】

由于硫铁矿渣中的三氧化硫和硫酸根与水泥或石灰膏反应，生成硫铁酸钙或硫酸钙，产生体积膨胀。而其硫含量较高，在砂浆硬化后不断生成此类体积膨胀的水化产物，致使砌体产生裂缝，抹灰层起壳。

需要说明的是，该段时间上海的硫铁矿渣含硫较高，不仅此项工程出问题，其他许多采用硫铁矿渣的工程也出现类似的质量问题，关键是硫含量过高。

(三)抹面砂浆裂缝讨论

图 5-12 中地面的抹面砂浆有众多裂纹，其所使用的水泥砂浆配合比为：水泥∶砂∶水＝1∶1∶0.65，请讨论砂浆配合比的影响。

图 5-12　抹面砂浆裂缝

【原因分析】

不同用途砂浆的配合比有所不同，用于地面基层的砂浆水泥量宜较低，水泥∶砂可为1∶2.5～1∶3。水泥用量高不仅多耗水泥，且其中干缩较大。另外，该砂浆水胶比较大也是产生裂缝的另一原因。需要说明的是，不同应用范围的抹面砂浆的胶凝材料及其配合比选择是不同的。

任务二　普通砂浆稠度的检测

■ 一、试验依据

《建筑砂浆基本性能试验方法标准》(JGJ/T 70—2009)。

■ 二、试验目的

砂浆在使用过程中，需要达到合适的流动性才适宜施工。砂浆稠度试验是为了测定砂浆的流动性，用来确定配合比或施工过程中控制砂浆的稠度，以达到控制用水量的目的。要求掌握建筑砂浆稠度的试验方法，并了解建筑砂浆稠度控制的大致范围。

■ 三、试验准备

（1）砂浆的稠度与砂浆的用水量和外加剂等有关，砂浆稠度不同时，一定质量的试锥沉入砂浆的深度也不同。本试验用试锥沉入砂浆的深度来表示砂浆的稠度。

（2）砂浆拌合物取样后，应及时试验，试验前应经人工进行翻拌，以保证其质量均匀。

（3）仪器设备。

①**砂浆稠度仪**[图5-13（a）]：由试锥、容器和支座三部分组成。如图5-13（b）所示，试锥由钢材或铜材制成，试锥高度为145 mm，锥底直径为75 mm，试锥连同滑杆的质量应为300 g±2 g；盛载砂浆的容器由钢板制成，筒高为180 mm，锥底内径为150 mm；支座分底座、支架及刻度显示三个部分，由铸铁、钢及其他金属制成。

②**钢制捣棒**，直径为10 mm，长度为350 mm，端部磨圆。

③**秒表**等。

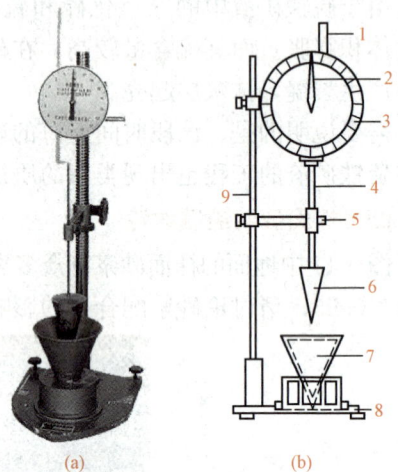

图5-13 砂浆稠度仪
（a）砂浆稠度仪实物；（b）砂浆稠度仪构造组成
1—齿条测杆；2—摆针；3—刻度盘；
4—滑杆；5—制动螺丝；6—试锥；
7—盛装容器；8—底座；9—支架

■ 四、试验步骤

（1）盛浆容器和试锥表面用湿布擦干净，并用少量润滑油轻擦滑杆后，将滑杆上多余的油用吸油纸吸净，使滑杆能自由滑动。

（2）将砂浆拌合物一次装入容器，使砂浆表面低于容器口约为10 mm，用捣棒自容器中心向边缘插捣25次；然后，轻轻地将容器摇动或敲击5~6下，使砂浆表面平整；随后，将容器置于稠度测定仪的底座上。

（3）拧开试锥滑杆的制动螺丝，向下移动滑杆。当试锥尖端与砂浆表面刚接触时，拧紧制动螺丝，使齿条测杆下端刚接触滑杆上端，并将指针对准零点上。

（4）拧开制动螺丝，使试锥垂直自由下落。同时计时间，待10 s后立即固定螺丝，将齿条测杆下端接触滑杆上端，从刻度上读出下沉深度，即为砂浆的稠度值（精确至1 mm）。

简明步骤如下：检查仪器→砂浆拌合物倒入容器→拌捣、浆面平整→测定指针下沉深度→判定稠度值→记录。

（5）使用注意事项如下：

①试验在进行过程中不得离开或与人闲谈。

②非试验人员不得使用本仪器。

③每次使用后，应将仪器洗净擦干。

■ **五、检测数据** ··

　　取两次试验结果的算术平均值作为稠度值，计算精确至 1 mm。

■ **六、检测结果评定** ···

　　稠度是对于砂浆的流动性的表现指标，在砂浆流动性过大时，砂浆容易分层、析水；在砂浆流动性过小时，则不便于施工操作，灰缝不易填充密实，将会降低砌体强度。

　　影响砂浆流动性的因素有胶凝材料和掺加料的种类及用量、用水量、添加剂品种与掺量、砂子的粗细程度及级配、搅拌时间和环境的温湿度等。

　　砂浆流动性的选择与砌体种类、施工方法和施工气候等情况有关。在高温、干燥的环境中，对于多孔的吸水基面材料，砂浆流动性应大些；而在寒冷的气候中，对于密实的不吸水基面材料，砂浆流动性应小些。

　　不同种类建筑材料砂浆稠度要求见表 5-11，普通砂浆稠度检测记录表、评价表见表 5-12、表 5-13。

表 5-11　砂浆稠度标准

材料种类	砂浆稠度/mm
烧结普通砖砌体	70～90
轻集料混凝土小型空心砌块砌体	60～90
烧结多孔砖、空心砖砌体	60～80
烧结普通砖平拱式过梁、空斗墙、筒拱 普通混凝土小型空心砌块砌体 加气混凝土砌块砌体	50～70
石砌体	30～50

表 5-12　普通砂浆稠度检测记录表

普通砂浆稠度检测记录表				
试验编号：				
环境条件		试验仪器		
试验依据	JGJ/T 70—2009	试验日期		
砂浆设计强度等级		取样地点、时间		
砂浆配合比编号		砂浆种类		拌和方式
稠度/mm	第一次稠度值/mm	第二次稠度值/mm		平均值/mm
备注	复核：			签名： 日期：

表 5-13　普通砂浆稠度检测评价表

项目	评分依据	学生自评				
		优	良	中	差	未完成
		10～8分	8～6分	6～4分	4～3分	<3分
检测准备	1. 检测前能设计好配合比，得3分； 2. 正确测定砂浆含水率，得2分； 3. 能根据砂浆含水率计算配合比用量，得3分； 4. 独立准确称量水泥、砂、水，完成砂浆搅拌，得3分	得分	1.			
			2.			
			3.			
			4.			
		合计	自评		教师评价	
稠度检测	1. 能正确地装料完毕，得2分； 2. 能完整插捣25次，得2分； 3. 能正确读取稠度数值，得3分； 4. 能很好地判断砂浆的流动性和保水性，得3分	得分	1.			
			2.			
			3.			
			4.			
		合计	自评		教师评价	
配合比调整	1. 根据稠度检测结果，初步确定配合比调整方案，得2分； 2. 能正确计算各材料调整用量，得4分； 3. 能正确计算调整后的配合比，得4分	得分	1.			
			2.			
			3.			
		合计	自评		教师评价	
情感目标评价	1. 在操作过程中会严格按照步骤操作，得3分； 2. 在小组中能积极配合各成员工作，形成团队协作，使检测顺利完成，得5分； 3. 尊重检测结果并分析误差，得2分	得分	1.			
			2.			
			3.			
		合计	自评		教师评价	
综合评定						

课后习题

一、填空题

1. 普通砂浆主要包括＿＿＿＿＿＿、＿＿＿＿＿＿和装饰砂浆。

2. 用于砌筑砂浆的胶凝材料有＿＿＿＿＿＿和＿＿＿＿＿＿。

3. 砂浆的和易性包括＿＿＿＿＿＿和＿＿＿＿＿＿两方面含义。

4. 混凝土的和易性包括＿＿＿＿＿＿、＿＿＿＿＿＿和＿＿＿＿＿＿三个方面。

5. 抹灰砂浆，又称为抹面砂浆，是指＿＿＿＿＿＿。

6. ＿＿＿＿＿＿称为装饰砂浆。

7. 常用装饰砂浆的施工操作方包括拉毛、弹涂、喷涂、＿＿＿＿＿＿、＿＿＿＿＿＿、＿＿＿＿＿＿水磨石、斩假石等。

项目五　参考答案

8. 特种砂浆包括_____、_____、吸声砂浆、自流平砂浆等，其用途也多种多样，广泛用于建筑外墙保温、室内装饰修补等。

9. 用作防水层的砂浆叫作_____。

10. 为保证砂浆与基层粘结牢固、表面平整、不开裂，抹面砂浆通常分为两层或三层进行施工，包括_____、_____、_____，各层的作用与要求不同，所选用的砂浆也不同。

二、选择题

1. 砌筑砂浆用砂应符合建筑用砂的技术性质要求。砌筑砂浆用砂最常用的是天然砂，且宜选用(   )，其中毛石砌体宜选用(   )。
   A. 中砂、粗砂   B. 粗砂、中砂
   C. 细砂、粗砂   D. 中砂、中砂

2. 因砂中含泥量过大，不但会增加砂浆水泥用量，还会使砂浆收缩值增大、耐久性降低，影响砌筑质量。因此，砌筑砂浆的含泥量应不大于(   )。
   A. 3%   B. 5%   C. 7%   D. 9%

3. 抹灰砂浆的(   )可以使砂浆与底面牢固粘结，因此，要求其具有良好的和易性、较高的粘结力，保水性要好。
   A. 底层   B. 中层   C. 面层   D. 施工层

4. 生石灰应先熟化成石灰膏，用孔径不大于 3 mm×3 mm 的网过滤，且熟化时间应不小于(   )d。
   A. 5   B. 7   C. 9   D. 15

5. 因此砌筑砂浆的含泥量应不大于(   )。
   A. 3%   B. 5%   C. 7%   D. 9%

三、简答题

1. 砌筑砂浆的作用有哪些?
2. 混凝土与新拌砂浆和易性的区别是什么?
3. 砂浆配合比的主要步骤有哪些?
4. 简述普通砂浆稠度检测的主要试验步骤。

项目六　混凝土及其检测技术

项目介绍

本项目主要介绍建筑工程中常用材料——普通混凝土的组成、配合比，特殊混凝土和新型混凝土的介绍及普通混凝土的性能、强度、性质等检测项目，包括混凝土的和易性、普通混凝土立方体抗压强度、混凝土的抗渗性能的检测。

学有所获

(1)了解普通混凝土的组成及特点，其他混凝土的特点及应用；

(2)熟悉混凝土的基本组成材料的技术性质，会进行普通混凝土的配合比设计；

(3)掌握混凝土拌合物的性质及测定办法；

(4)掌握硬化混凝土的力学性质、抗渗性和耐久性及其性质检测内容和方法；

(5)掌握混凝土各检测项目中涉及的检测工具的操作方法；

(6)熟悉检测数据的记录、计算，并能根据数据进行检测结果的判定。

任务一　混凝土的基本知识

任务导入

混凝土简称为"砼(tóng)"，是指由胶凝材料将集料胶结成整体的工程复合材料的统称。通常讲的混凝土一词是指用水泥作胶凝材料，砂、石作集料，与水按一定比例配合，经搅拌而得的水泥混凝土，也称为普通混凝土，它广泛应用于土木工程。由于组成材料的性质及品质不同，对混凝土的性能及强度有较大影响，故为改善混凝土的某些性质，也可加入外加剂。接下来，我们将一起学习混凝土的相关基本知识。

一、混凝土的组成、种类及特点

(一)混凝土的组成

在混凝土中，砂、石起骨架作用，称为集料；水泥与水形成水泥浆，水泥浆包裹在集料表面并填充其空隙。在硬化前，水泥浆起润滑作用，赋予拌合物一定的和易性，便于施工。水泥浆硬化后，则将集料胶结成一个坚实的整体。

(二)混凝土的种类

混凝土有多种分类方法，最常见的有以下几种。

1. 按胶凝材料分

(1)无机胶凝材料混凝土。无机胶凝材料混凝土包括石灰硅质胶凝材料混凝土(如硅酸盐混凝土)、硅酸盐水泥系混凝土(如硅酸盐水泥、普通水泥、矿渣水泥、粉煤灰水泥、火山灰质水泥、早强水泥混凝土等)、钙铝水泥系混凝土(如高铝水泥、纯铝酸盐水泥、喷射水泥、超速硬水泥混凝土等)、石膏混凝土、镁质水泥混凝土、硫黄混凝土、水玻璃氟硅酸钠混凝土、金属混凝土(用金属代替水泥作胶结材料)等。

(2)有机胶凝材料混凝土。有机胶凝材料混凝土主要有沥青混凝土和聚合物水泥混凝土、树脂混凝土、聚合物浸渍混凝土等。另外，无机与有机复合的胶体材料混凝土，还可以分为聚合物水泥混凝土和聚合物浸渍混凝土。

2. 按表观密度分

混凝土按照表观密度的大小可分为重混凝土、普通混凝土、轻质混凝土。这三种混凝土的不同之处就是集料的不同。

(1)重混凝土是表观密度大于 2 500 kg/m³，用特别密实和特别重的集料制成的混凝土。如重晶石混凝土、钢屑混凝土等，它们具有令 X 射线和 γ 射线无法穿透的性能；常由重晶石和铁矿石配制而成。

(2)普通混凝土即是在建筑中常用的混凝土，其表观密度为 1 950～2 500 kg/m³，主要以砂、石子为主要集料配制而成，是土木工程中最常用的混凝土品种。

(3)轻质混凝土是表观密度小于 1 950 kg/m³ 的混凝土。它又可以分为以下三类：

①轻集料混凝土。轻集料混凝土的表观密度为 800～1 950 kg/m³，轻集料包括浮石、火山渣、陶粒、膨胀珍珠岩、膨胀矿渣、矿渣等。

②多孔混凝土(泡沫混凝土、加气混凝土)。多孔混凝土的表观密度为 300～1 000 kg/m³。泡沫混凝土是由水泥浆或水泥砂浆与稳定的泡沫制成的混凝土。加气混凝土是由水泥、水与发气剂制成的。

③大孔混凝土(普通大孔混凝土、轻集料大孔混凝土)。大孔混凝土组成中无细集料。普通大孔混凝土的表观密度为 1 500～1 900 kg/m³，其是用碎石、软石、重矿渣作集料配制的混凝土。轻集料大孔混凝土的表观密度为 500～1 500 kg/m³，其是用陶粒、浮石、碎砖、矿渣等作为集料配制的混凝土。

3. 按定额分

(1)普通混凝土。普通混凝土可分为普通半干硬性混凝土、普通泵送混凝土和水下灌注混凝土三种。这三种混凝土的每一种又可分为碎石混凝土和卵石混凝土。

(2)抗冻混凝土。抗冻混凝土可分为抗冻半干硬性混凝土、抗冻泵送混凝土。其每一种又可分为碎石混凝土和卵石混凝土。

4. 按使用功能分

按使用功能可分为结构混凝土、保温混凝土、装饰混凝土、防水混凝土、耐火混凝土、水工混凝土、海工混凝土、道路混凝土、防辐射混凝土等。

5. 按施工工艺分

按施工工艺可分为离心混凝土、真空混凝土、灌浆混凝土、喷射混凝土、碾压混凝土、挤压混凝土、泵送混凝土等。

6. 按配筋方式分

按配筋方式可分为素(即无筋)混凝土、钢筋混凝土、钢丝网水泥、纤维混凝土、预应力混凝土等。

7. 按拌合物分

按拌合物可分为干硬性混凝土、半干硬性混凝土、塑性混凝土、流动性混凝土、高流动性混凝土、流态混凝土等。

8. 按掺合料分

按掺合料可分为粉煤灰混凝土、硅灰混凝土、矿渣混凝土、纤维混凝土等。

另外，混凝土还可按抗压强度，分为低强度混凝土(抗压强度小于 30 MPa)、中强度混凝土(抗压强度为 30～60 MPa)和高强度混凝土(抗压强度大于等于 60 MPa)；按每立方米水泥用量，又可分为贫混凝土(水泥用量不超过 170 kg)和富混凝土(水泥用量不小于 230 kg)等。

(三)混凝土的特点

(1)耐水性能好，防火性能好。

(2)组分材料来源丰富，取材容易，经济性好。

(3)可塑性好，易成形为任意形状和尺寸的构件。

(4)可大量利用工业废料，减少对环境的污染，有利于环保。

(5)可与钢材复合使用，互补优缺，拓宽了应用范围。

(6)材料本身自重大。

(7)脆性材料，容易开裂。

(8)在施工中影响质量的因素比较多。

■ 二、混凝土的组成材料 ....

(一)水泥

1. 水泥品种的选择

水泥品种的选择应根据工程特点，所处的环境条件、施工条件及水泥供应商的情况综合考虑。例如，高温车间结构混凝土有耐热要求，一般宜选用耐热性好的矿渣水泥，详见项目四。

2. 水泥强度等级的选择

水泥强度等级的选择原则为：混凝土设计强度等级越高，则水泥强度等级也宜越高；设计强度等级低，则水泥强度等级也相应低。如 C40 以下混凝土，一般选用强度等级为 32.5 级的水泥。目标是保证混凝土中有足够的水泥，既不过多也不过少。因为水泥用量过多(低强度水泥配制高强度混凝土)，一方面成本增加；另一方面，混凝土收缩增大，对耐久性不利。水泥用量过少(高强度水泥配制低强度混凝土)，混凝土的黏聚性变差，不易获得均匀密实的混凝土，严重影响混凝土的耐久性。

(二)拌和用水及养护用水

根据《混凝土用水标准》(JGJ 63—2006)的规定，凡符合国家标准的生活饮用水，均可拌制和养护各种混凝土。混凝土拌和用水水质要求符合表6-1的规定。地表水、地下水、再生水的放射性应符合现行国家标准《生活饮用水卫生标准》(GB 5749—2006)的规定。混凝土拌和用水不应有漂浮明显的油脂和泡沫，不应有明显的颜色和异味。混凝土企业设备洗刷水不宜用于预应力混凝土、装饰混凝土、加气混凝土和暴露于腐蚀环境的混凝土；不得用于使用碱活性或潜在碱活性集料的混凝土。在无法获得水源的情况下，海水可用于素混凝土，但不宜用于装饰混凝土，未经处理的海水严禁用于钢筋混凝土和预应力混凝土。

表 6-1　混凝土拌合水水质要求

项目	预应力混凝土	钢筋混凝土	素混凝土
pH 值	$\geqslant 5.0$	$\geqslant 4.5$	$\geqslant 4.5$
不溶物/$(mg \cdot L^{-1})$	$\leqslant 2\ 000$	$\leqslant 2\ 000$	$\leqslant 5\ 000$
可溶物/$(mg \cdot L^{-1})$	$\leqslant 2\ 000$	$\leqslant 5\ 000$	$\leqslant 10\ 000$
Cl^{-}/$(mg \cdot L^{-1})$	$\leqslant 500$	$\leqslant 1\ 000$	$\leqslant 3\ 500$
SO_4^{2-}/$(mg \cdot L^{-1})$	$\leqslant 600$	$\leqslant 2\ 000$	$\leqslant 2\ 000$
碱含量/$(mg \cdot L^{-1})$	$\leqslant 1\ 500$	$\leqslant 1\ 500$	$\leqslant 1\ 500$

注：碱含量按 $Na_2O + 0.658K_2O$ 计算值来表示。采用非碱活性集料时，可不检验碱含量。

(三)集料

混凝土中的集料主要有细集料和粗集料两类。混凝土对砂、石的具体要求可参见项目三。

任务二　混凝土的配合比设计

■ 任务导入

混凝土随着材料科学的不断发展，其用途也越来越广泛，已到了跨行业、跨学科、互相渗透的非常广泛的领域。混凝土的配合比设计满足了混凝土的强度要求和坚固耐久性要求，节约材料，经济适用。下面我们一起学习混凝土的配合比设计。

■ 一、混凝土配合比的设计基本要求

(1)满足施工规定所需的和易性要求。

(2)满足设计的强度要求。

(3)满足与使用环境相适应的耐久性要求。

(4)满足业主或施工单位渴望的经济性要求。

(5)满足可持续发展所必需的生态性要求。

■ 二、混凝土配合比的设计依据及目的

混凝土配合比的设计就是科学地确定比例，使混凝土满足工程所要求的各项技术指标，尽量节约水泥。混凝土配合比的设计应符合《普通混凝土配合比设计规程》(JGJ 55—2011)。

■ 三、混凝土配合比设计的三个重要参数

混凝土配合比设计实质上就是确定胶凝材料、水、砂和石子这四种组成材料用量之间的三个比例关系：

(1)水与胶凝材料之间的比例关系，常用水胶比 W/B 表示。

(2)砂与石子之间的比例关系，常用砂率 β_s 表示。

(3)胶凝材料与集料之间的比例关系，常用单位用水量(1 m³ 混凝土的用水量)m_{w0} 来表示。

■ 四、混凝土配合比设计的基本资料

(1)了解工程设计要求的混凝土强度等级，确定配置强度。

(2)了解工程所处环境对混凝土耐久性的要求，确定配置混凝土的适宜水泥品种、最大水胶比和最小水泥用量。

(3)了解结构断面尺寸和配筋情况，确定混凝土集料的最大粒径。

(4)了解混凝土施工方法和管理水平，选择混凝土拌合料坍落度及集料的最大粒径。

(5)掌握混凝土的性能指标，包括水泥品种、强度等级、密度；砂、石集料的种类及表观密度、级配、最大粒径；拌和用水的水质情况；外加剂的种类、性能及适宜掺量。

■ 五、混凝土配合比设计的方法与步骤

混凝土配合比设计的步骤包括配合比计算、试配、调整和确定施工配合比的确定等。

(一)配合比计算

(1)计算配制强度($f_{cu,0}$)。根据《普通混凝土配合比设计规程》(JGJ 55—2011)规定，混凝土配制强度应按下列规定确定：

①当混凝土的设计强度小于 C60 时，其配制强度应按下式确定：

$$f_{cu,0} \geqslant f_{cu,k} + 1.645\sigma$$

式中 $f_{cu,0}$——混凝土配制强度(MPa)；

$f_{cu,k}$——混凝土立方体抗压强度标准值，这里取混凝土的设计强度等级值(MPa)；

σ——混凝土强度标准差(MPa)。

②当混凝土的设计强度不小于 C60 时，配制强度应按下式确定：

$$f_{cu,0} \geqslant 1.15 f_{cu,k}$$

混凝土强度标准差 σ 应根据同类混凝土统计资料计算确定，其计算公式如下：

$$\sigma = \sqrt{\frac{\sum_{i=1}^{n} f_{cu,i}^2 - nm f_{cu}^2}{n-1}}$$

式中 $f_{cu,i}$——第 i 组试件的强度值（MPa）；

$m_{f_{cu}}$——n 组试件的强度平均值（MPa）；

n——试件组数，n 值应大于或者等于30。

当具有近1～3个月的同一品种、同一强度等级混凝土的强度资料，且试件组数不小于30时，其混凝土强度标准差 σ 应按上式进行计算。

对于强度等级不大于C30的混凝土，当混凝土强度标准差计算值不小于3.0 MPa时，应按混凝土强度标准差计算公式计算结果取值；当混凝土强度标准差计算值小于3.0 MPa时，应取3.0 MPa。

对于强度等级大于C30且小于C60的混凝土，当混凝土强度标准差计算值不小于4.0 MPa时，应按混凝土强度标准差计算公式计算结果取值；当混凝土强度标准差计算值小于4.0 MPa时，应取4.0 MPa。当没有近期的同一品种、同一强度等级混凝土强度资料时，其强度标准差 σ 可按表6-2取值。

表6-2 混凝土强度标准差 σ 值

混凝土强度等级	≤C20	C25～C45	C50～C55
σ	4.0	5.0	6.0

（2）**计算水胶比(W/B)**。混凝土强度等级不大于C60时，混凝土水胶比应按下式计算：

$$\frac{W}{B} = \frac{\alpha_a f_b}{f_{cu,0} + \alpha_a \alpha_b f_b}$$

式中 α_a，α_b——回归系数，回归系数可由表6-3采用；

f_b——胶凝材料28 d胶砂抗压强度，可实测（MPa）。

表6-3 回归系数 α_a 和 α_b 选用表

系数	碎石	卵石
α_a	0.53	0.49
α_b	0.20	0.13

当胶凝材料28 d抗压强度（f_b）无实测值时，其值可按下式确定：

$$f_b = \gamma_f \cdot \gamma_s \cdot f_{ce}$$

式中 γ_f，γ_s——粉煤灰影响系数和粒化高炉矿渣粉影响系数，按表6-4选用；

f_{ce}——水泥28 d胶砂抗压强度，可实测（MPa）。

表6-4 粉煤灰影响系数（γ_f）和粒化高炉矿渣粉影响系数（γ_s）

种类 掺量/%	粉煤灰影响系数（γ_f）	粒化高炉矿渣粉影响系数（γ_s）
0	1.00	1.00
10	0.90～0.95	1.00

种类 掺量/%	粉煤灰影响系数(γ_f)	粒化高炉矿渣粉影响系数(γ_s)
20	0.80~0.85	0.95~1.00
30	0.70~0.75	0.90~1.00
40	0.60~0.65	0.80~0.90
50	—	0.70~0.85

注：1. 采用Ⅰ级、Ⅱ级粉煤灰宜取上限值；

2. 采用 S75 级粒化高炉矿渣粉宜取下限值，采用 S95 级粒化高炉矿渣粉宜取上限值，采用 S105 级粒化高炉矿渣粉宜取上限值加 0.05；

3. 当超出表中的掺量时，粉煤灰和粒化高炉矿渣粉影响系数应经试验测定。

在确定 f_{ce} 值时，f_{ce} 值可根据 3 d 强度或快测强度推定 28 d 强度关系式得出。当无水泥 28 d 抗压强度实测值时，其值可按下式确定：

$$f_{ce}=\gamma_c \cdot f_{ce,g}$$

式中　γ_c——水泥强度等级值的富余系数（可按实际统计资料确定）；当缺乏实际统计资料时，可按表 6-5 选用；

$f_{ce,g}$——水泥强度等级值（MPa）。

表 6-5　水泥强度等级值的富余系数（γ_c）

水泥强度等级值	32.5	42.5	52.5
富余系数	1.12	1.16	1.10

（3）每立方米混凝土用水量的确定。

①干硬性和塑性混凝土用水量的确定。当水胶比为 0.40~0.80 时，根据粗集料的品种、粒径及施工要求的混凝土拌合物稠度，其用水量可按表 6-6、表 6-7 选取。

表 6-6　干硬性混凝土的用水量　　　　　　　　kg/m³

拌合物稠度		卵石最大粒径/mm			碎石最大粒径/mm		
项目	指标	10.0	20.0	40.0	16.0	20.0	40.0
维勃稠度/s	16~20	175	160	145	180	170	155
	11~15	180	165	150	185	175	160
	5~10	185	170	155	190	180	165

表 6-7　塑性混凝土的用水量　　　　　　　　kg/m³

拌合物稠度		卵石最大粒径/mm				碎石最大粒径/mm			
项目	指标	10.0	20.0	31.5	40.0	16.0	20.0	31.5	40.0
坍落度 /mm	10~30	190	170	160	150	200	185	175	165
	35~50	200	180	170	160	210	195	185	175
	55~70	210	190	180	172	220	205	195	185
	75~90	215	195	185	175	230	215	205	195

②流动性和大流动性混凝土的用水量宜按下列步骤计算：

a. 以表 6-7 中坍落度为 90 mm 的用水量为基础，按坍落度每增加 20 mm 用水量增加 5 kg，计算出未掺外加剂时的混凝土用水量。当坍落度增大到 180 mm 以上时，随坍落度的相应增加用水量可减少。

b. 掺外加剂时的混凝土用水量可按下式计算：

$$m_{wa} = m_{w0}(1-\beta)$$

式中　m_{wa}——掺外加剂混凝土每立方米混凝土的用水量（kg）；

　　　m_{w0}——未掺外加剂混凝土每立方米混凝土的用水量（kg）；

　　　β——外加剂的减水率，应经混凝土的试验确定（%）。

（4）**每立方米混凝土胶凝材料用量（m_{b0}）的确定**。

根据已选定的混凝土用水量 m_{w0} 和水胶比（W/B）可求出胶凝材料用量：

$$m_{b0} = \frac{m_{w0}}{W/B}$$

每立方米混凝土矿物掺合料用量（m_{f0}）的确定：

$$m_{f0} = m_{b0} \cdot \beta_f$$

式中　β_f——矿物掺合料掺量（%），矿物掺合料在混凝土中的掺量应通过试验确定。当采用硅酸盐水泥或普通硅酸盐水泥时，钢筋混凝土和预应力混凝土中矿物掺合料最大掺量宜分别符合表 6-8 和表 6-9 的规定。对基础大体积混凝土，粉煤灰、粒化高炉矿渣粉和复合掺合料的最大掺量可增加 5%。采用掺量大于 30% 的 C 类粉煤灰的混凝土应以实际使用的水泥和粉煤灰掺量进行安定性检验。

表 6-8　钢筋混凝土中矿物掺合料最大掺量

矿物掺合料种类	水胶比	最大掺量/%	
		采用硅酸盐水泥时	采用普通硅酸盐水泥时
粉煤灰	≤0.4	45	35
	>0.4	40	30
粒化高炉矿渣粉	≤0.4	65	55
	>0.4	55	45
钢渣粉	—	30	20
磷渣粉	—	30	20
硅灰	—	10	10
复合掺合料	≤0.4	65	55
	>0.4	55	45

表 6-9　预应力混凝土中矿物掺合料最大掺量

矿物掺合料种类	水胶比	最大掺量/%	
		采用硅酸盐水泥时	采用普通硅酸盐水泥时
粉煤灰	≤0.4	35	30
	>0.4	25	20

矿物掺合料种类	水胶比	最大掺量/%	
		采用硅酸盐水泥时	采用普通硅酸盐水泥时
粒化高炉矿渣粉	≤0.4	55	45
	>0.4	45	35
钢渣粉	—	20	10
磷渣粉	—	20	10
硅灰	—	10	10
复合掺合料	≤0.4	55	45
	>0.4	45	35

每立方米混凝土的水泥用量（m_{co}）的确定：

$$m_{co} = m_{bo} - m_{fo}$$

为保证混凝土的耐久性，由以上计算得出的胶凝材料用量还要满足有关规定的最小胶凝材料用量的要求，如算得的胶凝材料用量少于规定的最小胶凝材料用量，则应取规定的最小胶凝材料用量值。

（5）**砂率的确定**。砂率可以根据以砂填充石子空隙，并稍有富余以拨开石子的原则来确定。根据此原则可列出砂率计算公式如下：

$$V'_{so} = V'_{go} P'$$

$$\beta_s = \beta \frac{m_{so}}{m_{so} + m_{go}} = \beta \frac{\rho'_{so} V'_{so}}{\rho'_{so} V'_{so} + \rho'_{go} V'_{go}} = \beta \frac{\rho'_{so} V'_{go} P'}{\rho'_{so} V'_{go} P' + \rho'_{go} V'_{go}} = \beta \frac{\rho'_{so} P'}{\rho'_{so} P' + \rho'_{go}}$$

式中　β_s——砂率（%）；

m_{so}，m_{go}——每立方米混凝土中砂及石子用量（kg）；

V'_{so}，V'_{go}——每立方米混凝土中砂及石子松散体积，其中 $V'_{so} = V'_{go} P'$（m³）；

ρ'_{so}，ρ'_{go}——砂和石子堆积密度（kg/m³）；

P'——石子空隙率（%）；

β——砂浆剩余系数（一般取 1.1~1.4）。

（6）**粗集料和细集料用量的确定**。

$$\beta_s = \beta \frac{m_{so}}{m_{so} + m_{go}} \times 100\%$$

①当采用质量法时，应按下列公式计算：

$$m_{co} + m_{fo} + m_{go} + m_{so} + m_{wo} = m_{cp}$$

式中　m_{co}——每立方米混凝土的水泥用量（kg）；

m_{fo}——每立方米混凝土的矿物掺合料用量（kg）；

m_{go}——每立方米混凝土的粗集料用量（kg）；

m_{so}——每立方米混凝土的细集料用量（kg）；

m_{wo}——每立方米混凝土的用水量（kg）；

m_{cp}——每立方米混凝土拌合物的假定质量（其值可取 2 350~2 450 kg）（kg）；

β_s——砂率（%）。

②当采用体积法时，应按下列公式计算：

$$\frac{m_{co}}{\rho_c}+\frac{m_{fo}}{\rho_f}+\frac{m_{go}}{\rho_g'}+\frac{m_{so}}{\rho_s'}+\frac{m_{wo}}{\rho_w}+0.01\alpha=1$$

$$\beta_s=\beta\frac{m_{go}}{m_{so}+m_{g0}}\times100\%$$

式中　ρ_c——水泥密度(可取 2 900~3 100 kg/m³)(kg/m³)；

　　　ρ_f——矿物掺合料密度(kg/m³)；

　　　ρ_g'——粗集料的表观密度(kg/m³)；

　　　ρ_s'——细集料的表观密度(kg/m³)；

　　　ρ_w——水的密度(可取 1 000 kg/m³)(kg/m³)；

　　　α——混凝土的含气量百分数(在不使用引气型外加剂时，α 可取 1)。

粗集料和细集料的表观密度 ρ_g 与 ρ_s 应按现行行业标准《普通混凝土用砂、石质量及检验方法标准》(JGJ 52—2006)规定的方法测定。

(7)**每立方米混凝土外加剂用量(m_{ao})的确定。**每立方米混凝土外加剂用量(m_{ao})应按下列计算：

$$m_{ao}=m_{bo}\cdot\beta_a$$

式中　m_{ao}——计算配合比每立方米混凝土中外加剂用量(kg/m³)；

　　　m_{bo}——计算配合比每立方米混凝土中胶凝材料用量(kg/m³)；

　　　β_a——外加剂掺量(%)，应经混凝土试验确定。

(二)配合比的试配、调整与确定

(1)配合比的试配、调整。以上求出的各材料用量，是借助于一些经验公式和数据计算出来的，或是利用经验资料查得的，因而不一定符合实际情况，必须通过试拌调整，直到混凝土拌合物的和易性符合要求为止，然后提出供检验混凝土强度用的基准配合比。

(2)配合比的确定。由试验得出的各胶水比值时的混凝土强度，用作图法或计算求出与 $f_{cu,o}$ 相对应的胶水比值，并按下列原则确定每立方米混凝土的材料用量：

①用水量(m_w)和外加剂用量(m_a)。在试拌配合比的基础上，用水量(m_w)和外加剂用量(m_a)应根据确定的水胶比作调整。

②胶凝材料用量(m_b)。胶凝材料用量(m_b)应以用水量乘以确定的胶水比计算得出。

③粗、细集料用量(m_g 及 m_s)。粗、细集料用量(m_g 及 m_s)应根据用水量和胶凝材料用量进行调整。

(3)混凝土表观密度的校正。其步骤如下：

①计算出混凝土的计算表观密度值($\rho_{c,c}$)：

$$\rho_{c,c}=m_c+m_f+m_g+m_s+m_w$$

②将混凝土的实测表观密度值($\rho_{c,t}$)除以 $\rho_{c,c}$ 得出校正系数 δ，即

$$\delta=\frac{\rho_{c,t}}{\rho_{c,c}}$$

③当 $\rho_{c,t}$ 与 $\rho_{c,c}$ 之差的绝对值不超过 c 的 2% 时，由以上定出的配合比，即为确定的设计配合比；若二者之差超过 c 的 2% 时，则要将已定出的混凝土配合比中每项材料用量均乘以校正系数 δ，即为最终定出的设计配合比。

(三)施工配合比的确定

设计配合比是以干燥材料为基准的，而工地存放的砂、石材料都含有一定的水分。所以，现场材料的实际称量应按工地砂、石的含水情况进行修正，修正后的配合比，叫作施工配合比。

现假定工地测出的砂的含水率为 $a\%$、石子的含水率为 $b\%$，则将上述设计配合比换算为施工配合比，其材料的称量应为：

水泥：$m_c' = m_c(\text{kg})$

砂：$m_s' = m_s(1 + a\%)(\text{kg})$

石子：$m_g' = m_g(1 + b\%)(\text{kg})$

水：$m_w' = m_w - m_s \times a\% - m_g \times b\%(\text{kg})$

矿物掺合料：$m_f' = m_f(\text{kg})$

混凝土配合比设计报告见表6-10。

表 6-10 混凝土配合比设计报告

<table>
<tr><td rowspan="2">配合比设计要求</td><td>混凝土强度等级</td><td></td></tr>
<tr><td>坍落度/cm</td><td></td></tr>
<tr><td>检测依据</td><td colspan="2"></td></tr>
<tr><td colspan="3">组成材料</td></tr>
<tr><td rowspan="4">水泥</td><td>品种</td><td></td><td rowspan="4">石子</td><td>最大粒径/mm</td><td></td></tr>
<tr><td>强度等级</td><td></td><td>表观密度/(g·cm⁻³)</td><td></td></tr>
<tr><td>密度/(g·cm⁻³)</td><td></td><td>堆积密度/(g·cm⁻³)</td><td></td></tr>
<tr><td>出厂日期</td><td></td><td>空隙率/%</td><td></td></tr>
<tr><td rowspan="6">砂子</td><td>细度模数</td><td></td><td></td><td>含水率/%</td><td></td></tr>
<tr><td>级配情况</td><td></td><td></td><td>级配情况</td><td></td></tr>
<tr><td>表观密度/(g·cm⁻³)</td><td></td><td rowspan="2">水</td><td></td><td></td></tr>
<tr><td>堆积密度/(g·cm⁻³)</td><td></td><td></td><td></td></tr>
<tr><td>空隙率/%</td><td></td><td rowspan="2">外加剂</td><td></td><td></td></tr>
<tr><td>含水率/%</td><td></td><td></td><td></td></tr>
</table>

原材料	水泥	砂	石	水	掺合料1	掺合料2	外加剂1	外加剂2	砂率/%
1 m³ 混凝土原材料用量/kg									
质量配合比									

任务三　普通混凝土的和易性检测

任务导入

混凝土各组成材料按一定比例配合，经搅拌均匀后尚未凝结硬化的材料称为混凝土拌合物，又称为新拌混凝土。混凝土拌合物必须具有良好的和易性，才能便于施工和获得均匀密实的混凝土，从而保证混凝土的强度和耐久性。下面我们一起学习如何进行普通混凝土和易性的检测。

一、检测依据

《普通混凝土拌合物性能试验方法标准》(GB/T 50080—2016)。

二、检测目的

了解混凝土拌合物的性能；检验新拌混凝土的和易性。

三、检测准备

(一)和易性的概念

新拌混凝土的和易性，也称为工作性，其是指拌合物易于搅拌、运输、浇捣成型，并获得质量均匀密实的混凝土的一项综合技术性能。通常用流动性、黏聚性和保水性三项内容表示。流动性是指拌合物在自重或外力作用下产生流动的难易程度；黏聚性是指拌合物各组成材料之间不产生分层离析现象；保水性是指拌合物不产生严重的泌水现象。

通常情况下，混凝土拌合物的流动性越大，则保水性和黏聚性越差，反之亦然，相互之间存在一定矛盾。和易性良好的混凝土是指既具有满足施工要求的流动性，又具有良好的黏聚性和保水性。因此，不能简单地将流动性大的混凝土称之为和易性好，或者将流动性减小说成和易性变差。良好的和易性既是施工的要求也是获得质量均匀密实混凝土的基本保证。

(二)和易性的检测方法

混凝土拌合物和易性是一项极其复杂的综合指标，到目前为止，全世界尚无能够全面反映混凝土和易性的测定方法，通常通过测定流动性，再辅以其他直观观察或经验综合评定混凝土的和易性。流动性的测定方法有坍落度法、维勃稠度法、探针法、斜槽法、流出时间法和凯利球法等。对于普通混凝土，最常用的是坍落度法和维勃稠度法。

(三)仪器设备

1. 坍落度法仪器设备

(1)坍落度筒：用厚度为 1.5 mm 的薄钢板或其他金属制成的圆台形筒，如图 6-1、

图 6-2 所示。其内壁光滑、无凹凸部位，底面和顶面应相互平行并与锥体的轴线垂直。底部直径：200 mm±2 mm；顶部直径：100 mm±2 mm；高度：300 mm±2 mm；筒壁厚度不小于 1.5 mm。

(2) **捣棒**：端部应磨圆，直径为 16 mm，长度为 650 mm。

(3) **其他**：漏斗、小铁铲、标尺、抹刀等。

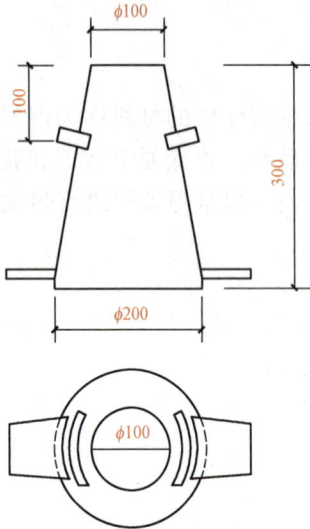

图 6-1　坍落度筒示意图

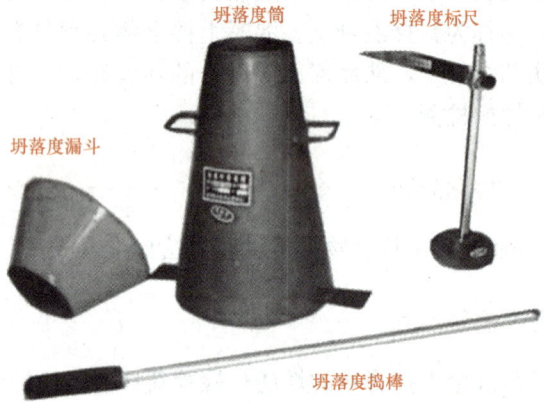

图 6-2　坍落度筒、漏斗、捣棒和标尺

2. 维勃稠度法仪器设备

维勃稠度试验所用维勃稠度仪应符合《维勃稠度仪》(JG/T 250—2009)中技术要求的规定。

(1) **维勃稠度仪**：如图 6-3 所示。

图 6-3　维勃稠度仪

（2）**振动台**：台面长度为 380 mm，宽度为 260 mm，振动频率为 50 Hz±3 Hz，装有空容器时台面振幅应为 0.5 mm±0.1 mm。

（3）**容器**：内径为 240 mm±5 mm，高度为 200 mm±2 mm。

（4）**旋转架**：与侧杆及喂料斗相连。侧杆下部安装有透明且水平的圆盘。

（5）**无脚踏板的坍落度筒和捣棒。**

（6）**其他用具与坍落度试验相同。**

■ 四、检测步骤

1. 坍落度法（图 6-4）

（1）湿润坍落度筒及底板，在坍落度筒内壁和底板上应无明水。底板应放置在坚实水平面上，并把筒放在底板中心，然后用脚踩住两边的脚踏板，坍落度筒在装料时应保持固定的位置。

（2）把按要求取得的混凝土试样用小铲分三层均匀地装入筒内，使捣实后每层高度为筒高的 1/3 左右。每层用捣棒插捣 25 次。插捣应沿螺旋方向由外向中心进行，各次插捣应在截面上均匀分布。在插捣筒边混凝土时，捣棒可以稍稍倾斜。在插捣底层时，捣棒应贯穿整个深度，插捣第二层和顶层时，捣棒应插透本层至下一层的表面；在浇灌顶层时，混凝土应灌到高出筒口。在插捣过程中，如混凝土沉落到低于筒口，则应随时添加。顶层插捣完后，刮去多余的混凝土，并用抹刀抹平。

（3）清除筒边底板上的混凝土后，垂直平稳地提起坍落度筒。坍落度筒的提离过程应在 5~10 s 内完成；从开始装料到提坍落度筒的整个过程应不间断地进行，并应在 150 s 内完成。

（4）提起坍落度筒后，测量筒高与坍落后混凝土试体最高点之间的高度差，即为该混凝土拌合物的坍落度值；坍落度筒提离后，如混凝土发生崩坍或一边剪坏现象，则应重新取样另行测定；如第二次试验仍出现上述现象，则表示该混凝土和易性不好，应予记录备查。

（5）观察坍落后的混凝土试体的黏聚性及保水性。黏聚性的检查方法是用捣棒在已坍落的混凝土锥体侧面轻轻敲打，此时如果锥体逐渐下沉，则表示黏聚性良好，如果锥体倒塌、部分崩裂或出现离析现象，则表示黏聚性不好。保水性以混凝土拌合物从底部洗出的程度来评定，坍落度筒提起后如有较多的稀浆从底部析出，锥体部分的混凝土也因失浆而集料外露，则表明此混凝土拌合物的保水性能不好；如坍落度筒提起后无稀浆或仅有少量稀浆自底部析出，则表示此混凝土拌合物保水性良好。

（6）当混凝土拌合物的坍落度大于 220 mm 时，用钢尺测量混凝土扩展后最终的最大直径和最小直径，在这两个直径之差小于 50 mm 的条件下，用其算术平均值作为坍落扩展度值；否则，此次试验无效。如果发现粗集料在中央集堆或边缘有水泥浆析出，表示此混凝土拌合物抗离析性不好，应予记录。

2. 维勃稠度法

（1）维勃稠度仪应放置在坚实水平面上，用湿布把容器、坍落度筒、喂料斗内壁及其他用具润湿。

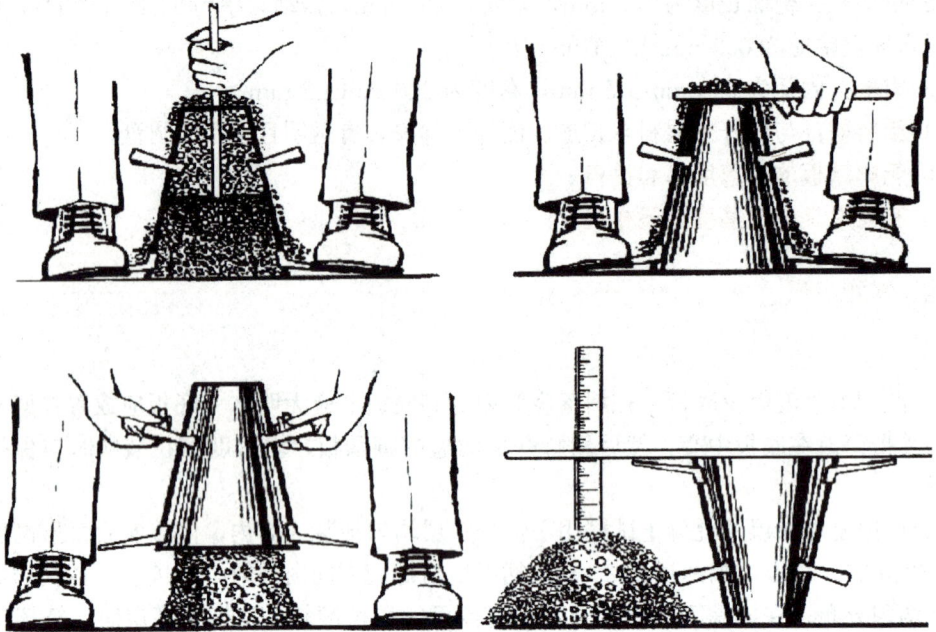

图 6-4　坍落度操作示意图

（2）将喂料斗提到坍落度筒上方扣紧，校正容器位置，使其中心与喂料中心重合，然后拧紧固定螺钉。

（3）把按要求取样或制作的混凝土拌合物试样用小铲分三层经喂料斗均匀地装入筒内，装料及插捣的方法应符合相关规定。

（4）把喂料斗转离，垂直地提起坍落度筒，此时应注意不使混凝土试体产生横向的扭动。

（5）把透明圆盘转到混凝土圆台体顶面，放松侧杆螺钉，降下圆盘，使其轻轻接触到混凝土顶面。

（6）拧紧定位螺钉，并检查测杆螺钉是否已经完全放松。

（7）在开启振动台的同时用秒表计时，当振动到透明圆盘的底面被水泥浆布满的瞬间停止计时，并关闭振动台。

■ 五、数据处理与分析 ··

1. 坍落度法

（1）数据处理：混凝土拌合物坍落度和坍落扩展度值以毫米为单位，测量精确至 1 mm，结果表达修约至 5 mm。

（2）在做坍落度试验的同时，应观察混凝土拌合物的黏聚性、保水性及含砂情况，以便更全面地评定混凝土拌合物的和易性。

①棍度：根据做坍落度时插捣混凝土的难易程度分为上、中、下三级。

上：表示容易插捣；中：表示插捣时稍有阻滞感觉；下：表示很难插捣。

②含砂情况：根据镘刀抹平程度分多、中、少三级。

多：用镘刀抹混凝土拌合物表面时，抹1～2次就可使混凝土表面平整无蜂窝；

中：抹4～5次就可使混凝土表面平整无蜂窝；

少：抹面困难，抹8～9次后混凝土表面仍不能消除蜂窝。

（3）根据坍落度值大小，将拌合物分为以下几类，见表6-11。

表6-11　混凝土按坍落度值大小分类

名称	坍落度/mm	允许偏差/mm
低塑性混凝土	10～40	±10
塑性混凝土	50～90	±20
流动性混凝土	100～150	±30
大流动性混凝土	>160	±30
流态混凝土	220～200	±30

坍落度试验只适用于集料最大粒径不大于 40 mm，坍落度值小于 10 mm 的混凝土拌合物。

2. 维勃稠度法

（1）数据处理：由秒表读出时间即为该混凝土拌合物的维勃稠度值，精确至1 s。

（2）结果评定：根据维勃稠度值大小，将拌合物分为以下几类，见表6-12。

表6-12　混凝土拌合物依据维勃稠度分类

名称	维勃稠度/s
超干硬性混凝土	≥31
特干硬性混凝土	30～21
干硬性混凝土	20～11
半干硬性混凝土	10～5

维勃稠度法适用于集料最大粒径不超过40 mm，维勃稠度为5～30 s的混凝土拌合物稠度测定。

3. 和易性的调整

（1）在按初步计算备好试样的同时，另外需要备好两份为坍落度调整的水泥与水，备用的水泥与水的比例应符合原定的水胶比，其数量各为原来用量的5％与10％。

（2）当测得的拌合物坍落度达不到要求时，或黏聚性和保水性认为不满意时，可掺入备用的5％与10％的水泥与水；当坍落度过大时，可适量增加砂和石子，尽快拌和均匀，重新进行坍落度测定。

混凝土拌合物性能检测原始记录和自评表分别见表6-13、表6-14。

表 6-13　混凝土拌合物性能检测原始记录

委托单位：			委托日期：				
检测项目：			检测日期：				
设备名称	坍落度筒		钢直尺	容量筒			
规格型号							
设备编号							
有效期限							
工程名称：			结构部位：				
样品编号：			搅拌单位：				
强度等级：		配合比来源：	检测地点：		环境温度：		

配合比/(kg·m⁻³)	水泥	水	细集料	粗集料	掺合料	外加剂		

搅拌　　L 用量								

水泥品种及强度等级：		厂名或牌号：	
细集料品种：	细度模数：	含泥量：　　　　%	
粗集料品种：	粒径规格：　　　mm	含泥量：　　　　%	
掺合料品种：		规格：	
外加剂：		掺量：	

1. 稠度	坍落度/mm			
	实测值	黏聚性	保水性	

2. 配合比调整	增加用量	材料		水泥	水	细集料	粗集料	掺合料	外加剂
		1	质量/kg						
			百分率/%						
		2	质量/kg						
			百分率/%						
	符合要求时用量	试样用量/kg							
		1 m³ 用量/kg							

试验室配合比	水泥：砂：石：水 =
调整后配合比	水泥：砂：石：水 =

表 6-14 混凝土拌合物性能检测自评表

项目	评分依据	学生自评				
		优	良	中	差	未完成
		10～8分	8～6分	6～4分	4～3分	<3分
检测准备	1. 检测前能设计好配合比，得3分； 2. 正确测定集料含水率，得2分； 3. 能根据集料含水率计算配合比用量，得3分； 4. 独立准确称量水泥、砂、石、水，完成混凝土搅拌，得3分	得分	1.			
			2.			
			3.			
			4.			
		合计		自评等级		
坍落度检测	1. 能正确分三层装料，得2分； 2. 每层插捣25次，得2分； 3. 能正确读取坍落度数值，得3分； 4. 能很好地判断混凝土的黏聚性和保水性，得3分	得分	1.			
			2.			
			3.			
			4.			
		合计		自评等级		
配合比调整	1. 根据坍落度检测结果，初步确定配合比调整方案，得2分； 2. 能正确计算各材料调整用量，得4分； 3. 能正确计算调整后的配合比，得4分	得分	1.			
			2.			
			3.			
		合计		自评等级		
情感目标评价	1. 在操作过程中会严格按照步骤操作，得3分； 2. 在小组中能积极配合各成员工作，形成团队协作，使检测顺利完成，得5分； 3. 尊重检测结果并分析误差，得2分	得分	1.			
			2.			
			3.			
		合计		自评等级		
综合评定						

任务四　普通混凝土立方体抗压强度检测

■ 任务导入

由于混凝土结构物主要是用来承受荷载，所以，强度是混凝土最重要的性能指标，同时，强度还与混凝土的其他性能存在密切联系。在钢筋混凝土结构中，混凝土主要是承受压力。由于检验混凝土的抗压强度简单易行，故用混凝土的抗压强度作为划分混凝土强度等级的标准，并作为结构设计计算的主要依据。下面我们一起学习如何进行普通混凝土立方体抗压强度的检测。

一、检测依据

《普通混凝土力学性能试验方法标准》(GB/T 50081—2002)、《混凝土强度检验评定标准》(GB/T 50107—2010)。

二、检测目的

掌握混凝土立方体试件制作和强度测试方法；掌握混凝土强度的计算方法。

三、检测准备

1. 仪器设备

(1)**压力试验机**(图 6-5)。压力试验机除应符合《液压式万能试验机》(GB/T 3159—2008)及《试验机通用技术要求》(GB/T 2611—2007)中的技术要求外，其测量精度为±1%，试件破坏荷载应大于压力机全量程的20%，且小于压力机全量程的80%。其应具有加荷速度指示装置或加荷速度控制装置，并应能均匀连续地加荷。其应具有有效期内的计量检定证书。

图 6-5 压力试验机

(2)**振动台**(图 6-6)。振动台应符合《混凝土试验用振动台》(JG/T 245—2009)中技术要求的规定，并应具有有效期内的计量检定证书。振动频率为(50±3)Hz，空载振幅为(0.5±0.1)mm。

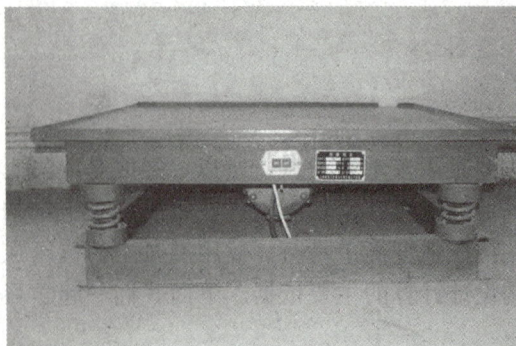

图 6-6 振动台

（3）**试模**。试模应符合《混凝土试模》(JG/T 237—2008)中技术要求的规定，并应定期对试模进行自检，自检周期宜为三个月。试模由铸铁或钢制成，应具有足够的刚度并拆装方便。试模内表面应机械加工，其不平度应不超过 0.05 mm/100 mm，组装后各相邻面不垂直度应不超过±0.5°。

（4）**捣棒、小铁铲、金属直尺、抹刀等**。

2. 混凝土的取样要求

混凝土力学性能试验应以三个试件为一组，每组试件所用的拌合物根据不同要求应从同一盘搅拌或同一车运送的混凝土中取出，或在试验室用机械或人工单独拌制。用以检验现浇混凝土工程或预制构件质量的试件分组及取样原则，应按现行《混凝土强度检验评定标准》(GB/T 50107—2010)及其他有关规定执行。

3. 试件的制备

（1）试件的尺寸、形状及尺寸公差要求。

①抗压强度和劈裂抗拉强度试件应符合下列规定：

a. 边长为 150 mm 的立方体试件是标准试件。

b. 边长为 100 mm 和 200 mm 的立方体试件是非标准试件。

c. 在特殊情况下可采用 150 mm×300 mm 的圆柱体标准试件或 100 mm×200 mm 和 200 mm×400 mm 的圆柱体非标准试件。

②轴心抗压强度和静力受压弹性模量试件应符合下列规定：

a. 边长为 150 mm×150 mm×300 mm 的棱柱体试件是标准试件。

b. 边长为 100 mm×100 mm×300 mm 和边长为 200 mm×200 mm×400 mm 的棱柱体试件是非标准试件。

c. 在特殊情况下可采用 150 mm×300 mm 的圆柱体标准试件或 100 mm×200 mm 和 200 mm×400 mm 的圆柱体非标准试件。

③试件的尺寸公差要求应符合以下规定：

a. 试件承压面的平面度公差不得超过 $0.000\ 5d$，d 为边长。

b. 试件的相邻面间的夹角应为 90°，其公差不得超过 0.5°。

c. 试件各边长、直径和高的尺寸公差不得超过 1 mm。

（2）试件的制作。立方体抗压强度试验以同时制作、同时养护同一龄期的三个试件为一组进行，每组试件所用的混凝土拌合物应由同一次拌和成的拌合物中取出，取样后应立即制作试件。制作前应将试模涂上一层脱模剂。

坍落度不大于 70 mm 的混凝土宜用振动台振实。将拌合物一次装入试模，装料时应用抹刀沿试模内壁略加插捣并使混凝土拌合物高出试模上口。振动时应防止试模在振动台上自由跳动。振动至拌合物表面出现水泥浆为止，记录振动时间。振动结束时刮去多余的混凝土，并用抹刀抹平。

坍落度大于 70 mm 的混凝土宜用捣棒人工捣实。将拌合物分两次装入试模，每次厚度大致相等。在插捣时，应按螺旋方向从边缘向中心均匀进行。当插捣底层时，捣棒应达到试模底面，插捣上层时，捣棒应穿入下层深度 20～30 mm。插捣时捣棒应保持垂直，不得倾斜。同时用抹刀沿试模内壁略加插捣并使混凝土拌合物高出试模上口。每层的插捣次数应根据试件的截面而定，一般每 100 cm² 截面面积不应少于 12 次，见表 6-15。插捣完毕后，刮去多余的混凝土，并用抹刀抹平。

表 6-15　不同集料最大粒径选用的试件尺寸、插捣次数及抗压强度换算系数

试件尺寸/(mm×mm×mm)	集料最大粒径/mm	每层的插捣次数/次	抗压强度换算系数
100×100×100	30	12	0.95
150×150×150	40	25	1.00
200×200×200	60	50	1.05

(3)试件的养护。采用标准养护的试件成型后，应用湿布覆盖表面，以防止水分蒸发，并应在温度为 20 ℃±5 ℃的情况下静止 24～48 h，然后编号拆模。拆模后的试件应立即放在温度为 20 ℃±3 ℃、湿度为 90%以上的标准养护室中养护。在标准养护室内试件应放在架上，彼此间隔为 0～20 mm，并应避免用水直接冲淋试件。

当无标准养护室时，混凝土试件可在温度为 20 ℃±3 ℃的不流动水中养护，水的 pH 值不应小于 7。

同条件自然养护的试件成型后应覆盖表面。试件的拆模时间可与实际构件的拆模时间相同，拆模后，试件仍需保持同条件养护。

■ 四、检测步骤

(1)将试件从养护地点取出后应及时进行试验，将试件表面与上、下承压板面擦干净。

(2)将试件安放在试验机的下压板或垫板上，试件的承压面应与成型时的顶面垂直。试件的中心应与试验机下压板中心对准开动试验机，当上压板与试件或钢垫板接近时，调整球座，使接触均衡。

(3)在试验过程中应连续均匀地加荷，当混凝土强度等级<C30 时，加荷速度取每秒钟 0.3～0.5 MPa；当混凝土强度等级≥C30 且<C60 时，取每秒钟 0.5～0.8 MPa；混凝土强度等级≥C60 时，取每秒钟 0.8～1.0 MPa。

(4)当试件接近破坏开始急剧变形时，应停止调整试验机油门直至破坏，然后记录破坏荷载。

■ 五、数据处理与分析

1. 数据处理

混凝土立方体试件抗压强度 f_{cc} 应按下式计算(精确至 0.1 MPa)：

$$f_{cc} = \frac{F}{A}$$

式中　F——破坏荷载(N)；

　　　A——受压面积(mm^2)。

2. 检测结果分析

(1)以三个试件测值的平均值作为该组试件的抗压强度试验结果。当三个试件强度的最大值或最小值之一，与中间值之差超过中间值的 15%时，取中间值。当三个试件强度中的最大值和最小值，与中间值之差均超过中间值 15%时，该组试验应重做。

(2)混凝土的立方体抗压强度以边长为 150 mm 的立方体试件的试验结果为标准，其他尺寸试件的试验结果均应换算成标准值。

混凝土抗压强度检测记录单和自评表分别见表 6-16、表 6-17。

表 6-16　混凝土抗压强度检测记录单

设备名称	压力试验机					检测日期			
规格型号						室温			
设备编号						检测前设备情况			
有效期限						检测后设备情况			
位置号收样编号	设计强度等级	受压面边长/cm	制作日期	龄期	样品序号	破坏荷载		抗压强度评定值	强度等级
检测依据				备注					

表 6-17　混凝土抗压强度检测自评表

项目	评分依据	学生自评				
		优	良	中	差	未完成
		10~8分	8~6分	6~4分	4~3分	<3分
检测准备	1. 试件脱模后能进行正确的编号，得2分； 2. 能正确对试件脱模后养护，得3分； 3. 能正确把握养护条件和养护时间，得5分	得分	1. 2. 3.			
		合计		自评等级		

项目	评分依据	学生自评				
		优	良	中	差	未完成
		10～8分	8～6分	6～4分	4～3分	<3分
抗压强度检测	1. 能正确操作试验机，得2分； 2. 能正确摆放试件，并对准中心，得2分； 3. 在试验过程中，能均匀加载，并控制在要求的速率范围内，得3分； 4. 能判断是否已达到最大荷载，并记录，得3分	得分	1. 2. 3. 4.			
		合计		自评等级		
数据分析与结果检测	1. 在检测过程中，能正确记录混凝土抗压强度测定中所得的数据，得3分； 2. 能利用检测所得数据计算混凝土抗压强度值，并达到精度要求，得3分； 3. 能正确分析造成错误结论和产生误差的原因，得4分	得分	1. 2. 3.			
		合计		自评等级		
情感目标评价	1. 在操作过程中会严格按照步骤操作，得3分； 2. 在小组中能积极配合各成员工作，形成团队协作，使检测顺利完成，得5分； 3. 尊重检测结果并分析误差，得2分	得分	1. 2. 3.			
		合计		自评等级		
综合评定						

任务五　混凝土抗渗性能检测

■ 任务导入

在现代建筑混凝土结构中，因侵蚀性介质的存在而使非力学破坏行为无处不在，很大程度上缩短了建筑物的服役年限。这些非力学破坏，在很大程度上取决于其对侵蚀性介质的渗透性。因而，混凝土的渗透性影响着混凝土的长期性能和耐久性。下面我们一起学习如何进行混凝土抗渗性能的检测。

■ 一、检测依据

《普通混凝土长期性能和耐久性能试验方法标准》（GB/T 50082—2009）和《混凝土质量控制标准》（GB 50164—2011）。

二、检测目的

检测混凝土硬化后的防水性能，以测定其抗渗强度等级。

三、检测准备

1. 仪器设备

(1)**混凝土抗渗仪**：应能使水压按规定稳定地作用在试件上。如图 6-7 所示为 HS-40 型混凝土抗渗仪。

(2)**压力机、钢丝刷和试模(与试件规格相同)**。加压装置为螺旋或其他形式，其压力以能把试件压入试件套内为宜。

(3)**密封材料**：橡胶套和洗洁精。

(4)**玻璃板**：边长 200 mm×200 mm 的玻璃板，画有十条等间距垂直于上、下端的直线。

(5)**钢直尺**：精度为 1 mm。

图 6-7　HS-40 型混凝土抗渗仪

2. 试样制备

(1)试件尺寸：抗渗性能试验应采用顶面直径为 175 mm、底面直径为 185 mm、高度为 150 mm 的圆台或直径与高度均为 150 mm 的圆柱体试件。

(2)每组试件为 6 个，如用人工插捣成型时，分两层装入混凝土拌合物，每层插捣 25 次，在标准条件下养护。如结合工程需要，则在浇筑地点制作，每单位工程制件不少于两组，其中至少一组应在标准条件下养护，其余试件与构件在相同条件下养护。试块养护期不得少于 28 d，不得超过 90 d。

(3)试件成型后 24 h 拆模，用钢丝刷刷净两端面水泥浆膜，标准养护龄期为 28 d。

四、检测步骤

试件养护至试验前 1 天取出，用钢丝刷刷净两端面，洗净粉尘和砂粒，擦干表面，待表面干燥后，在试件侧面滚涂一薄层洗洁精，然后套上橡胶套，再在橡胶套上涂一薄层洗洁精,然后套上试模,最后在压力机上加压,使试件底面和试模平齐后,即可解除压力,装在抗渗仪上进行试验。

(1)试验时,水压从 0.1 MPa 开始,每隔 8 h 增加水压 0.1 MPa,并随时观察试件端面情况,一直加至 6 个试件中有 3 个试件表面出现渗水,记下此时渗水压力,即可停止试验。

(2)当加压至设计抗渗等级,经 8 h 后第三个试件仍不渗水,表明混凝土已满足设计要求,也可停止试验。

(3)完成试验后,及时将抗渗试件的试模脱去,将试件放在压力机上,沿纵断面将试件劈裂成两半,待看清水痕后(过 2~3 min)用墨水描出水痕,笔迹不宜太粗。

(4)将玻璃板放在试件的劈裂面上,用钢直尺量出十条线的渗水高度。

注意:如果在试验过程中,发现水从试件周边渗出,则应停止试验,重新密封。

■ 五、数据处理与分析

1. 数据处理

混凝土的抗渗性用抗渗等级(P)或渗透系数来表示。我国标准采用抗渗等级来表示混凝土的抗渗性。抗渗等级是以 28 d 龄期的标准试件,按标准试验方法进行试验时所能承受的最大水压力来确定。《混凝土质量控制标准》(GB 50164—2011)规定,根据混凝土试件在抗渗试验时所能承受的最大水压力,混凝土的抗渗等级划分为 P4、P5、P6、P8、P10 和大于 P12 六个等级,分别表示混凝土能抵抗 0.4 MPa、0.5 MPa、0.6 MPa、0.8 MPa、1.0 MPa 和 1.2 MPa 及以上的水压力而不渗透。

混凝土的抗渗强度等级以每组 6 个试件中 4 个未发生渗水现象的最大压力表示。抗渗强度等级按下式计算:

$$S = 10H - 1$$

式中　S——混凝土抗渗强度等级;

　　　H——第三个试件顶面开始有渗水时的水压力(MPa)。

注:混凝土抗渗强度等级分级为:S2、S4、S5、S6、S8、S10、S12。若压力加至 1.2 MPa,经过 8 h,第三个试件仍未渗水,则停止试验,试件的抗渗强度等级以 S12 表示。

2. 检测结果评定

(1)以 10 个测点处渗水高度的算数平均值作为该试件的渗水高度。

(2)混凝土抗渗等级可表示为 P6、P8、P12。

混凝土抗渗性能检测记录表和自评表分别见表 6-18、表 6-19。

表 6-18　混凝土抗渗性能检测记录表

使用部位		检测日期		检测人	
要求抗渗等级		执行标准			
试件尺寸/mm					
6 个试件中 3 个渗水时的水压力/MPa					
结果评定(抗渗等级)					

表 6-19　混凝土抗渗性能检测自评表

项目	评分依据	学生自评				
		优	良	中	差	未完成
		10~8分	8~6分	6~4分	4~3分	<3分
检测准备	1. 能掌握试件的尺寸要求，得2分； 2. 能正确制作试件，得3分； 3. 能正确拆模，把握养护条件和养护时间，得5分	得分	1.			
			2.			
			3.			
		合计		自评等级		
抗渗检测	1. 能正确操作试验机，得2分； 2. 能正确摆放试件，并对准中心，得2分； 3. 在试验过程中，能均匀加载水压，并控制在要求的时间范围内，得3分； 4. 能判断是否已达到渗水压力，并记录，得3分	得分	1.			
			2.			
			3.			
			4.			
		合计		自评等级		
数据分析与结果检测	1. 在检测过程中，能正确记录混凝土抗渗等级测定中所得的数据，得3分； 2. 能利用检测所得数据计算混凝土抗渗等级，并达到精度要求，得3分； 3. 能正确分析造成错误结论和产生误差的原因，得4分	得分	1.			
			2.			
			3.			
		合计		自评等级		
情感目标评价	1. 在操作过程中会严格按照步骤操作，得3分； 2. 在小组中能积极配合各成员工作，形成团队协作，使检测顺利完成，得5分； 3. 尊重检测结果并分析误差，得2分	得分	1.			
			2.			
			3.			
		合计		自评等级		
综合评定						

任务六　特殊品种混凝土基本知识

■ 任务导入

随着工业与建筑业的发展，特殊品种混凝土被运用到土木工程中，特殊品种混凝土的种类很多，不同种类的特殊混凝土具有不同的特性。新型混凝土朝着高强、轻质、耐久、抗磨损、抗冻融、抗渗、抗灾、抗爆等方向迅速发展。下面我们一起来学习几种常见的特殊品种混凝土的相关知识。

■ 一、高强度混凝土 ....

高强度混凝土是指强度等级为 **C60** 及其以上的混凝土；强度等级为 **C100** 以上称为超高强度混凝土。

(1)使用高强度混凝土的意义。在建筑工程中采用高强度混凝土，不仅可以减少结构断面尺寸、减轻结构自重、降低材料用量、有效地利用高强度钢筋，而且能增加建筑的抗震能力，加快施工进度，降低工程造价，满足特种工程的要求。随着混凝土强度的不断提高和施工技术现代化，钢结构在超高层建筑中的统治地位已经动摇，世界上著名的建筑、高度为452 m 的吉隆坡佩重纳斯大厦底层受压构件所采用的就是 C80 的高强度混凝土。目前，国际上应用混凝土的最高强度等级是美国西雅图的双联大厦直径为 3 m 的钢管混凝土柱，其采用了 C130 混凝土。

(2)高强度混凝土的组成材料。高强度混凝土的组成材料主要包括水泥、砂、石、化学外加剂、矿物掺合料和水。在原材料选择方面，应符合下列规定：

①用质量稳定、强度等级不低于 42.5 级的硅酸盐水泥或普通硅酸盐水泥。

②对强度等级为 C60 的混凝土，其粗集料的最大粒径不应大于 31.5 mm，对强度等级高于 C60 的混凝土，其粗集料的最大粒径不应大于 25 mm；针、片状颗粒含量不宜大于 5.0%，含泥量不应大于 1.0%，泥块含量不宜大于 0.2%。其他质量指标应符合现行国家标准《建设用卵石、碎石》(GB/T 14685—2011)的规定。

③细集料的细度模数宜大于 2.6，含泥量不应大于 1.5%，泥块含量不应大于 0.5%。其他质量指标应符合现行国家标准《建设用砂》(GB/T 14684—2011)的规定。

④应掺用高效减水剂或缓凝剂。掺量宜为胶凝材料总量的 0.4%~1.5%。

⑤应掺用活性较好的矿物掺合料，如磨细矿渣粉、粉煤灰、沸石粉、硅灰等。

(3)高强度混凝土配合比的特点。由于高强度混凝土需要掺入超细矿物掺合料，因此，配合比设计中的重要参数采用水胶比(用水量与胶凝材料总量的比值)。与普通混凝土相比，高强度混凝土在配合比方面的最大特点是水胶比低(一般为 0.24~0.42)，胶凝材料用量多(一般达 400 kg/m³ 以上，但水泥用量不应大于 550 kg/m³，水泥和矿物掺合料总量不应大于 600 kg/m³)，砂率较大(一般为 35%~45%)。

(4)施工与养护。高强度混凝土从原料到搅拌、浇筑、养护等，要求严格的施工程序，如不得使用自落式搅拌机，严禁在拌和出机时加水，外加剂宜采用后掺法，采用"二次投料法"搅拌工艺等。目前，高强度混凝土多数以商品混凝土的形式供应，在现场采用泵送的施工方法。由于高强度混凝土用水量较少，故保湿养护对混凝土的强度发展，避免过多地产生裂缝，获得良好的质量具有重要的影响。应在浇筑完毕后，立即覆盖养护或立即喷洒或涂刷养护剂以保持混凝土表面湿润，养护日期不得少于 7 d。

(5)高强度混凝土的应用。高强度混凝土在高层建筑、超高层建筑、大型桥梁、道路以及受有侵蚀介质作用的车库、贮罐等构造物中得到广泛应用。目前，在技术上可使混凝土强度达到 400 MPa，能建造出高度为 600~900 m 的超高层建筑以及跨度达 500~600 m 的桥梁。只是由于强度太高带来的脆性问题尚未从根本上解决，因此，目前在使用高强度混凝土方面仍有一定限度。

■ 二、轻混凝土

轻混凝土是指体积密度小于 **1 900 kg/m³** 的混凝土。其可分为轻集料混凝土、大孔混凝土、多孔混凝土三种。其特点是质轻、热工性能良好、力学性能良好、耐火、抗渗、抗冻、易于加工等。

1. 轻集料混凝土

(1)**轻集料混凝土的种类**。轻集料混凝土所用的轻集料有三类，即工业废料轻集料(如粉煤灰陶粒、煤矸石、膨胀矿渣珠、煤渣等)、天然轻集料(如浮石、火山渣等)以及人工轻集料(如页岩陶粒、黏土陶粒、膨胀珍珠岩等)。

(2)**轻集料混凝土的分类及强度等级**。轻集料混凝土按所用细集料不同，可分为全轻混凝土(粗、细集料均为轻集料，堆积密度小于 1 000 kg/m³)和砂轻混凝土(细集料全部或部分为普通砂)；按用途可分为保温轻集料混凝土、结构保温轻集料混凝土、结构轻集料混凝土三大类。

轻集料混凝土的强度等级与普通混凝土相对应，按其立方体抗压强度标准值划分为CL5.0、CL7.5、CL10、CL15、CL20、CL25、CL30、CL35、CL40、CL45 和 CL50 共 11 个等级。轻集料混凝土按其干体积密度划分为 12 个密度等级，见表 6-20。

表 6-20　轻集料混凝土的密度等级　　　　　　　　　　　　　kg/m³

密度等级	干体积密度的变化范围	密度等级	干体积密度的变化范围
800	760~850	1 400	1 360~1 450
900	860~950	1 500	1 460~1 550
1 000	960~1 050	1 600	1 560~1 650
1 100	1 060~1 150	1 700	1 660~1 750
1 200	1 160~1 250	1 800	1 760~1 850
1 300	1 260~1 350	1 900	1 860~1 950

(3)**轻集料混凝土的应用**。虽然人工轻集料的成本高于就地取材的天然集料，但轻集料混凝土的体积密度比普通混凝土减少 1/4~1/3，绝热性能得到改善，可使结构尺寸减小，增加使用面积，降低基础工程费用和材料运输费用，其综合效益良好。因此，轻集料混凝土主要适用于高层和多层建筑、软土地基、大跨度结构、抗震结构、耐火等级要求高的建筑、要求节能的建筑和旧建筑的加层等。如南京长江大桥采用轻集料混凝土桥面板，天津、北京采用轻集料混凝土做房屋墙体及屋面板，都取得了良好的技术经济效益。各种轻集料混凝土的用途及其对强度等级和密度等级的要求见表 6-21。

表 6-21　轻集料混凝土用途及其对强度等级和密度等级的要求

类别名称	混凝土强度等级的合理范围	混凝土密度等级的合理范围	用途
保温轻集料混凝土	CL5.0	800	主要用于保温的围护结构或热工构筑物

类别名称	混凝土强度等级的合理范围	混凝土密度等级的合理范围	用途
结构保温轻集料混凝土	CL5.0~CL15	800~1 400	主要用于既承重又保温的围护结构
结构轻集料混凝土	CL15~CL50	1 400~1 900	主要用于承重构件或构筑物

2. 大孔混凝土

(1)**大孔混凝土的种类及集料。大孔混凝土是以粗集料、水泥和水配制而成的一种轻质混凝土，又称为无砂混凝土**。在这种混凝土中，水泥浆包裹粗集料颗粒的表面，将粗集料粘在一起，但水泥浆并不填满粗集料颗粒之间的空隙，因而形成大孔结构的混凝土。大孔混凝土按其所用集料品种可分为普通大孔混凝土和轻集料大孔混凝土。前者用天然碎石、卵石或重矿渣配制而成。为了提高大孔混凝土的强度，有时也加入少量细集料(砂)，这种混凝土又称为少砂混凝土。

(2)**大孔混凝土的特性和应用**。普通大孔混凝土体积密度为 1 500~1 950 kg/m³，抗压强度为 3.5~10 MPa。轻集料大孔混凝土的体积密度为 500~1 500 kg/m³，抗压强度为 1.5~7.5 MPa。大孔混凝土的热导率小，保温性能好，吸湿性小，收缩一般比普通混凝土小 30%~50%，其抗冻性可达 15~25 次冻融循环。由于大孔混凝土不用或少用砂，故水泥用量较低，1 m³ 混凝土的水泥用量仅 150 kg，成本较低。大孔混凝土可用于制作墙体用的小型空心砌块和各种板材，也可用于现浇墙体。普通大孔混凝土还可制成给水管道、滤水板等，广泛用于市政工程。

3. 多孔混凝土

多孔混凝土是一种不用粗集料，且内部均匀分布着大量微小气孔的轻质混凝土。多孔混凝土孔隙率可达 85%，体积密度为 300~1 000 kg/m³，热导率为 0.081~0.17 W/(m·K)，兼具有结构及保温功能，容易切割，易于施工，可制成砌块、墙板、屋面板及保温制品，广泛用于工业与民用建筑及保温工程中。

根据气孔产生的方法不同，多孔混凝土可分为加气混凝土和泡沫混凝土。

(1)**加气混凝土**。加气混凝土用含钙材料(水泥、石灰)、含硅材料(石英砂、粉煤灰、粒化高炉矿渣、页岩等)和加气剂作为原料，经过磨细、配料、搅拌、浇筑、成型、切割和压蒸养护等工序生产而成。

一般采用铝粉作为加气剂，把铝粉加在加气混凝土料浆中，铝粉与含钙材料中的氢氧化钙发生化学反应放出氢气，形成气泡，使料浆体积膨胀形成多孔结构。料浆在高压蒸汽养护下，含钙材料和含硅材料发生反应，产生水化硅酸钙，使坯体具有强度。加气混凝土通常是在工厂预制成砌块或条板等制品。蒸压加气混凝土砌块按其抗压强度 1.0 MPa、2.5 MPa、3.5 MPa、5.0 MPa、7.5 MPa 划分为 10、25、35、50、75 共五个强度等级。按体积密度 300 kg/m³、400 kg/m³、500 kg/m³、600 kg/m³、700 kg/m³、800 kg/m³ 等划分为 03、04、05、06、07、08 共六个密度等级。各强度等级要求的密度等级见表 6-22。

表 6-22　蒸压加气混凝土砌块的强度等级和密度等级

强度等级	密度等级	强度等级	密度等级
10	03	50	06
25	04		07
	05		
35	05	75	07
	06		08

　　蒸压加气混凝土砌块在温度为 20 ℃±2 ℃、相对湿度为 41%～45% 的条件下，测定的干燥收缩值应不大于 0.5 mm/m。体积密度为 500 kg/m³ 的蒸压加气混凝土的热导率为 0.12 W/(m·K)；600 kg/m³ 者为 0.13 W/(m·K)；700 kg/m³ 者为 0.16 W/(m·K)。蒸压加气混凝土砌块适用于承重和非承重的内墙和外墙。当把强度等级 35 级、密度等级 05 级和 06 级的砌块用于房屋的承重墙时，其楼层数不得超过三层，总高度不超过 10 m；当把强度等级 50 级、密度等级 06 级和 07 级的砌块用于房屋的承重墙时，一般不宜超过五层，总高度不超过 16 m。加气混凝土砌块可用于框架结构中的非承重墙体。

　　加气混凝土条板可用于工业与民用建筑中，做承重和保温合一的屋面板和墙板。条板均配有钢筋，钢筋必须预先经防锈处理。另外，还可用加气混凝土和普通混凝土预制成复合墙板，用作外墙板。加气混凝土还可做成各种保温制品，如管道保温壳等。

　　由于蒸压加气混凝土的吸水率高，且强度较低，所以，其所用砌筑砂浆及抹面砂浆与砌筑砖墙时不同，需专门配制。墙体外表面必须作饰面处理。

　　(2)泡沫混凝土。泡沫混凝土是将由水泥等拌制的料浆与引气剂搅拌造成的泡沫混合，再经浇筑、养护硬化而成的多孔混凝土。

　　引气剂是泡沫混凝土的重要组分，通常采用松香胶和水解牲血做引气剂。松香胶泡沫是用烧碱加水溶入松香粉，再与溶化的胶液(皮胶或骨胶)搅拌制成浓橙香胶液。使用时用温水稀释，经强力搅拌即形成稳定的泡沫。水解牲血是用动物血加苛性钠、盐酸、硫酸亚铁、水等配成。使用时需稀释成稳定的泡株。泡沫混凝土的技术性质和应用与相同体积密度的加气混凝土大体相同。其生产工艺，除发泡和搅拌与加气混凝土不同外，其余基本相似。泡沫混凝土还可在现场直接浇筑，用作屋面保温层。

■ 三、防水混凝土(抗渗混凝土)

　　防水混凝土是通过各种方法提高混凝土抗渗性能，其抗渗等级等于或大于 P6 级的混凝土，又称为抗渗混凝土。混凝土抗渗等级的选择是根据其最大作用水头(即该处在自由水面的垂直深度)与建筑物最小壁厚的比值来确定的，见表 6-23。

表 6-23　防水混凝土抗渗等级选择

最大作用水头与混凝土最小壁厚之比	<10	10～20	>20
混凝土设计抗渗等级	P6	P8	P10～P20

　　防水混凝土根据采取的防渗措施不同，可分为普通防水混凝土、外加剂防水混凝土和膨胀水泥防水混凝土三类。

1. 普通防水混凝土

普通防水混凝土又称为富水泥浆混凝土，它是通过调整配合比来提高混凝土自身的密实度，从而提高混凝土的抗渗性。普通防水混凝土在配合比设计时，对其所用的原材料要求除应与普通混凝土相同外，还应符合以下规定：

(1)每立方米混凝土中的水泥和矿物掺合料总量不宜小于 320 kg。

(2)砂率宜为 35%~45%。

(3)试配用的最大水胶比应符合表 6-24 的规定。

表 6-24　抗渗混凝土最大水胶比

抗渗等级	最大水胶比	
	C20~C30 混凝土	C30 以上混凝土
P6	0.60	0.55
P8~P12	0.55	0.50
P12 以上	0.50	0.45

普通防水混凝土的抗渗等级一般可达 P6~P12，施工简便，性能稳定，但施工质量要求比普通混凝土严格。其适用于地上、地下要求防水抗渗的工程。

2. 外加剂防水混凝土

外加剂防水混凝土是利用外加剂的功能，使混凝土的密实性得到显著提高或改变孔结构从而达到抗渗的目的。常用的外加剂有引气剂(松香热聚物、松香皂和氯化钙复合剂)、密实剂(氢氧化铁、氢氧化铝)、防水剂(氯化铁)等。其中，氯化铁掺入混凝土拌合物后，能与水泥水化产物氢氧化钙作用，生成氢氧化铁胶体，填充在混凝土的孔隙中，提高混凝土密实度，获得较高抗渗性。密实剂能堵塞混凝土内部的渗水通路，使混凝土具有很高的抗渗能力，不仅能抵抗水的渗透，还可抵抗油、气的渗透，常用于对抗渗性要求较高的混凝土。但密实剂混凝土造价较高，掺量较多(>3%)时，将增大钢筋的锈蚀和混凝土的干缩。掺用引气剂的抗渗混凝土，其含气量应控制在 3%~5%。

3. 膨胀水泥防水混凝土

膨胀水泥防水混凝土是采用膨胀水泥配制而成的，由于这种水泥在水化过程中能形成大量的钙矾石，会产生一定的体积膨胀，在有约束的条件下，能改善混凝土的孔结构，使毛细孔孔径减小，总孔隙率降低，从而使混凝土密实度提高，抗渗性增强。但这种防水混凝土使用温度不应超过 80 ℃，否则将导致抗渗性能下降。

膨胀水泥防水混凝土的施工必须严格控制质量，应采用机拌机振，浇筑混凝土时应一次完成，尽量不留施工缝，并要加强保湿养护，至少 14 d。不得过早脱模，脱模后更要及时充分浇水养护，以免出现干缩裂纹。

■ 四、流态混凝土与泵送混凝土

1. 流态混凝土

在拌制坍落度为 80~120 mm 的基体混凝土拌合物时，同时掺入硫化剂(称同掺法)，或将预拌混凝土运至施工现场，在浇筑前掺入硫化剂再搅拌 1~5 min(称后掺法)，所得坍

落度为 **160～210 mm** 的混凝土称为流态混凝土。

（1）流态混凝土的特点。

①混凝土拌合物坍落度增幅大，一般坍落度可提高 100 mm 以上，且这种大流动性的拌合物，并不会带来离析、泌水等弊病，可制得自流密实混凝土，且有利于泵送；

②可大幅度降低混凝土的水胶比而不需多用水泥，以避免水泥浆多带来的缺点，易制得高强、耐久、不透水的优质混凝土；

③改善混凝土施工性能，可显著减少混凝土浇筑、振捣所耗动力，降低工程造价；

④大大改善混凝土施工条件，减少劳动量，提高工效，缩短工期，减小施工噪声，有利于环境保护；

⑤流态混凝土拌合物的坍落度经时损失快，原因是其单位用水量较少，以及硫化剂对水泥的分散效果随时间的延长而降低所致。

（2）流态混凝土的配制要求。流态混凝土配合比设计除原材料要求应与普通混凝土相同外，还应注意以下事项：最低水泥用量应不少于 270 kg/m³；粒径大于 40 mm 的粗集料应限制其用量；适当增加粒径小于 300 μm 的细集料用量；坍落度每增加 15 mm，砂率应相应增大 1% 左右。

2. 泵送混凝土

泵送混凝土是指混凝土拌合物的坍落度 **不低于 100 mm**，并用泵送施工的混凝土。

（1）泵送混凝土的特点。

①施工效率高，一般混凝土泵送量可达 60 m³/h，目前，世界上最大功率的混凝土泵送量可达 159 m³/h，这是其他任何一种施工机械难以相比的；

②施工占地小，特别适用于建筑物集中区使用；

③施工方便，可使混凝土一次连续完成垂直和水平输送、浇筑，从而减少了混凝土的运输次数，较好地保证了混凝土的性能，有利于结构的整体性；

④有利于环境保护，泵送混凝土是商品（预拌）混凝土，一般不在施工现场拌制，减少了现场粉尘污染和运输（封闭运输）过程中的泥水污染。

（2）泵送混凝土配制要求。泵送混凝土配制除原材料要求与普通混凝土相同外，还应符合下列规定：

①泵送混凝土所用粗集料最大粒径与输送管径之比：当泵送高度在 50 m 以下时，碎石不宜大于 1∶3.0，卵石不宜大于 1∶2.5；当泵送高度在 50～100 m 时，对碎石不宜大于 1∶4.0，对卵石不宜大于 1∶3.0；当泵送高度在 100 m 以上时，则分别为 1∶5.0 和 1∶4.0。针片状颗粒含量不宜大于 10%。

②泵送混凝土宜采用中砂，其通过 300 m 筛孔的颗粒含量不应少于 15%。

③泵送混凝土配合比设计时，其水胶比不宜大于 0.60，水泥和矿物掺合料用量不宜小于 300 kg/m³，且不宜采用火山灰质水泥，砂率宜为 35%～45%。应掺用减水剂或泵送剂，并宜掺加优质的 Ⅰ、Ⅱ 级粉煤灰或其他活性矿物掺合料。采用引气外加剂的泵送混凝土，其含气量不宜超过 4%。

3. 流态混凝土与泵送混凝土的应用

近年来，流态混凝土开始在大型工程中使用，它主要适用于高层建筑、大型工业与公共建筑的基础、楼板、墙板以及地下工程等，尤其适用于工程中配筋密列、混凝土浇筑振捣困难的部位，以及导管法浇筑混凝土。泵送混凝土是在泵压力作用下，将流态混凝土通过刚性或柔性管道输送到浇筑地点进行混凝土浇筑，因此，配制时一定要考虑其具有良好的可泵性。它可用于大多数混凝土工程，尤其适用于施工地域或施工机具受到限制的混凝土浇筑。

■ 五、纤维混凝土

以水泥浆、砂浆或混凝土作基材，以纤维作增强材料所组成的水泥基复合材料，称为纤维混凝土。

(1)纤维混凝土的特点。纤维可控制基体混凝土裂纹的进一步发展，从而提高抗裂性。由于纤维的抗拉强度大、延伸率大，使混凝土的抗拉、抗弯、抗冲击强度及延伸率和韧性得以提高。纤维混凝土的主要品种有石棉水泥、钢纤维混凝土、玻璃纤维混凝土、聚丙烯纤维混凝土及碳纤维混凝土、植物纤维混凝土和高弹模合成纤维混凝土等。制造纤维混凝土主要使用具有一定长径比(即纤维的长度与直径的比值)的短纤维。但有时也使用长纤维(如玻璃纤维无捻粗纱、聚丙烯纤化薄膜)或纤维制品(如玻璃纤维网格布、玻璃纤维毡)。其抗拉极限强度可提高 30%～50%。与普通混凝土相比，纤维混凝土具有较高的抗拉与抗弯极限强度，尤以韧性提高的幅度为大。

(2)纤维混凝土配制要求。

①合成纤维混凝土的搅拌时间应通过现场搅拌试验确定，并应较普通混凝土规定的搅拌时间适当延长 40～60 s，以确保纤维在混凝土拌合物中分散均匀；

②采用平板振捣器捣实至并无可见空洞为止，振捣时间为 20 s 左右；

③纤维混凝土接近初凝时方可进行抹面，抹面应光滑，抹面时不得加水，抹面次数不宜过多。

■ 六、耐热混凝土

一种能长期承受高温作用(200 ℃以上)，并在高温作用下保持所需的物理力学性能的特种混凝土，称为耐热混凝土。耐热混凝土已广泛地用于冶金、化工、石油、轻工和建材等工业的热工设备和长期受高温作用的构筑物，如工业烟囱或烟道的内衬、工业窑炉的耐火内衬、高温锅炉的基础及外壳。

(1)耐热混凝土的分类。

①根据所用胶结料的不同，耐热混凝土可分为硅酸盐耐热混凝土、铝酸盐耐热混凝土、磷酸盐耐热混凝土、硫酸盐耐热混凝土、水玻璃耐热混凝土、镁质水泥耐热混凝土、其他胶结料耐热混凝土；

②根据硬化条件可分为水硬性耐热混凝土、气硬性耐热混凝土、热硬性耐热混凝土。

(2)耐热混凝土的特点。与传统耐火砖相比，耐热混凝土具有下列特点：

①生产工艺简单，通常仅需搅拌机和振动成型机械即可；

②施工简单，并易于机械化；

③可以建造任何结构形式的窑炉，采用耐热混凝土可根据生产工艺要求建造复杂的窑炉形式；

④耐热混凝土窑衬整体性强，气密性好，若使用得当，可提高窑炉的使用寿命；

⑤建造窑炉的造价比耐火砖低;

⑥可充分利用工业废渣、废旧耐火砖以及某些地方材料和天然材料。

■ 七、聚合物混凝土

聚合物混凝土是将聚合物加入混凝土或砂浆中,其形成的弹性网膜将混凝土、砂浆中的孔隙结构填塞,并经化学作用加大了聚合物同水泥水化产物的粘结强度,从而有效地对混凝土和砂浆进行改性。不仅增加了混凝土和砂浆的抗压强度,还使抗拉强度和抗弯强度获得较大提高,增强混凝土和砂浆的密实度,减少了裂缝,因而使抗渗性获显著提高,且增加了适应变形的能力,适用于地下建(构)筑物防水,以及游泳池、水泥库、化粪池等防水工程。如直接接触饮用水,例如,储水池,应选用符合要求的聚合物。从发展前景以及提高防水工程质量的角度来看,其潜能和作用不可低估。

(1)聚合物混凝土的分类。用于水泥材料的聚合物可分为以下三类:

①水溶性聚合物分散体,包括橡胶胶乳——天然橡胶胶乳、合成橡胶胶乳;树脂乳液——热塑性及热固性树脂乳液、沥青质乳液;混合分散体——混合橡胶、混合乳胶。

②水溶性聚合物,包括纤维素衍生物——甲基纤维素;聚乙烯醇;聚丙烯酸盐——聚丙烯酸钙;糠醇。

③液体聚合物,包括不饱和聚酯和环氧树脂。

(2)配合比的选择。使聚合物水泥混凝土呈现最佳力学状态的主要因素是聚合物的品种、性能、掺量,及其相应的助剂。聚合物掺量过小,则对混凝土性能的改善也小;聚合物掺量加大,则混凝土各项强度也随之提高,但当掺量增大超过一定范围时,则混凝土强度、粘结性、干缩等性能反而向劣质转化,所以,聚合物应有其最佳掺量。因此,在选择配合比时,应着重考虑"聚灰比"(聚合物和水泥在整个固体中的质量比),其次再选定混凝土的其他组分。通常聚灰比在5%~20%的内选用,其他组分可同于普通混凝土。参考配合比见表6-25。

表6-25 聚合物水泥混凝土参考配合比

聚灰比 /%	水胶比	砂率 /%	聚合物分散体用量 /(kg·m⁻³)	用水量 /(kg·m⁻³)	水泥用量 /(kg·m⁻³)	砂 /(kg·m⁻³)	石子 /(kg·m⁻³)	测定值	
								坍落度 /mm	含气量 /%
0	0.5	45	0	160	320	510	812	50	5
5	0.5	45	16	140	320	485	768	170	7
10	0.5	45	32	121	320	472	749	210	7

注:1. 聚合物为聚丙烯酸乙酯。

2. 水胶比为聚合物分散体中的用水量和加水量之和对水泥质量之比。

(3)聚合物混凝土的配制要点。

①在满足对聚合物水泥混凝土使用功能要求的前提下,通过配合比选择及试验,确定聚合物及其助剂的最小掺量,以降低混凝土造价。现提供不同种聚合物混凝土选用不同的聚灰比的强度特性。

②按选定的配合比准确称量备好原材料。

③将聚合物乳胶置于容器中，加入稳定剂、消泡剂以及一定量的水，混合搅拌均匀制成聚合物乳液备用。

④将水泥和砂投入搅拌机中干拌均匀，再加入石子、水、聚合物乳液共同搅拌均匀制成聚合物水泥混凝土。

（4）聚合物混凝土的施工注意事项。

①浇筑混凝土的垫层应洁净、无尘土等杂物；若浇筑混凝土的基层为旧有混凝土或砂浆层，则应除去其表面上的杂物及油污，露出坚实洁净的面层，用水冲刷一遍，表面不得有积水。

②基层若有裂缝或管道穿过，应沿裂缝或管道周围剔成 V 形凹槽，并用高等级砂浆填实抹平。如基层有渗漏水，应先行堵漏。

③控制水胶比，掌握施工和易性。拌和和浇筑过程中如出现拌合物趋于黏稠而影响施工和易性时，注意不得任意加水，以防影响质量，应补加适量备用乳液，再行搅拌均匀供施工使用。

④根据所选聚合物的性能以及工程量的大小，掌握拌和量及浇筑时间。当所选胶乳凝聚较快时，则应掌握浇筑速度，且应用多少拌多少，随拌随用。

⑤施工温度：冬季以＋5 ℃以上为宜；夏季以＋35 ℃以下为宜。

⑥混凝土浇筑完毕在硬化之前，不得直接浇水养护，露天作业应避免遭受雨淋。这是防止胶乳析出的白色脆性聚合物膜被水冲掉，从而会使聚合物混凝土质量下降。

⑦聚合物水泥混凝土的养护方法不同于普通防水混凝土，通常采取干湿交替的方法进行养护。在混凝土硬化后的 7 d 以内，应保持湿润养护，这是为了在此期间使水泥得以充分水化，水泥强度尽快增长，形成混凝土的刚性骨架；7 d 以后，应转入自然条件下养护，混凝土在大气环境中自然干燥，以有利于聚合物胶乳脱水固化，使聚合物形成的点、网、膜胶联于水泥混凝土的刚性骨架之中紧密粘固，并将混凝土内部毛细孔道填塞。

任务七　新型混凝土材料

任务导入

进入 21 世纪，保护地球环境，寻求与自然的和谐，走可持续之路成为全世界共同关心的课题。混凝土普遍应用于现代建筑，人们曾把精力过分集中在混凝土的力学性能上，而今人们更加关注混凝土的多种性能开发，混凝土种类日益更新，新型混凝土成为发展方向之一。下面我们一起来了解新型混凝土的相关内容。

一、新型混凝土概述

随着生产技术和科技的发展，新型混凝土一定具有比传统混凝土更高的强度和耐久性，能满足结构物力学性能、使用功能以及使用年限的要求，同时，还应具有与自然环境的协调性，减轻对地球和生态环境的负荷，实现非再生型资源可循环性使用，最终的目的是通过其良好的使用功能，为人类构筑温和、舒适、便捷的生活环境。因此，新型混凝土不仅能够抗震抗压，还能减少结构尺寸，减轻自身质量，降低材料使用量，做到开源节流、降低成本等。诸如智能混凝土、彩色混凝土、预填集料升浆混凝土、高性能混凝土等，日渐成为工程施工的主要材料，提高了混凝土的耐久性和可持续发展性，在建筑业中已逐步推广和应用。

■ 二、新型混凝土的种类及应用

（一）再生混凝土——将回收进行到底

近年来，城市住宅更新和市政动迁规模不断加大，或是旧建筑物被拆毁，或是地震破坏产生建筑垃圾。这些建筑垃圾不仅没有进行合理的资源回收，更对环境造成了严重污染和资源的极大浪费。

再生混凝土就是将工地上或者施工过程中一些不用的废弃混凝土块经过破碎、清洗等步骤之后，再按照一定的比例与其配合，部分甚至全部代替砂石等天然集料，再加入水泥、水等就可以配制成新混凝土了。这种新型混凝土的出现不仅仅解决了废弃混凝土如何安置的难题，更能让资源回收充分利用。

再生混凝土的出现，不仅清洁了环境，更节约了天然集料资源。尤其是从国内外近几年建筑垃圾的上升趋势可以看出，未来再生混凝土的推广与应用是不可阻挡的。

（二）透水混凝土——道路积水终结者

透水混凝土最早在二十一世纪七八十年代就已经开始得到研究和应用，近些年也被不少国家大量推广并使用。透水混凝土是一种由集料、水泥和水拌制而成的多孔轻质混凝土。作为一种新的环保型、生态型的道路材料，透水混凝土所具备的透气、透水以及质量轻等优点，也让它在城市雨水管理和水污染防治等工作上有着不可替代的重要作用。

目前，透水混凝土的应用范围主要是马路两侧的人行道及自行车道、社区内的地面装饰、园林景观道路以及城市广场一些易积水公共场所。相信，未来将会有越来越多的道路采用这种新型的透水混凝土。

（三）清水混凝土——混凝土也能玩艺术

清水混凝土的概念大部分人或许还不是很清楚，但是说起日本国家大剧院、悉尼那角如院以及巴黎史前博物馆等世界知名的艺术类公建很多人都不会感到陌生，这些看似简单朴素，实则自然沉稳、朴实无华的世界级艺术建筑，它们都有一个共同的采用工艺，那就是清水混凝土。

清水混凝土可以说是混凝土材料中最高级的表达形式了，"素面朝天"是人们对它最中肯的评价，而这种与生俱来的厚重与清雅也是现代建筑材料无法效仿和媲美的。越来越多的世界级建筑大师更是在他们的设计中大量采用清水混凝土，也正是有了这些大师们的艺术创作，让清水混凝土的美被展现得淋漓尽致。

绿色建筑理念深入人心的今天，清水混凝土的应用随之广泛，它散发出的独特魅力也让更多的人被吸引。清水混凝土也叫作装饰混凝土，很多时候，她就像是一个不施粉黛也动人的清净女子。在看惯了绚丽缤纷的花花世界后，静下心来，清水混凝土的美终于被人挖掘。作为装饰混凝土，它的用处绝不仅仅局限于此，这种新型混凝土还应用于洗手池、花盆、混凝土音响、路由器甚至是手机摆件等方面。

(四)彩色混凝土——绚丽缤纷的色彩专家

与清水混凝土的素雅朴实相比，彩色混凝土更像一个20岁出头的小姑娘，爱打扮、花枝招展是它的独特之处。这样的特点也让彩色混凝土被广泛应用于室外装饰、景点改造等公共场所。不仅如此，彩色混凝土还能使水泥地面永久地呈现各种色泽、图案、质感，逼真地模拟自然的材质和纹理，随心所欲地勾画各类图案，而且愈久弥新，使人们能够轻松地实现建筑物与人文环境、自然环境和谐相处、融为一体。

目前，彩色混凝土已广泛运用于市政步道、园林小路、城市广场、高档住宅小区、停车场、商务办公大楼、户外运动场所(羽毛球场馆、篮球场馆等)。

(五)生态混凝土——环保小能手

生态混凝土也可以称作"植被混凝土""绿化混凝土"等。生态混凝土的原理是通过材料筛选、添加功能性添加剂，采用一种特殊工艺制造出新型产品。它不仅能够适应绿色植物的生长，更具有一定的防护功能。生态混凝土有着极高的透水性、承载力以及良好的装饰效果，保护了人类赖以生存的自然环境不再遭受破坏。它不仅减少环境负荷，更在提高生态环境的协调方面作出了重大的贡献。

目前，这种新型混凝土主要适用于边坡治理(包括河流、湖泊、水库堤坝以及道路两侧的边坡治理)等方面。

(六)泡沫混凝土——工程领域的佼佼者

泡沫混凝土也称为轻质混凝土，它利用天然轻集料(如浮石、凝灰岩等)、工业废料轻集料(如炉渣、粉煤灰陶粒、自燃煤矸石等)、人造轻集料(页岩陶粒、黏土陶粒、膨胀珍珠岩等)制成。轻质混凝土具有密度较小、相对强度高以及保温、抗冻性能好等优点。我国现今的泡沫混凝土更多的应用在屋面泡沫混凝土保温层现浇、泡沫混凝土面块、泡沫混凝土轻质墙板、泡沫混凝土补偿地基等方面。利用工业废渣，如废弃锅炉煤渣、煤矿的煤矸石、火力发电站的粉煤灰等制备轻质混凝土，可降低混凝土的生产成本，并变废为宝，减少城市或厂区的污染，减少堆积废料占用的土地，对环境保护也是有利的。

(七)吸声混凝土——隔绝噪声的有力武器

吸声混凝土顾名思义就是一种可以针对外部产生的噪声采取隔声或者吸声的物质。它具有连续、多孔的内部结构。与普通的密实混凝土不同的是，这种新型混凝土能够直接的面对噪声源。它也适应于机场、高速公路、高速铁路两侧，地铁等易产生噪声的一些公共场所，它不仅能够明显地减低交通噪声，更能改善出行环境以及公共交通设施周围的居住环境。

(八)玻璃混凝土——废玻璃也有春天

玻璃混凝土本身和普通混凝土并没有很大区别，只是在当中加入了碾碎的普通玻璃渣。它不透水、不受气温变化的影响，用它建造的墙面无须抹灰泥，只需要直接上颜料，墙面外观就能十分优美，且不易起皮。

废玻璃作为一种不可生物降解的材料，将其与混凝土等建筑材料完美地融合在一起，不仅能够有效利用资源，降低成本，保护环境，玻璃混凝土自身还具有良好的物理性能和较高的抗压强度、抗拉强度。玻璃混凝土还具有较好的耐腐蚀性能、超强氧化性酸功能以及耐热性能。

不过目前也有研究结果表明，将废玻璃用作混凝土的矿物掺合料虽然是可行的，但仍未达到工业化应用的地步。

不久之前，一位匈牙利建筑师推出一款半透明的混凝土，并通过展览迅速在业界传播，让大家耳目一新。这种半透明混凝是由普通混凝土与玻璃纤维共同组成的，因此，这种混凝土能够轻易透过光线。2010 年的上海世博会中意大利馆的半透明馆就是采用这种特殊的墙面设计。半透明的材料设计也给当时参展的人们留下了极为深刻的印象，尤其是这种特殊的墙面材料，透明度高达 20％，可以让光线直接穿过，使整个墙面看起来就像是一块巨大的窗户，从而营造出了一种美轮美奂的发光效果。

(九)空气净化混凝土——给你呼吸里的爱

由于汽车尾气等空气污染，大气中氮氧化物的含量逐渐增多，很容易形成酸雨、臭氧和烟雾等不良现象，造成环境污染。而空气净化混凝土的出现就是为了解决这一人类难题，它不仅能够减少 25％～45％的氮氧化物浓度，净化当地空气，更为人类可持续发展的实现作出重大贡献。

可净化空气混凝土是一种利用含有二氧化钛的添加物，在阳光下结合出氧化氮并转化成无害的硝酸盐的新型产品，它不仅能够吸收汽车排放的废气，最重要的是这种新型混凝土排放出来的硝酸盐，可以在大雨中被冲刷带走，将污染降到最低甚至是无。

相信在不久的将来，空气净化混凝土也势必会出现在我们的日常生活中，为和谐社会、环保发展发挥着它不容忽视的重要作用。

(十)聚合物混凝土——价格虽贵配置强大

聚合物混凝土是一种以聚合物为唯一胶结材料的混凝土。由于聚合物填充了水泥混凝土中的孔隙和微裂缝，这样不仅可以提高它的密实度，增强水泥石与集料间的粘结力，更能缓和裂缝尖端的应力集中，改变普通水泥混凝土的原有性能，使之具有高强度、抗渗、抗冻、抗冲、耐磨、耐化学腐蚀、抗射线等显著优点。

聚合物混凝土主要是作为高效能结构材料，应用于特种工程。例如，腐蚀介质中的管、桩、柱、地面砖、海洋构筑物和路面、桥面板，以及水利工程中对抗冲、耐磨、抗冻要求高的部位。它也可应用于现场修补构筑物的表面和缺陷，以提高其使用性能。

(十一)自愈混凝土——打不死的小强

混凝土作为当今社会中使用最广泛的建筑材料之一，其不足之处就是很容易出现裂缝。自愈混凝土就是通过作用于结构的腐蚀性雨水渗入加以激活，以其对混凝土开裂部分进行局部填充，形成混凝土的"修复愈合"。自愈混凝土就是拥有和人类类似的特性的一种新型混凝土，即拥有破碎之后能够自行"修复愈合"的功能。混凝土结构失效的主要原因是微裂缝的扩展，自愈混凝土的主要性能便是能够在混凝土产生裂缝后作出反应自行愈合，这种新材料不仅可以提高混凝土的使用寿命，更能有效降低节约混凝土结构中的维护成本。拥有着这样的性能优势，自愈性混凝土也注定会是未来施工过程中建筑材料的首选。

(十二)稻壳灰混凝土——低成本且坚固的建筑材料

我国作为农业大国，每年水稻产量占世界第一位。稻壳在过去很多长时间里是在我国农村作为燃料使用。这不仅造成资源的极大浪费更是污染环境。随着科学技术的进步，稻壳的开发利用在国内外得到迅速发展，稻壳灰混凝土的概念也被大家所熟知。稻壳燃烧后形成的稻壳灰，其中的二氧化硅可以和氧化钙结合起来，不但能够抵抗酸性环境，更能用作混凝土掺合料。稻壳灰所具备的高活性和凝硬特性更能提升水泥的可加工性以及坚固性。稻壳灰混凝土作为一种低成本的绿色材料，它不仅能减少环境污染，节约熟料水泥和混凝土的用量，更凭借高性能的优势，成为可持续发展材料的重要组成部分。

(十三)钢纤维混凝土——一种新型多相复合材料

钢纤维混凝土的出现正是解决了如何让混凝土质量均一、粉尘少这一系列难题。作为一种新型的多相复合材料，钢纤维混凝土就是在普通混凝土中加入短钢纤维，从而达到能够改善混凝土抗拉、抗弯、抗冲击及抗疲劳性能的目的。

早在20世纪初期钢纤维混凝土就已经出现，更在一些发达国家的军事设施和桥梁等领域得以推广并应用。与普通混凝土不同的是，钢纤维混凝土在混凝土开裂后，横跨裂缝的纤维就可以成为外力的主要承受者，这样使原本脆性的混凝土材料可以呈现出很高的延性和韧性，具有一系列优越的物理和力学性能。

(十四)智能混凝土——混凝土中的爱因斯坦

智能混凝土能够在混凝土原有的组分基础上复合智能型组分，这样做的目的就是能够让这种混凝土有着普通混凝土不具备的自感知、自适应、自修复和记忆等多种功能。而此种特性不仅能够对混凝土材料的内部损伤进行有效预报，更能根据检测结果自动进行修复，从而大大提高了混凝土结构的安全性和耐久性。

随着新型混凝土品种的不断更新，混凝土添加剂作为混凝土施工过程中不可或缺的一部分，其种类也在不断突破和创新。例如，大豆油混凝土液态保护剂，其主要特点就是可以使混凝土内部保持液态，同时，也能阻止其他破坏性的液体流入，最主要的是这种混凝土液态保护剂主要生产原料是大豆油，生产和操作绝对安全无污染。植被混凝土绿化添加剂，其主要特点是可以恢复已经遭受破坏的生态环境，更能使裸露的高陡边坡有植被的存在，这样可再次为各种小动物、微生物的生存繁殖提供有利环境，使得完整的生物链逐渐形成，被破坏的环境也可以慢慢恢复到原始的自然环境。

随着建筑科学的日益发展以及人们对于建筑物要求的不断提高，相信新型混凝土的种类也会在未来一段时间继续增多并得到广泛应用。

课后习题

一、计算题

项目六　参考答案

1. 甲、乙两种砂，取样筛分结果如下：

筛孔尺寸/mm		4.75	2.36	1.18	0.600	0.300	0.150	<0.150
筛余量/g	甲砂	0	0	30	80	140	210	40
	乙砂	30	170	120	90	50	30	10

(1)分别计算细度模数并评定其级配。

(2)欲将甲、乙两种砂混合配制出细度模数为2.7的砂，问两种砂的比例应各占多少？混合砂的级配如何？

2. 某道路工程用石子进行压碎值指标测定，称取13.2～16 mm的试样3 000 g，压碎试验后采用2.36 mm的筛子过筛，称得筛上石子重2 815 g，筛下细料重185 g。求该石子的压碎值指标。

3. 钢筋混凝土梁的截面最小尺寸为320 mm，配置钢筋的直径为20 mm，钢筋中心距离为80 mm，问可选用最大粒径为多少的石子？

4. 某工程用碎石和32.5级普通水泥配制C40混凝土，水泥强度富余系数为1.10，混凝土强度标准差为4.0 MPa。求水胶比。若改用42.5级普通水泥，水泥强度富余系数同样为1.10，水胶比为多少？

5. 某试验室试拌混凝土，经调整后各材料用量为：普通水泥4.5 kg，水2.7 kg，砂9.9 kg，碎石18.9 kg，又测得拌合物的表观密度为2.38 kg/L，试求：

(1)每 m^3 混凝土的各材料用量；

(2)当施工现场的砂子含水率为3.5％，石子含水率为1％时，求施工配合比；

(3)如果把试验室配合比直接用于现场施工，则现场混凝土的实际配合比将如何变化？对混凝土强度将产生多大影响？

6. 某框架结构钢筋混凝土，混凝土设计强度等级为C30，现场机械搅拌，机械振捣成型，混凝土坍落度要求为50～70 mm，并根据施工单位的管理水平和历史统计资料，混凝土强度标准差取4.0 MPa。所用原材料如下：

水泥：普通硅酸盐水泥42.5级，密度为3.1 g/cm³，水泥强度富余系数 $K_c=1.12$；

砂：河砂 $M_x=2.4$，Ⅱ级配区，密度为2.65 g/cm³；

石子：碎石，$D_{max}=40$ mm，连续级配，级配良好，密度为2.70 g/cm³；

水：自来水。

求：混凝土初步计算配合比。

7. 接上题，根据初步计算配合比，称取12 L各材料用量进行混凝土和易性试拌调整。测得混凝土坍落度 $T=20$ mm，小于设计要求，增加5％的水泥和水，重新搅拌测得坍落度为65 mm，且黏聚性和保水性均满足设计要求，并测得混凝土表观密度为2 392 kg/m³，求基准配合比。又经混凝土强度试验，恰好满足设计要求，已知现场施工所用砂含水率为4.5％，石子含水率为1.0％，求施工配合比。

8. 接上题，求得的混凝土基准配合比，若掺入减水率为18％的高效减水剂，并保持混凝土坍落度和强度不变，实测混凝土表观密度 $\rho_h=2 400$ kg/m³。求掺入减水剂后混凝土的配合比。1 m³ 混凝土节约水泥多少千克？

9. 有一组边长为100 mm的混凝土试块，标准养护28 d送试验室检测，抗压破坏荷载分别为310 kN、300 kN、280 kN。试计算这组试块的标准立方体抗压强度。

二、简答题

1. 普通混凝土的组成材料有哪几种？它们在硬化前后各起到什么作用？

2. 配置混凝土时如何选择水泥的品种和强度等级？

3. 什么是集料的级配？级配良好的集料有什么特征？级配差的集料对混凝土的质量有

何影响？

4. 为什么在配置混凝土时一般不采用细砂或特细砂？

5. 在对混凝土用砂、石的质量要求中，应限制哪些有害物质的含量？这些有害物质对混凝土的性能有哪些影响？

6. 什么是石子的最大粒径？为什么要限制最大粒径？工程上如何确定最大粒径？

7. 什么是石子的针、片状颗粒？为什么要限制这种颗粒的含量？

8. 用碎石和卵石拌制的混凝土各有什么优缺点？

9. 混凝土拌和用水和养护用水有哪些质量要求？

10. 什么是混凝土的和易性？它包括哪几个方面？和易性的好坏对混凝土的性能有什么影响？如何改善混凝土的和易性？

11. 什么是混凝土的立方体抗压强度标准值？混凝土的强度等级是根据什么来划分的？

12. 混凝土的抗渗性如何表示？影响抗渗性的因素有哪些？

13. 什么是轻集料混凝土？它与普通混凝土相比有哪些优缺点？轻集料混凝土的质量要求有哪些？

14. 新型混凝土的类别有哪些？其组成材料和配合比设计有哪些要求？

项目七　建筑钢材及其检测技术

项目介绍

本项目主要介绍建筑工程中的常用材料——建筑钢材的种类、特性、保存以及常见的钢材检测项目，包括钢筋、预应力混凝土用钢丝和钢绞线、钢筋的质量偏差检测、钢筋拉伸性能的检测、钢筋冷弯性能的检测。

学有所获

(1)了解建筑钢材的种类；

(2)掌握常用钢材的基本性质；

(3)掌握建筑钢材各检测项目中涉及的检测工具的操作方法；

(4)熟悉检测数据的记录、计算，并能根据数据进行检测结果的判定；

(5)理解并熟练掌握各项建筑钢材检测项目的内容和过程。

任务一　钢材的主要性能

任务导入

钢材被广泛应用于各类建筑工程施工中。它是以**生铁**为主要元素，含碳量为 0.021 8%～2.11%的铁碳合金，并根据需要，适当掺入少量其他元素，如锰、镍、钒等。其品种繁多，根据断面形状的不同，钢材一般可分为型材、板材、管材和金属制品四大类。按照不同的工程需要，可采用不同的钢材。下面我们来学习钢材的相关知识。

一、钢材的生产方法

炼钢的过程就是将生铁进行精炼，使碳的含量降低到一定的限度，同时，把其他杂质的含量也降低到允许范围内。所以，**凡含碳量在 2%以下，含有害杂质较少的铁碳合金可称为钢**。

大部分钢材的加工都是通过压力加工，钢材的主要加工方法有轧制、锻造、拉拔和挤压。根据钢材加工温度的不同可分为冷加工和热加工两种。

二、钢材的常用种类

为了保证钢材的韧性和塑性，含碳量一般不超过 1.7%。钢的主要元素除铁、碳外，还有硅、锰、硫、磷等。钢的常用分类方法有以下几种：

(1)**按品质分类**：普通钢(P≤0.045%，S≤0.050%)、优质钢(P、S均≤0.035%)及高级优质钢(P≤0.035%，S≤0.030%)。

(2)**按化学成分分类**：碳素钢和合金钢。其中碳素钢分为低碳钢(C≤0.25%)、中碳钢(0.25%<C<0.60%)和高碳钢(C≥0.60%)。合金钢分为低合金钢(合金元素总含量≤5%)、中合金钢(5%≤合金元素总含量≤10%)和高合金钢(合金元素总含量>10%)。

(3)**按成形方法分类**：锻钢、铸钢、热轧钢和冷拉钢。

(4)**按用途分类**：结构钢、工具钢和特殊钢。

三、钢材的基本性能

钢材的性能是与使用寿命密切相关的，下面介绍一下钢材主要的性能指标。

(一)物理性能

所谓物理性能就是在钢材的本质不发生变化的前提下所表现出来的性能。物理性能主要有以下几种。

1. 密度

单位体积内材料的质量叫作该材料的密度。对于大多数钢材而言，理论上计算质量时，都按 7.85 g/cm³ 作为该钢材的密度。钢材理论质量计算公式为：W(理论质量)$=F$(钢材截面面积)$\times L$(钢材长度)$\times \rho$(密度)。另外，还有钢材质量简单计算的经验公式，如下以供参考。

圆钢：$W=6.17\times$直径$\times$直径；方钢：$W=7.85\times$边长$\times$边长；扁钢：$W=7.85\times$宽度$\times$长度。

2. 热膨胀性

钢材在受热时体积增大，冷却时体积收缩的性能称为热膨胀性。热膨胀性的大小一般用线膨胀系数 α 表示。α 值越大，钢材的尺寸或体积随温度变化而变化的程度就越大。

3. 熔点

熔点是钢材由固态溶解成液态时的温度，纯铁的熔点为 1 534 ℃。

4. 导电性

导电性是指钢材传导电流的能力。

5. 导热性

导热性是指钢材传导热的能力。

(二)化学性能

所谓化学性能，就是指钢材在室温和高温条件下，抵抗外界介质对它的化学侵蚀的能力。

1. 抗氧化性

抗氧化性是指钢材在室温或高温下抵抗氧化的能力。氧化过程会随着温度的提高而加速反应，所以，在高温下工作的钢制零件应具有良好的抗氧化性，以防止生锈。

2. 耐腐蚀性

耐腐蚀性是指钢材抵抗周围介质(大气、水蒸气、有害气体、酸、碱、盐等)的腐蚀能力。

3. 化学稳定性

化学稳定性是上述两种的总称。钢材在高温下的化学稳定性叫作热稳定性。

(三)力学性能

力学性能是指钢材抵抗外力作用的能力。其是衡量钢材质量好坏的最重要的指标之一。

1. 强度

强度是指钢材在外力作用下，抵抗永久变形和断裂的能力，可分为抗拉强度、抗压强度、抗弯强度、抗剪强度和抗扭强度五种。一般情况下，多以抗拉强度作为判别钢材强度高低的指标。

衡量钢材强度的指标有弹性模量、屈服强度和抗拉强度三个。它们都表示钢材抵抗变形和破坏的能力，都是通过拉伸试验测定的。

(1)**弹性模量(E)**。钢材受外力作用下发生变形，当外力消除后，钢材又能恢复到原来形状的能力叫作弹性。在弹性状态下发生的，可恢复的形变叫作弹性变形。在弹性范围内，物体的应力和应变量成正比，其比例系数即为弹性模量。弹性模量的计算公式如下：

$$\sigma = E\varepsilon \text{ 或 } \sigma = E \times \Delta L / L_0 \tag{7-1}$$

式中　σ——引起变形的正应力；

　　　ε——相对伸长率或称应变；

　　　ΔL——材料在外力作用下的伸长量；

　　　L_0——材料原长；

　　　E——弹性模量；对钢而言 $E = 20\ 720\ \text{N/mm}^2$。

(2)**屈服强度(或屈服点)**。屈服强度是指钢材产生屈服现象时的最小应力。屈服现象就是指材料在承受外力时，当外力不再增加，但材料仍然发生塑性形变的现象。其计算公式如下：

$$\sigma_s = F_s / S_0 \tag{7-2}$$

式中　σ_s——屈服强度；

　　　F_s——材料屈服时的荷载；

　　　S_0——试样原始截面面积。

应当指出的是，只有强度较低的低碳钢和中碳钢才有明显的屈服现象。对某些在拉伸试验时无明显屈服现象的钢材，国家标准规定：以试样产生了达到原长 L_0 的 0.2％的塑性变形时，此时的应力作为条件屈服强度，用 $\sigma_{0.2}$ 表示。其计算公式如下：

$$\sigma_{0.2} = F_{0.2} / S_0 \tag{7-3}$$

式中　$F_{0.2}$——试样产生 0.2％L_0 塑性变形时的荷载(N)。

(3)**抗拉强度**。钢材在拉断前所抵抗的最大外力(F_b)的能力，用 σ_b 表示。其计算公式如下：

$$\sigma_b = F_b / S_0 \tag{7-4}$$

式中　F_b——最大外力或最大荷载(N)；

　　　S_0—试样原始截面面积(mm^2)。

任何工件在工作时决不允许承受的应力达到抗拉强度的极限，否则工件将会发生断裂，造成设备严重失效，所以，σ_b是一个描述钢材质量的重要指标。

2. 塑性

钢材在荷载（外力）作用下，断裂前所经受的永久变形的能力，称为塑性。此时钢材受力所产生的，在外力去除后，弹性形变部分因恢复而消失，剩余的因不能恢复而保留下来的那部分永久形变，就叫作塑性形变。

钢材受外力后表现的规律是：首先发生弹性变形，然后是塑性变形，最后是裂纹形成并逐渐扩展，直至断裂，三个物理过程是连续进行的，当前一个过程发展到极限程度，后一个过程便随之发生。

钢材的塑性也是通过拉伸试验来测定的，判断塑性主要是用以下两个指标来表示：

（1）**断后伸长率δ或延伸率**。试样受外力被拉断后，断后标距的残余伸长量(L_v-L_0)与原始试验标距(L_0)比值的百分率称为断后伸长率。其计算公式如下：

$$\delta = (L_v - L_0)/L_0 \times 100\% \tag{7-5}$$

式中　L_v——试样拉断时的长度；

　　　L_0——试样原长。

必须说明，试样长短不同，测得的伸长率是不同的，通常短试样测出的伸长率大于长试样的结果。

（2）**断面收缩率ψ**。试样受外力被拉断后，试样断裂处横截面面积的最大减少量(S_0-S_v)与原始横截面面积S_0之比的百分率称为断面收缩率。其计算公式如下：

$$\psi = (S_0 - S_v)/S_0 \times 100\% \tag{7-6}$$

式中　S_0——试样原始横截面面积；

　　　S_v——试样拉断后断面处最小横截面面积。

钢材的延伸率δ和断面收缩率ψ越大，其塑性越好，所以，δ和ψ都是评定钢材质量的重要指标。

钢材塑性的好坏，对工件的加工十分重要。塑性好的钢材容易进行冲压、轧制、焊接和锻造，通过塑性变形可以加工制造各种复杂形状的零件，而且工艺过程简单，质量容易保证。另外，塑性好的零件在使用时，万一超载也能由于塑性变形而避免突然断裂。

3. 硬度

硬度是材料抵抗硬质物体压入或刻画的能力。硬度是各种零件和工具必须具备的性能指标，也是模具钢最重要的性能，模具钢的热处理中，质量和使用性能的优劣通常以硬度作为判断的依据。所以，硬度是钢铁材料最重要的力学性能指标。

根据试验方法的不同，硬度可以分为**布氏硬度**、**洛氏硬度**、**维氏硬度**和**肖氏硬度**等。

4. 冲击韧性

冲击韧性是指钢材抵抗冲击载荷作用而不被破坏的能力。衡量金属材料冲击韧性的指标称为冲击韧度值，用a_K表示。其一般有U形缺口和V形缺口两种。

冲击韧度越大，表示材料的冲击韧性越好，因为机械零件或工件在工作中，往往要受到冲击荷载的作用，制造这些工件，必须考虑材料的冲击韧性。

5. 耐疲劳性

钢材在交变荷载的反复作用下，往往在最大应力远小于其抗拉强度时就发生破坏，这种现象称为钢材的疲劳性。发生疲劳破坏的危险应力用疲劳强度（或称疲劳极限）来表示，它是指疲劳试验时试件在交变应力作用下，在规定的周期基数内不发生断裂所能承受的最大应力。一般把钢材承受交变荷载 $10^6 \sim 10^7$ 次时不发生破坏的最大应力作为该材料的疲劳强度。在设计承受反复荷载且需进行疲劳验算的结构时，应了解所用钢材的疲劳极限。

■ 四、钢材的锈蚀及防止

（一）钢材的锈蚀

钢材的锈蚀是指其表面与周围介质发生化学反应而遭到的破坏过程。影响钢材锈蚀的主要因素是水、氧及介质中所含的酸、碱、盐等。同时钢材本身的组织成分对锈蚀影响也很大。埋于混凝土中的钢筋，由于普通混凝土的 pH 值为 12 左右，处于碱性环境，使之表面形成一层碱性保护膜，它有较强的阻止锈蚀继续发展的能力，故混凝土中的钢筋一般不易锈蚀。

（二）防止钢材锈蚀的措施

1. 保护层法

保护层法是采用在钢材表面施加保护层，使钢材与周围介质隔离。保护层可分为金属保护层和非金属保护层两类。金属保护层是用耐蚀性较好的金属，以电镀或喷镀的方法覆盖在钢材表面，如镀锌、镀锡、镀铬等；非金属保护层常用的是在钢材表面刷漆，常用底漆有红丹、环氧富锌漆、铁红环氧底漆等，面漆有调和漆、醇酸磁漆、酚醛磁漆等。该方法简单易行，但不耐久。另外，还可以采用塑料保护层、沥青保护层、搪瓷保护层等。

2. 制成合金

钢材的成分是引起锈蚀的内因。通过调整钢材的成分或加入某些合金元素，可有效地提高钢材的抗腐蚀能力。例如，在钢中加入一定量的合金元素铬、镍、钛等，制成不锈钢，可以提高耐锈蚀能力。

任务二　钢　　筋

■ 任务导入

在钢筋混凝土等建筑结构中，各类型钢筋被广泛应用。在梁、板、柱以及基础、墙体等各类型受力构件中，都离不开钢筋，可以说，钢筋是现代建筑所不可或缺的一部分。钢筋的种类、受力特性、处理工艺等知识，是本节学习的重点。下面我们一起来学习钢筋的相关知识。

■ 一、钢筋的种类

（一）按轧制外形分类

（1）光圆钢筋均轧制为光面圆形截面，为方便运输，一般卷成盘圆状，直径不大于

12 mm，长度为 6～12 m。如图 7-1、图 7-2 所示。

（2）带肋钢筋有螺旋形、人字形和月牙形三种。一般为 HPB335 级、HRB400 级钢筋轧制成人字形，HRB500 级钢筋轧制成螺旋形及月牙形，如图 7-3 所示。

（3）钢线（分低碳钢丝和碳素钢丝两种）及钢绞线。

（4）冷轧扭钢筋经冷轧并冷扭成型。其具体做法是将出厂的成品圆钢先冷轧轧扁，然后用机器将其扭成螺旋状，因为在轧扁的时候钢筋会变宽，所以，再次扭成螺旋状时直径会变大，同时，冷轧会提高钢筋机械性能，如图 7-4 所示。

图 7-1　盘圆光圆钢筋

图 7-2　光圆钢筋

图 7-3　带肋钢筋

图 7-4　冷轧扭钢筋

（二）按直径大小分类

（1）钢丝。钢丝的直径为 3～5 mm。

（2）钢筋。钢筋的直径为 6～50 mm。按直径不同可分为 16 个等级，常用等级有 6 mm、6.5 mm、8 mm、10 mm、12 mm、14 mm、16 mm、18 mm、20 mm、22 mm、25 mm 等。

（三）按力学性能分类

钢筋的力学性能分类由钢筋牌号表示。钢筋牌号由描述钢筋特性的英文首字母缩写和其屈服强度（MPa）组成。英文释义如下：

H——热轧；P——光圆；B——钢筋；F——细晶粒；R——剩余。

例如，"HPB300"表示屈服强度为 300 MPa 的热轧光圆钢筋。

具体分类如下，具体见表 7-1：

（1）HPB300 级——旧称Ⅰ级钢筋，另该等级原有 HPB235 级钢筋（现已淘汰）。

（2）HRB335 级——旧称Ⅱ级钢筋，同等级的还有 HRBF335（现已不再用）。

（3）HRB400 级——旧称Ⅲ级钢筋，同等级的还有 HRBF400、RRB400。

（4）HRB500 级——旧称Ⅳ级钢筋，同等级的还有 HRBF500。

表 7-1　钢筋分级表

牌号	符号	公称直径 d/mm	屈服强度标准值 f_{yk}/(N·mm^{-2})	极限强度标准值 f_{stk}/(N·mm^{-2})
HPB300	φ	6～14	300	420
HRB335	Φ	6～14	335	455
HRB400 HRBF400 RRB400	Φ Φ^F Φ^R	6～50	400	540
HRB500 HRBF500	Φ Φ^F	6～50	500	630

（四）按生产工艺分类

按生产工艺可分为热轧钢筋、冷轧钢筋、冷拉钢筋、热处理钢筋等。

（五）按在结构中的作用分类

（1）受力筋——承受拉、压应力的钢筋。

（2）箍筋——承受一部分斜拉应力，并用以固定受力筋的位置的钢筋，多用于梁和柱内。

（3）架立筋——用以架立梁内箍筋，与受力筋构成梁内的钢筋骨架。

（4）分布筋——用于屋面板、楼板内，与板的受力筋垂直布置，将承受的质量均匀地传递给受力筋，并固定受力筋的位置，以及抵抗热胀冷缩所引起的温度变形。

（5）其他——因构件构造要求或施工安装需要而配置的构造筋。如腰筋、预埋锚固筋、吊环等。

具体构造如图 7-5 所示。

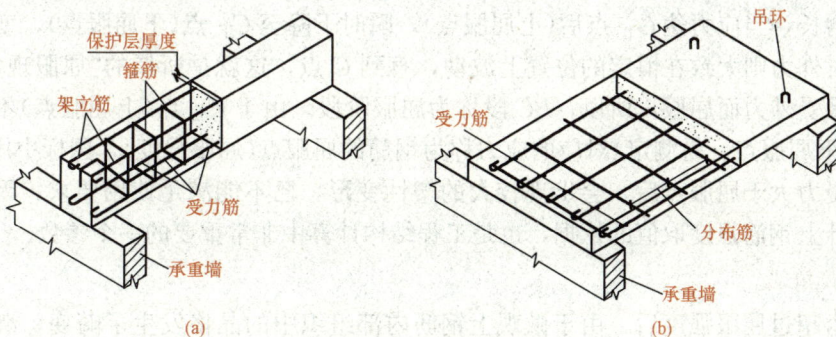

图 7-5　梁板结构配筋图
(a)钢筋混凝土梁；(b)钢筋混凝土板

■ 二、钢筋的受力特性

在建筑结构中，钢筋主要承受拉应力和弯矩作用。所以，钢筋的受力特性主要由拉伸性能和冷弯性能构成。下面我们就分别来学习钢筋的拉伸性能和冷弯性能。

(一)拉伸性能

拉伸是建筑结构内钢筋的主要受力变形之一，所以，拉伸性能是表示钢筋性能优劣和决定钢筋选用的重要指标。

将钢筋制成一定规格的试件，放在万能试验机上进行拉伸试验，根据试验所得数据，可以绘出应力-应变关系曲线，如图 7-6 所示。从图中可以看出，从钢筋受拉至最后拉断，共经历了四个阶段，即弹性阶段(O—B)；屈服阶段(B—C)；强化阶段(C—D)；颈缩阶段(D—E)。

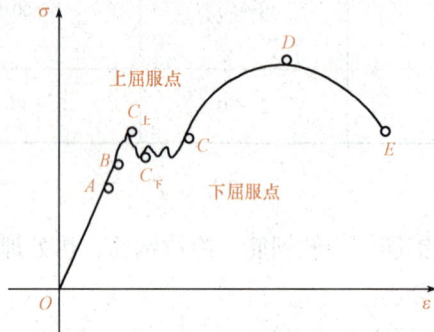

图 7-6　钢筋拉伸试验应力-应变曲线图

1. 弹性阶段

曲线中 OB 段是一条直线，应力与应变成正比关系。应力与应变的比值为常数，即弹性模量 E。弹性模量反映钢筋抵抗弹性变形的能力，是钢筋在受力条件下计算结构变形的重要指标。与 B 点对应的应力称为弹性极限，用 σ_B 表示。

2. 屈服阶段

应力超过 B 点后，应力、应变不再成正比关系，开始出现塑性变形。应力的增长滞后于应变的增长，当应力达 $C_{上}$ 点后(上屈服点)，瞬时下降至 $C_{下}$ 点(下屈服点)，变形迅速增加，而此时外力则大致在恒定的位置上波动，直到 C 点，这就是所谓的"屈服现象"，似乎钢材不能承受外力而屈服，所以，BC 段称为屈服阶段。由于 $C_{上}$ 点(上屈服点)不稳定，故以 $C_{下}$ 点(下屈服点、易测定)对应的应力称为钢筋的屈服点(屈服强度)，国标中用 σ_s 表示。

钢筋受力大于屈服点后，会出现较大的塑性变形，已不能满足使用要求，因此，屈服强度是设计上钢筋强度取值的依据，也是工程结构计算中非常重要的一个参数。

3. 强化阶段

当应力超过屈服强度后，由于微观上钢筋内部组织中的晶格发生了畸变，滑移面上的晶格歪扭变形，反而阻止了晶格进一步滑移，导致宏观上钢筋性能得到强化，所以，表现为钢筋抵抗塑性变形的能力又重新提高，CD 曲线重新呈上升趋势，此阶段称为强化阶段。对应于最高点 D 的应力值(σ_b)称为极限抗拉强度，简称抗拉强度。

显然，σ_b 是钢材受拉时所能承受的最大应力值。屈服强度和抗拉强度之比，称为屈强比。屈强比(屈强比＝σ_s/σ_b)虽不能作为钢筋直接受力计算的依据，但能反映钢筋的利用率和结构安全可靠程度。屈强比越小，其结构的安全可靠程度越高，但屈强比过小，又说明钢筋强度的利用率偏低，造成钢筋浪费。在建筑结构中，钢筋合理的屈强比一般为 0.60~0.75。

4. 颈缩阶段

钢筋试件受力达到最高点 D 点后，其抵抗变形的能力明显降低，变形迅速发展，应力逐渐下降，试件被拉长，在有杂质或缺陷处，断面急剧缩小，直到断裂，故 DE 段称为颈缩阶段。

(二)冷弯性能

冷弯性能是指钢筋在常温下承受弯曲变形的能力。

钢筋的冷弯试验是通过直径为 α 的钢筋试件，采用标准规定的弯心直径 $d(d=n\alpha)$，弯曲到规定的弯曲角(90°或180°)时，试件的弯曲处不发生裂缝、裂断或起层，即认为该钢筋冷弯性能合格。钢筋弯曲时的弯曲角度越大，弯心直径越小，则表示其冷弯性能越好。如图 7-7 所示为钢筋冷弯试验原理图。

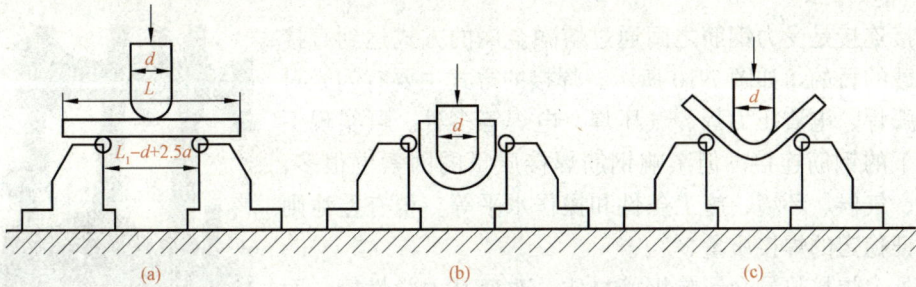

图 7-7　钢筋冷弯试验原理图
(a)冷弯试件和支座；(b)弯曲180°；(c)弯曲90°

通过冷弯试验更有助于暴露钢筋的某些内在缺陷。相对于伸长率而言，冷弯是对钢筋塑性更严格的检验，它能揭示钢筋内部组织是否均匀，是否存在内应力或夹杂物等缺陷。冷弯试验对焊接质量也是一种严格的检验，它能揭示焊件在受弯表面是否存在未熔合、微裂纹及夹杂物等缺陷。

■ 三、钢筋的处理工艺 ·······························

(一)钢筋的连接工艺

1. 机械连接

机械连接是通过**连贯于两根钢筋之间的套筒**来实现钢筋的传力，如图 7-8 所示。钢筋与套筒之间的传力可通过挤压变形的咬合、螺纹之间的契合、灌注高强度胶凝材料的胶合等形式实现。机械连接的主要方式有径向和轴向挤压连接、锥螺纹连接、镦粗直螺纹连接、滚轧直螺纹连接等。

2. 绑扎连接

绑扎搭接连接，如图 7-9 所示。其施工非常简便，不需特殊的技术，仅靠现场检测即可确保质量，而且目前价格也较低。当钢筋较粗时，绑扎搭接施工困难且容易产生较宽的裂缝，因此，对其直径有明确限制。

图 7-8　钢筋机械套筒连接

图 7-9　钢筋绑扎连接

3. 焊接连接

焊接连接是受力钢筋之间通过熔融金属的方式达到直接传递荷载的目的，如图 7-10 所示。焊接的方式主要有闪光对焊、电弧焊、电渣压力焊、气压焊、电焊等多种。可实现不同情况下的钢筋连接。但影响钢筋焊接质量的因素也很多，如电压、气候、环境、施工条件和操作水平等。稍有差池则难以保证稳定的焊接质量。

另外，焊接热量会影响钢筋材质，改变其力学性能，而且目前尚无简便有效的检测手段。如虚焊、气泡、夹渣、内裂缝等缺陷以及内应力还很难通过现场检测手段加以消除。因此，为了避免手工操作的不稳定性，焊接连接应尽可能采用机械操作代替手工操作。

图 7-10　焊接连接

需要注意的是，无论是何种形式，与整体钢筋的直接传力相比，始终是一个薄弱点。因此，无论采用何种形式的钢筋接头，都应尽量设置在受力较小处，同一根钢筋应尽可能少设接头，接头位置应相互错开，钢筋连接接头区域应采取必要的构造措施。

(二)钢筋的冷加工及时效处理

1. 冷加工强化处理

冷加工是指将钢筋在常温下进行加工（如冷拉、冷拔、冷轧、冷扭、刻痕等），使之产生塑性变形。经过冷加工后的钢筋，其屈服强度会提高，但钢筋的塑性、韧性及弹性模量则会降低，此现象称为冷加工强化。而整个加工过程称为冷加工强化处理。建筑工地或预制构件厂常用的方法是冷拉和冷拔。

2. 时效

时效是指钢筋经冷加工后，在常温下存放 $15 \sim 20$ d（自然时效）或加热至 $100\,℃ \sim 200\,℃$（人工时效），保持约 2 h，其屈服强度、抗拉强度及硬度进一步提高，但塑性及韧性则继续降低的现象。

钢筋经冷加工及时效处理后，其性质变化的规律，可明显地在应力-应变图上得到反映，如图 7-11 所示。图中 $OABCD$ 为未经冷拉和时效处理的钢筋试件的 σ-ϵ 曲线。

当钢筋试件冷拉至超过屈服强度的任意一点 K，卸去荷载，此时由于钢筋试件已产生塑性变形，则曲线沿 KO' 下降，KO' 大致与 AO 平行。如立即再拉伸，则 σ-ε 曲线将成为 $O'KCD$（虚线），屈服强度由 B 点提高到 K 点。

但如在 K 点卸荷后进行时效处理，然后再拉伸，则 σ-ε 曲线将成为 $O'K_1C_1D_1$，这表明冷拉时效以后，屈服强度和抗拉强度均得到提高，但塑性和韧性则相应降低。

注意：由于时效过程中应力的消减，故弹性模量 E 可基本恢复。

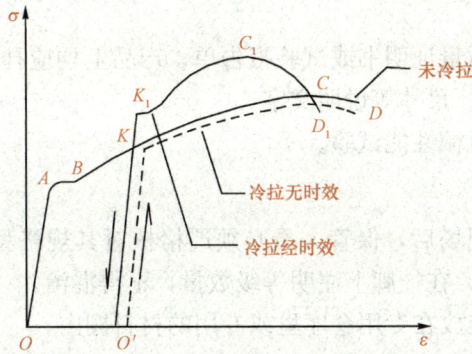

图 7-11　冷加工、时效与应力-应变曲线的关系

3. 钢筋的热处理

钢筋经过热处理之后，相较普通钢筋，性质发生变化，主要表现在强度和锚固性得到提高，而塑性和焊接性会有所降低。因其特性，**热处理钢筋一般用于预应力混凝土结构**。钢筋的热处理通常有以下几种基本方法：

（1）**淬火**。将钢筋加热至 723 ℃ 以上某一温度，并保持一定时间后，迅速置于水中或机油中冷却，这个过程称为钢筋的淬火处理。钢筋经淬火后，其强度和硬度提高，脆性增大，塑性和韧性明显降低。

（2）**回火**。将淬火后的钢筋重新加热到 723 ℃ 以下某一温度范围，保温一定时间后再缓慢或较快地冷却至室温，这一过程称为回火处理。回火可消除钢筋淬火时产生的内应力，使其硬度降低，恢复塑性和韧性。按回火温度不同，又可分为高温回火（500 ℃～650 ℃）、中温回火（300 ℃～500 ℃）和低温回火（150 ℃～300 ℃）。回火温度越高，钢筋硬度下降得越多，塑性和韧性恢复越好。若钢筋淬火后随即进行高温回火处理，则称为调质处理。其目的是使钢材的强度、塑性、韧性等性能均得以改善。

（3）**退火**。退火是指将钢筋加热至 723 ℃ 以上某一温度，保持相当时间后，就在退火炉中缓慢冷却。退火能消除钢材中的内应力、细化晶粒、均匀组织，使钢筋硬度降低，塑性和韧性提高，从而达到改善性能的目的。

（4）**正火**。正火是指将钢筋加热到 723 ℃ 以上某一温度，并保持相当长时间，然后在空气中缓慢冷却，则可得到均匀、细小的显微组织。钢筋正火后强度和硬度提高，塑性比经过退火的更小。

（5）**化学热处理**。化学热处理是指对钢筋表面进行的热处理，它是利用某些化学元素向钢筋表层内进行扩散，以改变钢筋表面上的化学成分和性能。其常用的方法有**渗碳法**、**氮化法**等。

四、钢筋的检验和保管

(一)钢筋检验的目的

钢筋在进入施工现场或加工厂的时候，要对其进行质量检查，以确保其质量符合有关技术标准所规定的要求。

(二)检验的基本步骤

(1)钢筋必须有出厂质量证明书或试验报告单，产品上均应挂上标牌，标牌上应有生产厂家的厂标、钢号、批号、尺寸等说明文字。

(2)对钢筋分批进行机械性能试验。

(三)钢筋的保管要求

(1)在钢筋进入施工现场后，保管人员必须严格核对其规格型号，并且按批次、牌号、直径、长度挂牌分类存放，在挂牌上注明等级数量，不得混淆。

(2)应当尽量将钢筋堆放在专用仓库里或专用的材料棚内。

(3)在条件不具备的单位，可选择地势较高、土质坚实而且干燥的平坦露天场地存放。

(4)钢筋堆放场地的周围，应当挖出排水沟，以便雨天排水。

(5)堆放钢筋时下面都要加垫木，并距离地面高不少于 200 mm，以防钢筋锈蚀和污染。

(6)同一项工程与同一构件的钢筋应当存放在一起，按号挂牌排列，牌上注明构件名称、部位、钢筋形式、直径、根数、尺寸、钢号，不能将不同工程的钢筋混放在一起。

任务三　预应力混凝土用钢丝和钢绞线

任务导入

预应力钢丝是预应力混凝土结构配筋用钢丝的简称。预应力钢绞线是预应力混凝土结构配筋用钢绞线的简称。预应力钢绞线是把多根冷拉预应力钢丝成螺旋状绞合在一起并经消除应力处理而得到的。由于其强度高、松弛性好的特点，被广泛应用于各类预应力混凝土结构中。下面我们就来学习这两者的特点、工艺等知识。

一、预应力钢丝

(一)预应力钢丝的分类

(1)按表面形状可分为光圆的(光面)和规律变形的(刻痕的、阴螺纹的、阳螺纹的、带肋的)。

(2)按加工方法可分为冷拉的、矫直回火的、稳定化处理的、冷轧成形的、调质处理的(油、水淬火)。

(3)按抗拉强度可分为以下几类：

①低强度的低碳冷拔丝，其抗拉强度为 800 MPa 以下。

②中强预应力钢丝，其抗拉强度为 800～1 470 MPa。

③高强预应力钢丝，其抗拉强度为 1 470～1 860 MPa。

④超高强预应力钢丝，其抗拉强度为 1 860 MPa 以上。

(4)按横截面形状可分为圆形的、椭圆形的、半圆形的、扭耳的、花键轴式等。

(5)按松弛级别可分为普通松弛级（Ⅰ级松弛）、低松弛级（Ⅱ级松弛）。

(6)按表面有无镀(涂)层可分为光面无镀层、镀锌、镀锌铝稀土镀层、环氧涂层、其他镀(涂)层。

(7)按化学成分可分为碳素钢丝和低(微)合金钢丝。

(二)预应力钢丝的尺寸与规格

1. 盘重

每盘钢丝由一根组成，其盘重不小于 1 000 kg。不小于 10 盘时允许有 10％的盘数不足 1 000 kg，但不小于 300 kg。

2. 盘内径

(1)冷拉钢丝的盘内径应不小于钢丝公称直径的 100 倍。

(2)消除应力钢丝的公称直径 $d \leqslant 5.0$ mm 的盘内径不小于 1 500 mm，公称直径 $d > 5.0$ mm 的盘内径不小于 1 700 mm。

(三)预应力钢丝的力学性能

(1)压力管道用无涂(镀)层冷拉钢丝的力学性能应符合规定：0.2％屈服力 $F_{p0.2}$ 应不小于最大力的特征值 F_m 的 75％。

(2)消除应力的刻痕钢丝的力学性能，除弯曲次数外其他应符合规定：对所有规格消除应力的刻痕钢丝，其弯曲次数均应不小于 3 次。

(3)消除应力的光圆及螺旋肋钢丝的力学性能应符合规定：0.2％屈服力 $F_{p0.2}$ 应不小于最大力的特征值 F_m 的 88％。

(4)对公称直径 d_n 大于 10 mm 的钢丝进行弯曲试验。在芯轴直径 $D = 10d_n$ 的条件下，试样弯曲 180°后弯曲处应无裂纹。

(5)钢丝弹性模量为 205 GPa±10 GPa，但不作为交货条件。当需方要求时，应满足该范围值。

(6)根据供货协议，可以提供国标以外其他强度级别的钢丝，其力学性能按协议执行。

(7)允许使用推算法确定 1 000 h 松弛值。应进行初始力为实际最大力 70％的 1 000 h 松弛试验。如需方要求，也可以做初始力为实际最大力 80％的 1 000 h 松弛试验。

(四)预应力钢丝的检验要求

(1)以同一抗拉强度、同一直径、同一钢号和交货状态的为一检验批次，每批质量不大于 3 t。

(2)逐盘检查钢丝的外观和尺寸。

(3)外观检验合格后，在每批钢丝中任取 10％的盘数（且不少于 6 盘），每盘钢丝各取一套试件进行抗拉强度、伸长率和弯曲次数试验。

(4)如有一根试件不符合检验项目的任一项质量规定，应从该批未检验的钢丝盘中，再取双倍数量的试件，重新检验。若检验中仍有至少一根试件不合格时，则该批钢丝不予验收。

二、预应力钢绞线

(一)预应力钢绞线的分类

如图 7-12、图 7-13 所示，**钢绞线是把多根冷拉预应力钢丝按照螺旋状绞合在一起，并经消除应力处理而得到的绞线**。通过图中可以看出，钢绞线是由若干根钢丝捻制组成的。其具体分类如下。

图 7-12　预应力钢绞线实物

图 7-13　钢绞线切面示意图

1. 按结构分类

(1)由 2 根钢丝捻制而成的钢绞线，用 1×2 表示。

(2)由 3 根钢丝捻制而成的钢绞线，用 1×3 表示。

(3)由 7 根钢丝捻制而成的钢绞线，用 1×7 表示。

(4)由 19 根钢丝捻制而成的钢绞线，用 1×19 表示，这种钢绞线又有两种子类，分别是西鲁式钢绞线(1+9+9)和瓦林吞式钢绞线(1+6+12)。

各式钢绞线结构图如图 7-14 所示。

2. 按松弛级别分类

(1)普通松弛级预应力钢绞线(Ⅰ级松弛)。

(2)低松弛级预应力钢绞线(Ⅱ级松弛)。

(二)预应力钢绞线的尺寸与规格

(1)各类型结构钢绞线尺寸规格、允许偏差、横截面面积、理论质量见相关国家标准。

(2)可以根据需方要求生产其他规格的钢绞线。

(3)计算钢绞线理论质量时钢的密度定为 7.85 g/cm^3。

(4)每盘卷钢绞线质量不小于 1 000 kg，不小于 10 盘时允许有 10% 的盘卷数小于 1 000 kg，但不得小于 300 kg。

(5)直径不大于 18.9 mm 的钢绞线，盘内径不小于 780 mm，直径大于 18.9 mm 的钢绞线，盘内径不小于 1 100 mm。卷宽为 750 mm±50 mm，或 600 mm±50 mm。

(6)预应力钢绞线表面不得带有润滑剂、油渍等降低钢绞线与混凝土粘结力的物质。钢绞线表面允许有轻微的浮锈，但不得锈蚀成肉眼可见的麻坑。

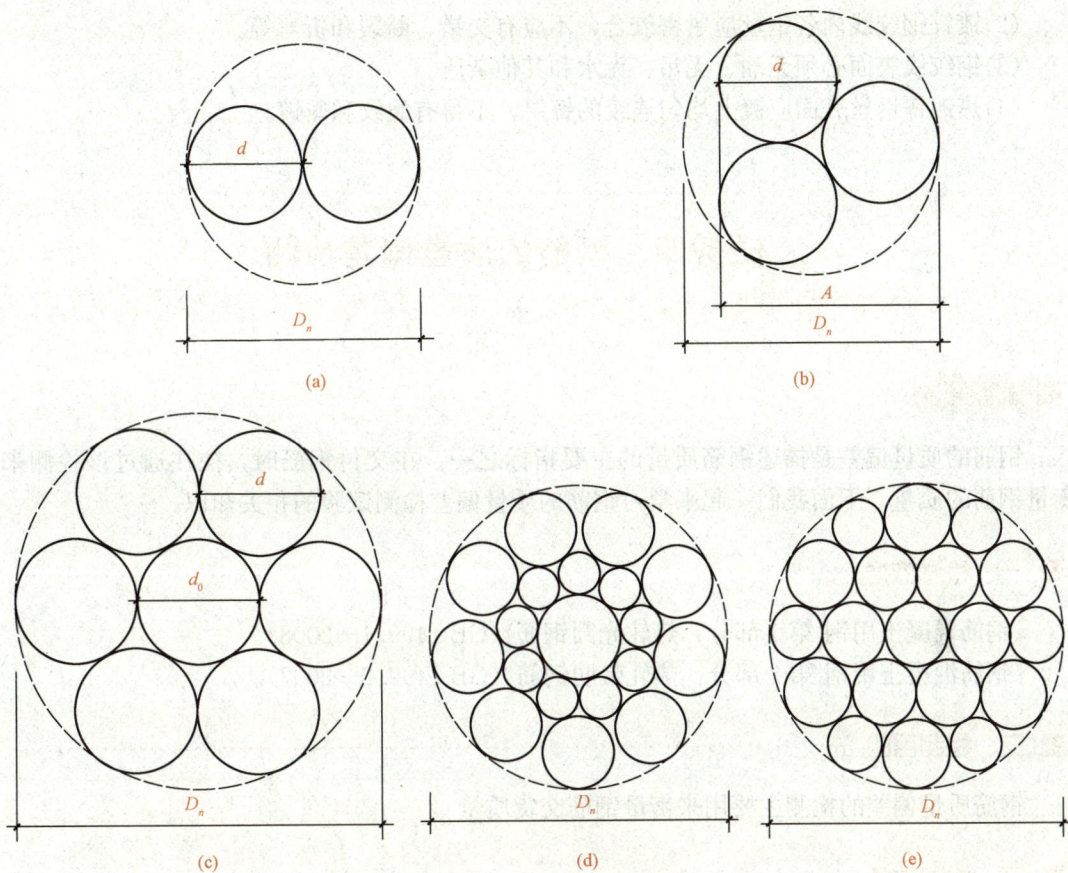

图 7-14　各式钢绞线结构图

(a)1×2 钢绞线；(b)1×3 钢绞线；(c)1×7 钢绞线；
(d)西鲁式钢绞线；(e)瓦林吞式钢绞线

(7)铝包钢绞线表面应光滑，不允许有露钢现象。绞合应均匀紧密，不应有缺丝、断丝、松股、破皮等现象，切断后应不松散。

(8)一般情况各种钢绞线应成盘交货。根据双方协议可加防潮纸、麻布、塑编布等补充包装。

(三)预应力钢绞线的力学性能

(1)各类型钢绞线力学性能见相关规范。

(2)钢绞线弹性模量为 195 GPa±10 GPa，可不作为交货条件，但当需方作出要求时，应满足此范围。

(3)0.2%屈服力 $F_{0.2}$ 值应为整根钢绞线实际最大力 F_{max} 的 88%~95%。

(4)根据供需双方的协议，可以提供其他强度级别的钢绞线。

(5)如无特殊要求，只进行初始力为 70% F_{max} 的松弛试验，允许使用推算法进行 120 h 松弛试验确定 1 000 h 松弛率。用于矿山支护的 1×19 结构的钢绞线松弛率不作要求。

(四)预应力钢绞线的检验要求

(1)钢绞线直径和捻距应均匀，切断后不致松散。

(2)镀锌钢绞线内各钢丝应紧密绞合，不应有交错、断裂和折弯等。

(3)钢绞线表面必须无油、无污、无水和其他杂质。

(4)热镀锌钢丝表面应镀上均匀连续的锌层，不得有裂纹和露镀。

任务四　钢筋的质量偏差检测

任务导入

钢筋的质量偏差是描述钢筋质量的主要指标之一。在交付钢筋时，往往通过该检测来衡量钢筋的质量。下面我们一起来学习钢筋的质量偏差检测试验的相关知识。

一、检测依据

《钢筋混凝土用钢 第1部分：热轧光圆钢筋》(GB 1499.1—2008)。

《钢筋混凝土用钢 第2部分：热轧带肋钢筋》(GB 1499.2—2007)。

二、检测目的

钢筋质量偏差的检测主要用来衡量钢筋交货质量。

三、检测准备

(1)先清理干净钢筋表面附着的异物(混凝土、砂、泥等)。

(2)检查钢尺，检查电子天平并归零。

(3)检查钢筋规格是否与接样单及质保书对应，钢筋两端是否平整，初步测量试样长度是否符合标准要求(不小于500 mm)。

(4)主要仪器设备：

①钢直尺：量程100 cm，最小刻度1 mm。

②电子天平：最小分度不大于总质量的1%，建议精确至1 g。

(5)若钢筋试样端部不平，则需打磨成与钢筋轴线垂直的平整面，如图7-15所示。

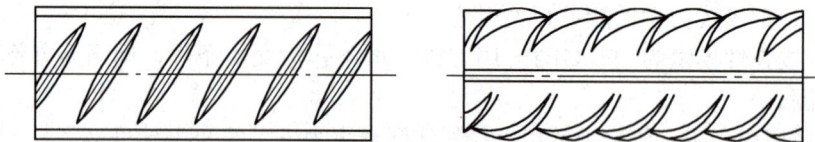

图7-15　钢筋端部

四、检测步骤

(1)从不同根钢筋上截取试样，数量不少于5支，每支试样长度不小于500 mm。长度应逐支进行测量，应精确至 1 mm，并记录数据。

（2）**用天平测量全部试样总质量时，应精确至不大于总质量的 1%**，并记录数据。

（3）检测过程出现异常情况的处理。

①因外界干扰而中断试验影响检测质量，检测工作必须重新开始。

②因检测设备故障或损坏时，应中断试验并将损坏的仪器设备进行修复，重新检定设备合格后才能开始检测。

（4）测量结束后，钢筋试样应妥善处理，避免发生危险。

■ 五、数据处理与分析

钢筋公称横截面面积与公称质量一览表见表 7-2。

表 7-2　钢筋公称横截面面积与公称质量一览表

公称直径/mm	公称横截面面积/mm²	理论质量/(kg·m⁻¹)
6	28.27	0.222
8	50.27	0.395
10	78.54	0.617
12	113.1	0.888
14	153.9	1.21
16	201.1	1.58
18	254.5	2.00
20	314.2	2.47
22	380.1	2.98
25	490.9	3.85
28	615.8	4.83
32	804.2	6.31
36	1 018	7.99
40	1 257	9.87
50	1 964	15.42

$$质量偏差 = \frac{试样实际总质量 - (试样总长度 \times 理论质量)}{试样总长度 \times 理论质量} \times 100 \qquad (7\text{-}7)$$

检验结果的数值应符合国家相关规定，即精确至 1%。

钢筋实际质量与理论质量的允许偏差应符合表 7-3 的规定。

表 7-3　钢筋质量偏差规定值

公称直径/ mm	实际质量与公称质量的允许偏差/%
6～12	±7
14～20	±5
22～50	±4

钢筋质量偏差检测试验记录表见表7-4。

表 7-4　钢筋质量偏差检测试验记录表

学号：		姓名：			试验日期					
钢筋种类牌号	规格	使用部位	试样序号	试样长度	实测总长度/mm	实测总质量/g	单位理论质量/(kg·m⁻¹)	质量偏差率/%	质量偏差指标值/%
			1						
			2						
			3						
			4						
			5						
钢筋种类牌号	规格	使用部位	试样序号	试样长度	实测总长度/mm	实测总质量/g	单位理论质量/(kg·m⁻¹)	质量偏差率/%	质量偏差指标值/%
			1						
			2						
			3						
			4						
			5						

任务五　钢筋拉伸性能的检测

■ 任务导入

作为受力构件，拉力是钢筋在建筑结构中所承受的主要应力之一。故而钢筋的拉伸性能的好坏是描述钢筋整体质量的关键指标之一，也是钢筋分级的主要评判标准。准确地测定钢筋的拉伸性能对建筑施工非常重要。下面我们一起来学习钢筋拉伸性能的相关知识。

■ 一、检测依据

《钢筋混凝土用钢 第2部分：热轧带肋钢筋》(GB 1499.2—2007)。
《金属材料 拉伸试验 第1部分：室温试验方法》(GB/T 228.1—2010)。

■ 二、检测目的

测定钢筋的屈服点、抗拉强度和伸长率，评定钢筋的强度等级。

三、检测准备

1. 主要仪器设备

(1)万能材料试验机(图 7-16):示值误差不大于 1%。

量程的选择:当试验过程中达到最大荷载时,指针最好在第三象限(180°~270°)内,或者数显破坏荷载为量程的 50%~75%。在规定负荷下停止施荷时,试验机操作应能精确到测力度盘上的一个最小分格,负荷示值至少能保持 30 s;试验机应具有调速指示装置,能在标准规定的速度范围内灵活调节,且加卸荷平稳;试验机还应备有记录装置,能满足标准用绘图法测定强度特性的要求。

(2)钢筋打点机或划线机、游标卡尺(精确至 0.1 mm)等。

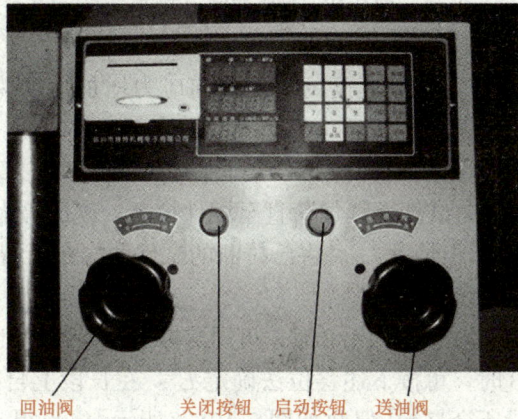

回油阀   关闭按钮   启动按钮   送油阀

图 7-16 万能材料试验机操作界面

2. 试样制备

拉伸试验用钢筋试件不得进行车削加工,可以用两个或一系列等分小冲点或细画线标出试件原始标距,测量标距长度 L_0,精确至 0.1 mm,如图 7-17 所示。根据钢筋的公称直径按表 7-2 选取公称横截面面积(mm^2)。

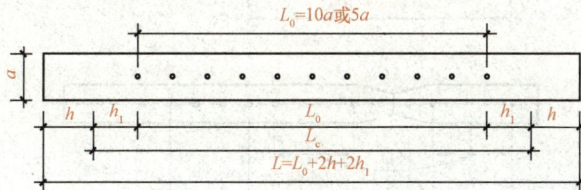

$L_0=10a$或$5a$

$L=L_0+2h+2h_1$

图 7-17 钢筋拉伸试验试件

a—试样原始直径;L_0—标距长度;h_1—取(0.5~1)*a*;*h*—夹具长度

接通电源,按下油泵启动按钮(绿色为启动按钮、红色为关闭按钮),使用前应预热 5 min。

四、检测步骤

(1)将试件上端固定在试验机上夹具内,调整试验机零点,装好描绘器、纸、笔等,再用下夹具固定试件下端，如图 7-18 所示。

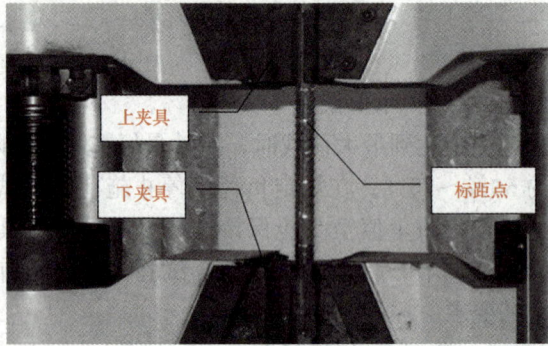

图 7-18　钢筋的固定方法

（2）开动试验机进行拉伸，拉伸速度为：屈服前应力增加速度为 10 MPa/s；屈服后试验机活动夹头在荷载下移动速度不大于 $0.5 L_c/\text{min}$，直至试件拉断。

（3）在拉伸过程中，测力度盘指针停止转动时的恒定荷载，或第一次回转时的最小荷载，即为屈服荷载 $F_s(\text{N})$。向试件继续加荷直至试件拉断，读出最大荷载 $F_b(\text{N})$。

（4）测量试件拉断后的标距长度 L_1。将已拉断的试件两端在断裂处对齐，尽量使其轴线位于同一条直线上。

如拉断处距离邻近标距端点大于 $L_0/3$ 时，可用游标卡尺直接量出 L_1。如拉断处距离邻近标距端点小于或等于 $L_0/3$ 时，可按下述移位法确定 L_1：在长段上自断点起，取等于短段格数得 B 点，再取等于长段所余格数［偶数如图 7-19(a) 所示］之半得 C 点；或者取所余格数［奇数如图 7-19(b) 所示］减 1 与加 1 之半得 C 与 C_1 点。则移位后的 L_1 分别为 $AB+2BC$ 或 $AB+BC+BC_1$。

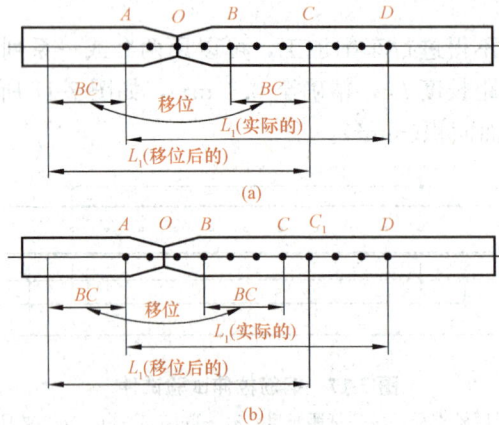

图 7-19　用移位法计算标距

(a)$L_1=AB+2BC$；(b)$L_1=AB+BC+BC_1$

如果直接测量所求得的伸长率能达到技术条件要求的规定值，则可不采用移位法。

(1)钢筋的屈服点 σ_s 和抗拉强度 σ_b 按下式计算:

$$\sigma_s = \frac{F_s}{A} \qquad \sigma_b = \frac{F_b}{A} \tag{7-8}$$

式中　σ_s,σ_b——分别为钢筋的屈服点和抗拉强度(MPa);

　　　F_s,F_b——分别为钢筋的屈服荷载和最大荷载(N);

　　　A——试件的公称横截面面积(mm^2),详见表 7-2。

当 σ_s、σ_b 大于 1 000 MPa 时,应计算至 10 MPa,小数点数字按"四舍六入五单双法"修约;当 σ_s、σ_b 为 200～1 000 MPa 时,应计算至 5 MPa,小数点数字按"二五进位法"修约;当 σ_s、σ_b 小于 200 MPa 时,应计算至 1 MPa,小数点数字按"四舍六入五单双法"修约。

(2)钢筋的伸长率 δ_5 或 δ_{10} 按下式计算:

$$\delta_5(\text{或} \delta_{10}) = \frac{L_1 - L_0}{L_0} \times 100\% \tag{7-9}$$

式中　δ_5,δ_{10}——分别为 $L_0 = 5a$ 或 $L_0 = 10a$ 时的伸长率(精确至 1%);

　　　L_0——原标距长度 $5a$ 或 $10a$(mm);

　　　L_1——试件拉断后直接量出或按移位法的标距长度(mm,精确至 0.1 mm)。

如试件在标距端点上或标距处断裂,则试验结果无效,应重做试验。所得结果应符合表 7-5 的规定。

表 7-5　钢筋力学性能特征值规定表

牌号	屈服强度(R_{eL}/MPa) (不小于)	抗拉强度(R_m/MPa) (不小于)	伸长率(A/%) (不小于)	最大力总延伸率(A_{gt}/%) (不小于)
HPB235	235	370	25	10
HPB300	300	420	25	10
HRB335	335	455	17	7.5
HRBF335				
HRB400	400	540	16	7.5
HRBF400				
HRB500	500	630	15	7.5
HRBF500				
RRB335	335	390	16	5.0
RRB400	400	460	16	5.0
RRB500	500	575	14	5.0
KL400	440	600	14	
CRB550	500	550	8	
CRB650	585	650		4
CRB800	720	800		4
CRB970	875	970		4

钢筋拉伸性能检测试验记录表见表 7-6。

表 7-6 钢筋拉伸性能检测试验记录表

班级：			姓名：			学号：		
试样名称								
试样编号								
试样尺寸	直径/mm							
	长度/mm							
	质量/g							
	截面面积/mm²							
	标距/mm							
拉伸荷载/kN	屈服							
	极限							
强度/MPa	屈服点							
	拉伸强度							
伸长度	断后标距/mm							
	伸长率/%							
结论：								

任务六　钢筋冷弯性能的检测

■ 任务导入

　　钢筋在建筑结构中承受巨大的弯矩作用，如梁、板、屋面等构件。所以，钢筋的抗弯能力是维护建筑结构安全的重要因素。准确地测定钢筋的冷弯性能对建筑工程的安全有着重要的意义。下面我们一起来学习钢筋冷弯性能的相关知识。

■ 一、检测依据

　　《钢筋混凝土用钢 第 2 部分：热轧带肋钢筋》(GB 1499.2—2007)。
　　《金属材料 弯曲试验方法》(GB/T 232—2010)。

■ 二、检测目的

　　通过冷弯试验，对钢筋塑性进行严格检验，也间接测定钢筋内部的缺陷及可焊性。

1. 钢筋的冷弯性能

钢筋的冷弯性能（在一定的弯芯直径下弯曲一定角度而不出现裂纹）是反映钢筋塑性的重要指标，而且冷弯时，由于钢筋内外纤维产生不均匀的塑性变形，其变形条件比单向拉伸更为苛刻。**冷弯性能不但反映了钢筋塑性变形能力**，而且还能显示**钢筋表面的缺陷，表示对裂纹扩展的抵抗能力**。

2. 主要仪器设备

（1）试样：试样的横截面为圆形、方形、长方形或多边形。样坯的切取位置和方向应按照相关产品标准的要求。试样应通过机加工去除由于剪切或火焰切割等影响了材料性能的部分。

试样表面不得有划痕和损伤。方形、长方形和多边形横截面试样的棱边应倒圆，倒圆半径不超过试样厚度的1/10。棱边倒圆时不应形成影响试验结果的横向毛刺、伤痕或刻痕。

试样的长度应根据试样厚度和所使用的试验设备确定。当采用支辊式、V形模具式、虎钳式、翻板式等弯曲装置时，可以按照下式确定：

$$L = 0.5\pi(d+a) + 140 \tag{7-10}$$

式中　L——试样的长度（mm）；

　　　d——弯曲压头或弯心直径（mm）；

　　　a——试样厚度或直径或多边形横截面内切圆直径（mm）。

（2）具有一定弯心直径的冷弯冲头。

（3）万能材料试验机：具体技术指标与拉伸试验所用机器相同。

■ 四、试验步骤 ···

（1）按图7-19（a）调整试验机各种平台上支辊距离 L_1。d 为冷弯冲头直径，$d = na$，n 为自然数，a 为钢筋直径。其值大小根据钢筋级别确定。

（2）将试件按图7-19（a）安放好后，平稳地加荷，钢筋弯曲至规定角度（90°或180°）后，停止冷弯，如图7-20、图7-21所示。

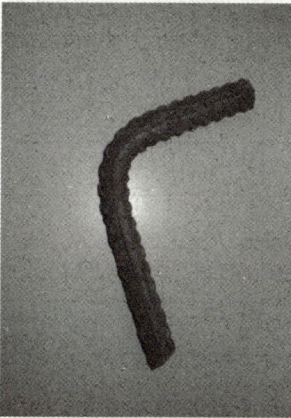

图7-20　钢筋的90°弯曲

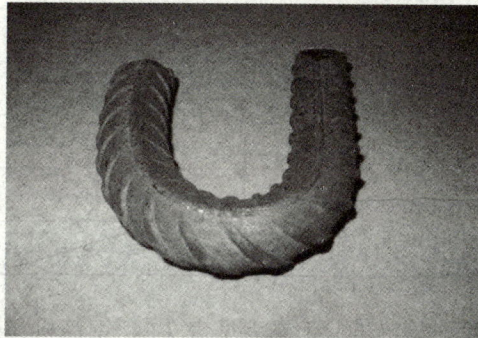

图7-21　钢筋的180°弯曲

(3)弯心直径必须符合相关产品标准中的规定，弯心宽度必须大于试样的宽度或直径，两支辊间距离为 $L_1 = (d+3a) \pm \frac{1}{2}a$ 或 $(d+30) \pm 0.50$ mm，并且在试验过程中不允许有变化。

(4)卸除试验力以后，按有关规定进行检查并进行结果评定。

(5)在试验前，检查工作台下的减速机是否有润滑油。在试验后，注意试验机的清洁工作。

■ 五、数据处理与分析

在常温下，在规定的弯心直径和弯曲角度下对钢筋进行弯曲，试验完毕后卸除试验力，检查钢筋试样承受的变形性能。通常检测两根弯曲钢筋的外表面及侧面，若无裂纹、断裂或起层，即判定该钢筋试样的冷弯性能合格，否则冷弯不合格。钢筋冷弯试验实景，如图 7-22 所示。

图 7-22　钢筋冷弯试验实景图

按表 7-7 规定的弯芯直径弯曲 180° 后，以钢筋受弯曲部位表面不得产生裂纹为标准。

表 7-7　钢筋弯曲性能标准　　　　　　　　　　　　　　　　　mm

牌号	公称直径 a	弯芯直径
HRB335 RRB335	6～25	$3a$
	28～50	$4a$
HRB400 RRB400	6～25	$4a$
	28～50	$5a$
HRB500 RRB500	6～25	$5a$
	28～50	$6a$

钢筋弯曲检测试验记录表见表 7-8，钢筋机械性能检测原始记录表见表 7-9；钢筋性能检测自评表见表 7-10。

表 7-8　钢筋弯曲检测试验记录表

班级：			姓名：			学号：			
试样名称									
试样编号									
试样尺寸		直径/mm							
		长度/mm							
		质量/g							
		截面面积/mm²							
		标距/mm							
冷弯		弯曲半径							
		弯曲角度							
		结果							
反复弯曲		弯曲半径/mm							
		弯曲次数							
断口形式									
结论：									

表 7-9　钢筋机械性能检测原始记录表　　　　　　报告编号：

样品编号				检验日期			
表面形状							
级别							
牌号							
生产厂家							
公称直径/mm							
试件面积/mm²							
试样称重	单根长度/mm						
	试样总长度/mm						
	试样总质量/kg						
	理论质量/(kg·m⁻¹)						
	质量偏差/%						

		屈服点								
	荷重/kN	极限								
拉伸试验	强度/(N·mm⁻²)	屈服点								
		极限								
	原始标距/mm									
	试验后标距/mm									
	伸长率 δ/%									
	断裂情况									
冷弯试验	弯心直径/mm									
	弯曲角/°									
	冷弯结果									
结果鉴定										
检验设备										
检验依据										
异常情况										
备注										

校　核：　　　　　　　　　　　　　　　　　　　　　　　　　检　验：

表 7-10　钢筋性能检测自评表

项目	评分依据	学生自评				
		优	良	中	差	未完成
		10~8分	8~6分	6~4分	4~3分	<3分
检测准备	1. 能正确地使用打点机标距钢筋，得3分； 2. 能正确地计算出试件截取长度，得3分； 3. 能正确地截取钢筋试件，得4分	得分	1.			
			2.			
			3.			
		合计	自评		教师评价	
钢筋拉伸试验	1. 能正确操作材料试验机，得2分； 2. 在试验过程中，能按照要求正确加载，直至拉断，得3分； 3. 能正确读出荷载读数并记录，得2分； 4. 能正确进行试验数据的计算，得3分	得分	1.			
			2.			
			3.			
			4.			
		合计	自评		教师评价	

项目	评分依据	学生自评				
		优	良	中	差	未完成
		10~8分	8~6分	6~4分	4~3分	<3分
钢筋 冷弯试验	1. 能正确操作材料试验机，得3分； 2. 在试验过程中，能按照要求正确平稳加载，直至弯曲到规定角度，得4分； 3. 能正确判断出钢筋的冷弯性能是否合格，得3分	得分	1.			
			2.			
			3.			
		合计	自评		教师评价	
钢筋 质量检测	1. 能精确地测量钢筋试样的长度、直径和实际质量，得4分； 2. 能正确地查表计算出钢筋试样的理论质量，得2分； 3. 能正确计算出钢筋试样的质量偏差，得4分	得分	1.			
			2.			
			3.			
		合计	自评		教师评价	
情感 目标评价	1. 在操作过程中会严格按照步骤操作，得3分； 2. 在小组中能积极配合各成员工作，形成团队协作，使检测顺利完成，得5分； 3. 尊重检测结果并分析误差，得2分	得分	1.			
			2.			
			3.			
		合计	自评		教师评价	
综合评定						

课后习题

一、填空题

1. 金属材料断后伸长率是指断后标距的_____与_____之比的百分率。

2. 金属材料弯曲试验采用支辊式弯曲装置时，如无特殊规定，支辊间距 L 与弯心直径 d 和钢筋直径 a 的关系式为_____。

3. 钢材在拉伸试验中的四个阶段为_____、_____、_____、_____。

项目七　参考答案

4. 在钢筋拉伸试验中，若断口恰好位于刻痕处且极限强度不合格，则试验结果_____。

5. 能反映钢筋内部组织缺陷，同时又能反映其塑性的试验是_____。

6. 结构设计中，软钢通常以_____作为设计计算的取值依据。

7. 钢材的屈强比是_____、_____的比值，反映钢材在结构中适用的安全性。

8. 钢筋拉伸试验，应根据从规范中查出的_____指标和测量计算的钢筋横截面面积，估算试验中需要的最大荷载，由此为根据选择合适的试验机测力量程。

二、判断题

1. 伸长率表明钢材的塑性变形能力，对同一钢材，标距越大，测得的伸长率越小。（   ）

2. 在钢材受力达到屈服点后，变形迅速发展，已不能满足使用要求，故设计中一般以屈服点作为强度取值的依据。（   ）

3. 测定断后伸长率，原则上只有断裂处与最接近的标距标记的距离不小于原始标距的1/3的情况方有效。但断后伸长率大于或等于规定值，不管断裂位置处于何处，测量均为有效。（   ）

4. 对钢材而言，拉伸时速率越大，测得的强度值就越高。（   ）

5. 热轧带肋钢筋 HRB400E 表示为有较高要求的抗震结构适用牌号。（   ）

6. 在热轧带肋钢筋按规定的弯芯直径弯曲180°后，钢筋受弯曲部位表面不产生裂纹，可视为弯曲性能合格。（   ）

7. 钢筋在进行拉伸试验时，应根据材料弹性模量的不同而采用不同的加荷应力速率。（   ）

8. 试验期间设备发生故障，影响了试验结果，应重做同样数量试样的试验。（   ）

9. 试样断在机械刻画的标距标记上，虽然断后伸长率不小于规定的最小值，但也应重做同样数量试样的试验。（   ）

10. HRB335 级钢筋做弯曲性能检验时，弯心直径为 $3d$。（   ）

三、单选题

1. 牌号为 HRB335，公称直径（a）为 28 mm 的钢筋做弯曲试验时其弯心直径应是（   ）。
   A. $3a$ B. $4a$ C. $5a$ D. $6a$

2. 钢材拉伸试验在出现下列情况之一时，试验结果无效（   ）。
   A. 试样断在机械刻画的标记上，断后伸长率超过规定的最小值
   B. 试验期间设备发生故障，但很快修好
   C. 试验后试样出现两个或两个以上的缩颈
   D. 试验时间很短，钢筋很快拉断

3. 钢筋经冷拉后，其屈服点、塑性和韧性（   ）。
   A. 升高、降低   B. 降低、降低
   C. 升高、升高   D. 降低、升高

4. 下列说法正确的是（   ）。
   A. 冷拉后的钢筋强度会提高，塑性、韧性会降低
   B. 冷拉后的钢筋韧性会提高，塑性会降低
   C. 冷拉后的钢筋硬度增加，韧性提高，但直径减小
   D. 冷拉后的钢筋强度提高，塑性不变，但脆性增加

5. 钢和铁的主要成分是铁和（   ）。
   A. 氧   B. 硫   C. 碳   D. 硅

6. 钢材的屈强比越小，则结构的可靠性(　　)。

    A. 越低   B. 越高   C. 不变   D. 二者无关

7. 钢筋冷弯试验时，试样弯曲到规定的弯曲角度，然后观察(　　)是否有裂纹、起皮或断裂等现象，评定钢筋的冷弯性能。

    A. 钢筋弯曲内表面   B. 钢筋弯曲外表面

    C. 钢筋弯曲处的两侧表面   D. 钢筋弯曲处的整个表面

8. 在钢结构设计中一般根据(　　)来评价钢材的利用率和安全工程评估。

    A. 屈服强度   B. 伸长率   C. 屈强比   D. 极限强度

9. 试验室对金属材料常规力学性能的检测中所测试的延伸率为(　　)。

    A. 断裂总伸长率   B. 断后伸长率

    C. 最大力伸长率   D. 标准伸长率

10. 预应力混凝土用钢绞线按结构分类，下列表示方法不对的是(　　)。

    A. 1×2 B. 1×3 C. 1×5 D. 1×19

四、多选题

1. 下列(　　)牌号的钢筋属于普通热轧钢筋。

    A. HRB335   B. HRB400   C. HRBF335   D. HRBF500

2. 下列(　　)牌号的钢筋属于细晶粒热轧钢筋。

    A. HRB335   B. HRB400   C. HRBF335   D. HRBF500

3. 当试验出现(　　)情况时，其试验结果无效，应重做同样数量试样的试验。

    A. 试样断在标距外或断在机械刻画的标距标记上，而且断后伸长率小于规定最小值

    B. 试样断在标距外或断在机械刻画的标距标记上，但断后伸长率大于规定最小值

    C. 试验期间设备发生故障，影响了试验结果

    D. 钢筋强度不满足要求

4. 下列强度等级中，(　　)属于冷轧扭钢筋的强度等级。

    A. CRB550   B. CRB650   C. CTB550   D. CTB650

五、简答题

1. 什么是金属材料的上屈服强度和下屈服强度？

2. 什么是金属材料的抗拉强度？

六、计算题

1. 现有钢筋指标如下：级别 HRB335，φ28，横截面面积为 615.8 mm²，原始标距长：140 mm，断后标距长：170.5 mm，175.5 mm，屈服点：224.0 kN，230.0 kN，极限荷载：344.0 kN，341.0 kN。

试计算：(1)屈服强度，抗拉强度，伸长率。(2)并判断结果是否合格。

2. 某施工现场用 HRB335 级钢筋，公称直径为 22 mm，拉伸试验结果如下：

第1根　屈服强度：142.0 kN，最大拉力：200.5 kN，断后标距：139.0 mm；

第2根　屈服强度：143.5 kN，最大拉力：202.5 kN，断后标距：140.0 mm；

两根冷弯均合格。

问：(1)计算两根钢筋的屈服强度、抗拉强度、伸长率。

    (2)按国标评定其机械性能是否满足要求？

项目八 墙体材料及其检测技术

项目介绍

本项目主要介绍建筑工程中房屋建筑的主体材料——砌墙砖、砌块及墙用板材的种类、规格、技术性能，包括墙用砌块的取样与外观质量检验、混凝土小型空心砌块的检测、蒸压加气混凝土砌块的检测。合理选择墙体材料对建筑物的安全、功能及造价等具有实际性意义。

学有所获

(1)了解墙体材料的种类、规格和应用；

(2)掌握砌墙砖、砌块及墙用板材的技术性能；

(3)掌握合理选择和使用墙体材料的方法；

(4)掌握砌块强度检测的各试验仪器的操作方法；

(5)熟练掌握常用墙体材料检测项目的内容和过程，能进行砌块主要物理、力学性能的检测及对各技术性质进行正确评定。

任务一 砌墙砖及砌块

任务导入

砌墙砖是房屋建筑工程的主要墙体材料，砌墙砖种类颇多，按其制造工艺可分为烧结普通砖(简称烧结砖)、蒸养(压)砖、碳化砖；按原料可分为黏土砖、硅酸盐砖；按孔洞率可分为实心砖和空心砖等。砌块是砌筑用的人造块材，是一种新型墙体材料，外形多为直角六面体，也有各种异形体砌块。

一、砌墙砖

1. 烧结普通砖

(1)基础知识。

①概念。凡以黏土、页岩、煤矸石、粉煤灰等为主要原料，经焙烧而成标准尺寸的实心砖，称为烧结普通砖。按所用主要原料，烧结普通砖可分为页岩砖(Y)、煤矸石砖(M)和

粉煤灰砖(F)几种。

②规格尺寸。**烧结普通砖是标准尺寸为 240 mm×115 mm×53 mm(公称尺寸)的直角六面体**。其既具有一定强度，又因多孔结构而具有良好的绝热性、透气性和热稳定性。**通常将 240 mm×115 mm 的平面称为大面；240 mm×53 mm 的平面称为条面；115 mm×53 mm 的平面称为顶面**，如图 8-1 所示。

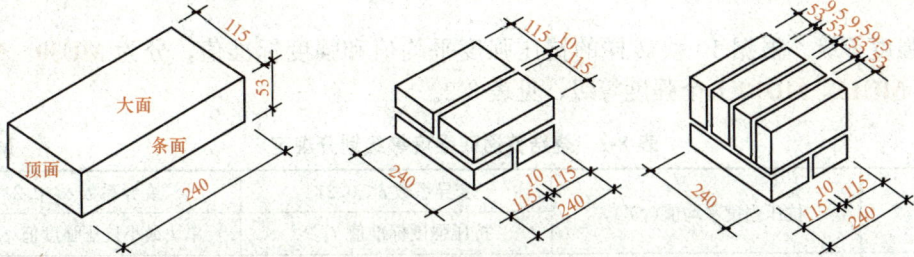

图 8-1 烧结普通砖的标准尺寸

在烧结普通砖砌体中，加上灰缝 10 mm，每 4 块砖长、8 块砖宽或 16 块砖厚均为 1 m。因此，每 1 m³ 砖砌体需砖 4×8×16＝512(块)。砖的尺寸允许有一定偏差。

(2)生产工艺简介。烧结普通砖或空心砖的工艺流程为：坯料调制—成型—干燥—焙烧—制品。焙烧是生产工艺过程中最重要的环节，应严格控制窑内的温度和温度分布的均匀性。

黏土中含有铁，烧制过程中完全氧化时生成三氧化二铁呈红色，即最常用的红砖；而如果在烧制过程中加水冷却，使黏土中的铁不完全氧化而生成低价铁(FeO)则呈青色，即青砖。青砖和红砖的硬度是差不多的，只不过是烧制完后冷却方法不同，红砖是自然冷却，简单一些；青砖是水冷却，操作起来比较麻烦。青砖在抗氧化、水化、大气侵蚀等方面性能优于红砖。

欠火：因烧成温度过低或时间过短，坯料未能达到烧结状态。欠火砖颜色较浅，呈黄皮或黑心，敲击声哑，孔隙率很大，强度低，耐久性差。

过火：因烧成温度过高使坯体坍流变形。过火砖颜色较深，外形有弯曲变形或压陷、粘底等质量问题。但过火制品敲击声脆，较密实，强度高，耐久性好。

(3)技术性能。根据《烧结普通砖》(GB 5101—2003)，烧结普通砖的技术要求包括：尺寸偏差、外观质量、强度、抗风化性能、泛霜、石灰爆裂及欠火砖、酥砖和螺纹砖(过火砖)等方面。

抗风化性能合格的砖根据尺寸偏差、外观质量、泛霜和石灰爆裂等，分为优等品(A)、一等品(B)和合格品(C)三个产品等级。

①尺寸偏差。砖根据 20 块试样的公称尺寸检验结果，分为优等品(A)、一等品(B)及合格品(C)，否则不符合，为不合格品，见表 8-1。

表 8-1 烧结普通砖的尺寸允许偏差 　　　　　　　　　　　　　　　　mm

公称尺寸	优等品		一等品		合格品	
	样本平均偏差	样本极差≤	样本平均偏差	样本极差≤	样本平均偏差	样本极差≤
240	±2.0	6	±2.5	7	±3.0	8

公称尺寸	优等品		一等品		合格品	
	样本平均偏差	样本极差≤	样本平均偏差	样本极差≤	样本平均偏差	样本极差≤
115	±1.5	5	±2.0	6	±2.5	7
53	±1.5	4	±1.6	5	±2.0	6

②强度等级。根据 10 块砖样的抗压强度平均值和强度标准值，分为 **MU30、MU25、MU20、MU15、MU10** 五个强度等级，见表 8-2。

表 8-2　烧结普通砖强度等级划分规定　　　　　　　　　　MPa

强度等级	抗压强度平均值($\bar{f}$)≥	变异系数 $\delta \leqslant 0.21$	变异系数 $\delta > 0.21$
		抗压强度标准值 f_k≥	单块最小抗压强度值 f_{min}≥
MU30	30.0	22.0	25.0
MU25	25.0	18.0	22.0
MU20	20.0	14.0	16.0
MU15	15.0	10.0	12.0
MU10	10.0	6.5	7.5

③外观质量、抗风化性能、泛霜及石灰爆裂。外观质量包括两条面高度差、弯曲程度、缺棱掉角、杂质凸出高度、裂缝、完整面和颜色等。产品中不允许有欠火砖、酥砖和螺旋纹砖。

抗风化性能与砖的使用寿命密切相关，抗风化性能好的砖使用寿命长。砖的抗风化性能除与砖本身性质有关外，还与所处的环境风化指数有关。

泛霜是指砖的原料中含有的可溶性盐类，在砖使用过程中，随水分蒸发在砖表面产生盐析，常为白色粉末，严重者会导致粉化剥落。

石灰爆裂是指砖内存在生石灰时，待砖砌筑后，生石灰吸水消解体积膨胀而使砖开裂。

（4）应用。烧结普通砖通常表观密度为 1 600～1 800 kg/m³，导热系数仅 0.78 W/(m·K)，约为普通混凝土的一半。在建筑工程中主要适用于作墙体材料。其中，**优等品可用于清水墙建筑，合格品用于混水墙建筑**，中等泛霜的砖不得用于潮湿部位。烧结普通砖的吸水率较大，砌筑前应先浇水润湿。

2. 烧结多孔砖与烧结空心砖

（1）基础知识。烧结多孔砖是以黏土、页岩、煤矸石等为主要原料，经焙烧而成。烧结多孔砖为大面有孔的直角六面体，孔多而小，孔洞垂直于受压面。烧结多孔砖孔洞率在 15％以上，表观密度为 1 400 kg/m³ 左右。虽然多孔砖具有一定的孔洞率，使砖在受压时有效受压面积减小，但因制坯时受较大的压力，使砖孔壁致密程度提高，且对原材料要求也较高，这就补偿了因有效面积减少而造成的强度损失，故烧结多孔砖的强度仍较高，常被用于砌筑六层以下的承重墙。烧结多孔砖尺寸规格如图 8-2 所示。

烧结空心砖是以黏土、页岩、煤矸石、粉煤灰等为主要原料，经焙烧而成。烧结空心砖为顶面有孔洞的直角六面体，孔大而少，孔洞为矩形条孔或其他孔形，平行于大面和条面，如图 8-3 所示。

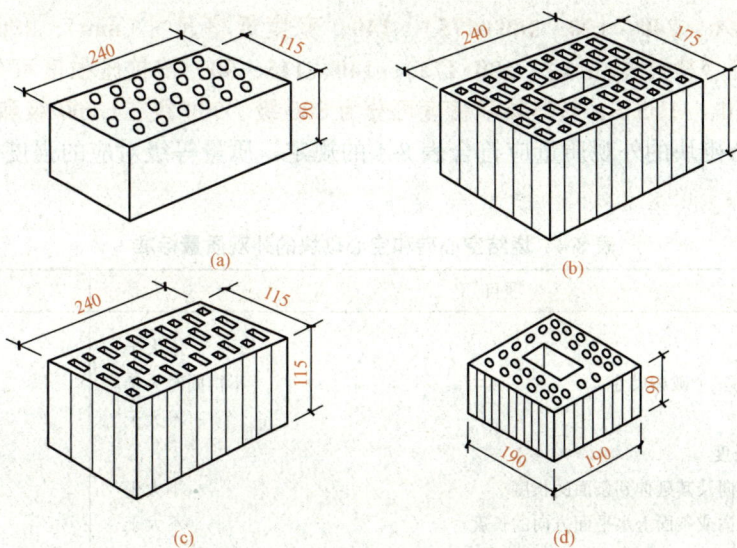

图 8-2 烧结多孔砖规格尺寸

(a)KP1 型；(b)DP2 型；(c)DP3 型；(d)M 型

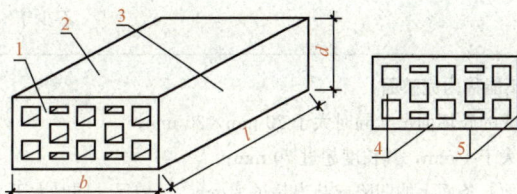

图 8-3 烧结空心砖

1—顶面；2—大面；3—条面；4—肋；5—外壁；

l—长度；b—宽度；d—高度

（2）技术性能。**根据《烧结多孔砖和多孔砌块》(GB 13544—2011)规定，烧结多孔砖的规格尺寸为 290、240、190、180、140、115.90(mm)。按抗压强度可分为 MU30、MU25、MU20、MU15、MU10 五个强度等级；按密度等级可分为 1 000、1 100、1 200、1 300 四个等级。**强度等级的具体技术要求见表 8-3。

表 8-3 烧结多孔砖强度等级 MPa

强度等级	抗压强度平均值 $\overline{f} \geqslant$	强度标准值 $f_k \geqslant$
MU30	30.0	22.0
MU25	25.0	18.0
MU20	20.0	14.0
MU15	15.0	10.0
MU10	10.0	6.5

根据《烧结空心砖和空心砌块》(GB/T 13545—2014)规定，烧结空心砖的长度规格尺寸

（mm）：390、290、240、190、180（175）、140；宽度规格尺寸（mm）：190、180（175）、140、115；高度规格尺寸（mm）：180（175）、140、115、90。按抗压强度可分为 MU10.0、MU7.5、MU5.0、MU3.5；按其体积密度可分为 800 级、900 级、1 000 级和 1 100 级；烧结空心砖和空心砌块的外观质量应符合表 8-4 的规定，质量等级对应的强度等级及具体指标要求见表 8-5。

表 8-4　烧结空心砖和空心砌块的外观质量标准　　　　　　　　　mm

项目		指标
1. 弯曲	不大于	4
2. 缺棱、掉角的三个破坏尺寸	不得同时大于	30
3. 垂直度差	不大于	4
4. 未贯穿裂纹长度		
①大面上宽度方向及其延伸到条面上的长度	不大于	100
②大面上长度方向或条面上水平方向的长度	不大于	120
5. 贯穿裂纹长度		
①大面上宽度方向及其延伸到条面的长度	不大于	40
②壁、肋沿长度方向、宽度方向及其水平方向的长度	不大于	40
6. 肋、壁内残缺长度	不大于	40
7. 完整面 *	不少于	一条面或一大面

＊凡有下列缺陷之一者，不能称为完整面：

1. 缺损在大面、条面上造成的破坏面尺寸同时大于 20 mm×30 mm；

2. 大面、条面上裂纹宽度大于 1 mm，其长度超过 70 mm；

3. 压陷、粘底、焦花在大面、条面上的凹陷或凸出超过 2 mm，区域尺寸同时大于 20 mm×30 mm。

表 8-5　烧结空心砖强度等级指标　　　　　　　　　MPa

强度等级	抗压强度/MPa		
	抗压强度平均值 $f \geqslant$	变异系数 $\delta \leqslant 0.21$	变异系数 $\delta > 0.21$
		强度标准值 $f_k \geqslant$	单块最小抗压强度值 $f_{min} \geqslant$
MU10.0	10.0	7.0	8.0
MU7.5	7.5	5.0	5.8
MU5.0	5.0	3.5	4.0
MU3.5	3.5	2.5	2.8

（3）应用。烧结多孔砖具有较高的强度，可用于六层以下建筑物的承重墙；烧结空心砖强度较低，主要适用于非承重隔墙及框架结构的填充墙。

3. 粉煤灰砖

根据《蒸压粉煤灰砖》(JC/T 239—2014)规定，以粉煤灰、生石灰为主要原料，可掺加适量石膏等外加剂和其他集料，经坯料制备、压制成型、高压蒸汽养护而制成的砖，称为蒸压粉煤灰砖。其外形尺寸与烧结普通砖相同，如图 8-4 所示。根据抗压和抗折强度，可

分为 **MU10、MU15、MU20、MU25、MU30 五个等级。**

蒸压粉煤灰砖可用于工业与民用建筑的墙体和基础。 在长期受热（200 ℃以上）、受急冷急热和有酸性介质侵蚀的部位，不得使用蒸压粉煤灰砖。

4. 蒸压灰砂砖

根据《蒸压灰砂砖》（GB 11945—1999）规定，以石灰和砂为主要原料，经坯制备、压制成型、蒸压养护而成的实心砖，称为灰砂砖。其外形尺寸与烧结普通砖相同， 如图 8-5 所示。**根据抗压强度和抗折强度，分为 MU25、MU20、MU15、MU10 四个等级。** 根据尺寸偏差和外观质量，分为优等品（A）、一等品（B）和合格品（C）。

10 级砖可用于防潮层以上的建筑部位；15 级以上的砖可用于基础及其他建筑部位。灰砂砖不得用于长期受热 200 ℃以上、受急冷急热和有酸性介质侵蚀的建筑部位。

砌墙砖一般用量较大，通常就地取材，有时可利用工业副产品或废料加工制成砖。这些砖分烧结制品和非烧结制品两大类。烧结制品有劣质土空心砖、粉煤灰空心砖、页岩空心砖、拱壳空心砖、碳化砖、高钙煤矸石空心砖、高掺量粉煤灰承重空心砖、生活垃圾砖等。非烧结制品有赤泥粉煤灰复合砖、碱矿渣粉煤灰砖、铅锌矿尾砂砖、高炉渣免烧免蒸砖、钢渣粉煤灰砖、煤渣非烧结空心砖、免烧免蒸煤矸石砖等。

图 8-4　蒸压粉煤灰砖　　　　　　图 8-5　蒸压灰砂砖

■ 二、砌块

砌块是用于建筑的人造材，外形多为直角六面体，也有异形的。建筑砌块是一种比砌墙砖尺寸大的墙体材料，具有适用性强、原料来源广、制作及使用方便等特点。砌块按规格大小可分为大砌块（主规格的高度大于 980 mm）、中砌块（主规格的高度为 380～980 mm 的砌块）、小砌块（主规格的高度大于 115 mm 而又小于 380 mm 的砌块）。**目前，我国以中小型砌块使用较多。**

1. 混凝土小型空心砌块

混凝土小型空心砌块是用普通混凝土制成的，由水泥、粗细集料加水搅拌，经装模，振动（或加压振动或冲压）成型，并经养护而成，分为承重砌块和非承重砌块两类。**根据《普通混凝土小型砌块》（GB/T 8239—2014）规定，其主要规格尺寸为 390 mm×190 mm×190 mm。** 其最小外壁厚应不小于 30 mm，最小肋厚应不小于 25 mm，空心率应不小于 25%，如图 8-6 所示。

砌块的尺寸允许偏差和外观质量分别见表 8-6 和表 8-7。按砌块的抗压强度，若为承重砌块，则强度分为 25.0、20.0、15.0、10.0、7.5 五个等级；若为非承重砌块，则强度分为 10.0、7.5、5.0 三个等级，见表 8-8。

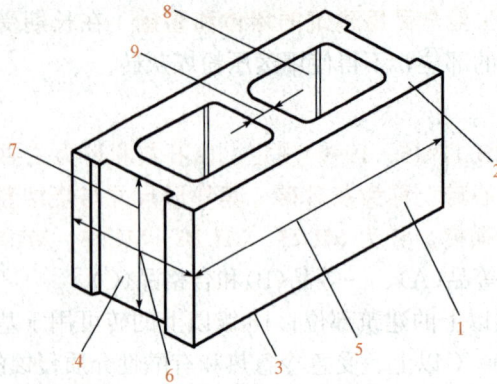

图 8-6 混凝土砌块各部位名称

1—条面；2—坐浆面(肋厚较小的面)；3—铺浆面(肋厚较大的面)；
4—顶面；5—长度；6—宽度；7—高度；8—壁；9—肋

表 8-6 尺寸允许偏差 mm

项目名称	技术指标
长度	±2
宽度	±2
高度	3，—2
注：免浆砌块的尺寸允许偏差，应由企业根据块型特点自行给出，尺寸偏差不应影响垒砌和墙片性能。	

表 8-7 外观质量

项目名称		技术指标	
弯曲		不大于	2 mm
缺棱、掉角	个数	不超过	1 个
	三个方向投影尺寸的最小值	不大于	20 mm
裂缝延伸的投影尺寸累计		不大于	30 mm

表 8-8 砌块强度等级 MPa

强度等级	砌块抗压强度	
	平均值 不小于	单块最小值 不小于
MU5.0	5.0	4.0
MU7.5	7.5	6.0
MU10.0	10.0	8.0
MU15.0	15.0	12.0
MU20.0	20.0	16.0
MU25.0	25.0	20.0

由于混凝土小型空心砌块具有质量轻，生产简便，施工速度快，适用性强，造价低等优点，故用于低层和中层建筑的内外墙。砌筑时一般不宜浇水，但在气候特别干燥炎热时，可在砌筑前稍喷水湿润。

2. 蒸压加气混凝土砌块

蒸压加气混凝土砌块是以钙质材料和硅质材料以及加气剂，少量调节剂，经配料、搅拌、浇筑成型，切割和蒸压养护而成的多孔轻质块体材料，如图 8-7 所示。根据所采用的主要原料不同，加气混凝土砌块也相应有水泥-矿渣-砂；水泥-石灰-砂；水泥-石灰-粉煤灰三种。

图 8-7　蒸压加气混凝土砌块

根据《蒸压加气混凝土砌块》(GB 11968—2006)，砌块的规格见表 8-9。砌块按强度级别有：A1.0、A2.0、A2.5、A3.5、A5.0、A7.5、A10 七个级别；按干密度级别有：B03、B04、B05、B06、B07、B08 六个级别。砌块按尺寸偏差与外观质量、干密度、抗压强度和抗冻性分为优等品(A)、合格品(B)两个等级。砌块产品标记示例：强度级别为 A3.5、干密度级别为 B05、优等品规格尺寸为 600 mm×200 mm×250 mm 的蒸压加气混凝土砌块，其标记为：ACB　A3.5、B05　600×200×250A。

表 8-9　砌块的规格尺寸　　　　　　　　　　　　　　　　　　mm

长度 L	宽度 B			高度 H			
600	100	120	125	200	240	250	300
	150	180	200				
	240	250	300				

蒸压加气混凝土砌块多用于高层建筑物非承重的内外墙，也可用于一般建筑物的承重墙，还可用于屋面保温，是当前重点推广的节能建筑墙体材料之一。但不能用于建筑物基础和处于浸水、高湿和有化学侵蚀的环境(如强碱或高浓度 CO_2)，也不能用于表面温度高于 80 ℃的承重结构部位。

3. 粉煤灰硅酸盐中型砌块

粉煤灰硅酸盐砌块简称粉煤灰砌块。粉煤灰中型砌块是以粉煤灰、石灰、石膏和集料等为原料，经加水搅拌、振动成型、蒸汽养护而制成的密实砌块，如图 8-8 所示。通常采用炉渣作为砌块的集料。粉煤灰砌块原材料组成间的互相作用及蒸养后所形成的主要水化产物等与粉煤灰蒸养砖相似。

图 8-8　粉煤灰砌块

其主规格尺寸为 880 mm×380 mm×240 mm 及 880 mm×430 mm×240 mm 两种。按砌块的抗压强度分为 MU10 和 MU13 两个强度等级；按砌块尺寸偏差、外观质量及干缩性能分为一等品(B)和合格品(C)两个质量等级。

粉煤灰砌块用于一般工业和民用建筑物墙体和基础，不宜用在有酸性介质侵蚀的建筑部位，也不宜用于经常受高温影响的建筑物。粉煤灰砌块的墙体内外表面宜作粉刷或其他饰面，以改善隔热、隔声性能并防止外墙渗漏，提高耐久性。在常温施工时，砌块应提前浇水润湿，冬期施工时则不需浇水润湿。

工程案例： 蒸压加气混凝土砌块砌筑的墙抹砂浆层，采用与砌筑烧结普通砖的办法往墙上浇水后即抹，一般的砂浆往往易被加气混凝土吸去水分而容易干裂或空鼓，请分析原因。

答： 加气混凝土砌块的气孔大部分是"墨水瓶"结构，只有小部分是水分蒸发形成的毛细孔，肚大口小，毛细管作用较差，故吸水导热缓慢。烧结普通砖淋水后易吸足水，而加气混凝土表面浇水不少，实则吸水不多。用一般的砂浆抹灰易被加气混凝土吸去水分，而易产生干裂或空鼓。故可多次浇水，且采用保水性好、粘结强度高的砂浆。

任务二　墙用板材

■ 任务导入

墙用板材是砌墙砖和砌块之外的另一类重要的新型墙体材料，由于其自重轻、安装快、施工效率高，同时，又能增加建筑物使用面积、提高抗震性能、节省生产和使用能耗等，随着建筑节能工程和墙体材料革新工程的实施，新型建筑板材必将获得迅猛发展。

墙用板材是框架结构建筑的组成部分。墙板起围护和分隔作用。按使用功能可分为内墙板和外墙板两大类。

一、石膏板复合墙板和墙体

石膏板复合墙板是指以纸面石膏板或石膏材料为面层，与其他轻质保温材料复合，经预制或现场制作而成的复合型石膏墙体材料。其可分为有预制石膏板复合墙板、玻璃纤维增强石膏外墙内保温板、充气石膏板、现场拼装石膏板内保温复合外墙、粉刷石膏聚苯内保温墙体等。

1. 石膏板复合墙板

石膏板复合墙板是以纸面石膏板为面层，以绝热材料为芯材的预制复合板。

(1)常用品种：纸面石膏聚苯复合板、纸面石膏玻璃棉复合板、无纸石膏聚苯复合板。

(2)规格：前两者的长度为 2 500～3 000 mm，宽度为 900～1 200 mm，厚度为 42～52 mm，12 mm 厚石膏板面层；后者长度为 800～850 mm，宽度为 600 mm，厚度为 45～60 mm，石膏板与聚苯板浇筑成型。

(3)应用：用于非承重隔墙、外墙内保温。

2. 玻璃纤维增强石膏外墙内保温板

玻璃纤维增强石膏外墙内保温板是以玻璃纤维增强石膏为面层，聚苯乙烯泡沫塑料板为芯层，以台座法生产的夹芯式复合保温板。

(1)要求：面层为石膏玻璃纤维料浆，并用 3 mm×3.5 mm×5 mm 玻璃纤维网格布增强，板长向两侧带气口。

(2)规格：板长度为 2 400～2 700 mm，宽度为 595 mm，厚度为 40～60 mm。

(3)应用：用于烧结砖或混凝土外墙的内侧保温墙体，防水性稍差。

3. 充气石膏板

充气石膏板以建筑石膏、无机填料、气泡分散稳定剂等为原料，经搅拌、充气发泡、浇筑成板芯，然后再浇筑石膏面层，成为复合的外墙内保温板。

(1)分类：无纸充气石膏保温板、无纸泡沫石膏保温板、充气纸面石膏保温板。

(2)规格：板的长度为 900 mm、2 500 mm，宽度为 600 mm，厚度为 50～70 mm。

(3)应用：用于砖或混凝土外墙内侧，外墙饰面＋墙＋空气层＋保温层＋内面层。

二、水泥类墙板

1. 预应力混凝土空心墙板(简称 SP 墙板)

预应力混凝土空心墙板是以高强度低松弛预应力钢绞线、52.5 级早强水泥及砂、石为原料，经张拉、搅拌、挤压、养护、放张、切割而成。在使用时按要求可配以泡沫聚苯乙烯保温层、外饰面层和防水层等。其执行《预应力混凝土空心板》(GB/T 14040—2007)，以代号 Y－KB 表示，板边应设置边槽。

(1)分类：分 SP 普通板和 SP 复合外墙板两类。

(2)规格：长度为 2.5～18 m，宽度为 1.2 m，厚度为 10、13、15、18、20、25、30、38(cm)。

(3)特点：板面平整，尺寸误差小，施工使用方便，减少湿作业，加快施工速度，提高工程质量。

（4）应用：用于**承重或非承重的外墙板及内墙板**，根据需要增加保温吸声层、防水层和多种饰面层（彩色水刷石、剁斧石、喷砂和釉面砖等），可制成各种规格尺寸的楼板、屋面板、雨罩和阳台板等。

2.GRC 空心轻质隔墙板

GRC 空心轻质隔墙板是以低碱度的水泥为胶结材料，抗碱玻璃纤维为增强抗拉的材料，并配以发泡剂和防水剂，经搅拌、成型、脱水、养护制成的一种轻质墙板。

（1）分类：水泥珍珠岩、岩棉板、聚苯乙烯泡沫板复合外墙板；厚度分为 120 mm、370 mm 两类。

（2）特点：强度高、韧性好；抗渗、防火、耐候性好；绝热性与隔声性好。

（3）应用：质量轻，不燃，可锯，可钉，可钻，施工方便且效率高。主要用于**工业和民用建筑的内隔墙**。

■ 三、复合类墙用板材

常用的复合板材主要由随外力的结构层、保温层及面层组成。其优点是承重材料和轻保温材料的功能得到合理利用，实现了物尽其用，拓宽了材料的来源。

1. 现浇轻质复合墙体

现浇轻质复合墙体是遵照国家发展绿色建材，告别秦砖汉瓦的文件精神，以节约能耗、减少扬尘、降低成本、加快施工进度、减少人工、提高墙体质量为目标。全墙采用高强玻镁平板为面板，以轻钢龙骨为骨架，墙芯以轻质、无毒、阻燃材料浇筑成型，既保证墙面的平整度，又提高墙体的整体性、隔声性和抗震强度，完全符合墙体材料的发展趋势，尤为突出了轻质、节能、环保的特点。

现浇轻质复合墙体是一个轻质、防火、隔声、保温、隔热的多用途隔墙系统。此系统性能表现如下：

（1）**质量轻**。现浇轻质复合墙体的质量仅为 $58 \sim 96 \ kg/m^2$，与同样厚度的砌块和砖墙比较，质量仅为其五到六分之一，如建筑物从结构设计阶段就开始计划使用 PLC 轻质灌浆墙体，则可降低结构水泥、钢筋用料标准，减轻建筑物的质量荷载，建筑物整体造价可大大减少。

（2）**防火性**。厚度为 116 mm、156 mm、200 mm 的现浇轻质复合墙体在 1 000 ℃的高温下的耐火极限超过 4 h，而且不散发有毒气体，不燃性能达到国家 A 级标准。

（3）**抗震性**。现浇轻质复合墙体设计科学合理，整个墙体用轻钢龙骨与梁、板、柱连接后浇筑成型，紧密结合形成一个实心多约束结构墙体，抗冲击性能是一般砌体的 1.5 倍，同时又提高了抗震级别，适用于抗震设防烈度 8 度及 8 度以下，特别适用于地震多发地区。

（4）**隔声性**。现浇轻质复合墙体以其优良的隔声性能，达到免受墙外噪声的干扰，而备受用户欢迎。厚度为 116 mm 的现浇轻质复合墙分室隔墙空气声计权隔声量达到 45 dB，厚度为 156 mm 分户隔墙空气声计权隔声量达到 50 dB，厚度为 200 mm 的宾馆隔墙空气声计权隔声量达到 55 dB。现浇轻质复合墙体完全可以满足现行的住宅、公寓和宾馆的隔声要求。

（5）**现浇轻质复合墙体能有效隔离噪声，这要归功于"质量—弹簧—质量"定律**。将质量分为两层后，空腔内的阻尼隔绝会减少穿过墙体的声能传播。

（6）**保温隔热性**。墙壁的温度直接影响到人体与房间的辐射换热。墙壁越凉，人体的热量损失就越大，人的"冷"的感觉就越强。我们可以观察到，当空气湿度小时，空气中就会形成更多的灰尘，同时人的呼吸系统会感觉到干燥，有时甚至出现皮肤干燥及产生静电的现象。所有这些因素都导致了舒适程度的降低。而现浇轻质复合墙体的传热系数仅为 $0.6\sim0.9$ W/($m^2\cdot$K)，能满足自保温墙体的要求，解决了砌块墙体保温隔热效果差的缺陷，并且符合国家现行的分户计量供暖的要求。

（7）**防水、防潮、防霉**。墙体都需考虑防水、防潮、防霉，保持室内干燥卫生，提高居住舒适度等因素，而现浇轻质复合墙体的憎水性好，强度高，防潮，不易变形，成墙后，无须做其他处理，直接做下一道工序即可。实践证明，现浇轻质复合墙体能在未做任何防水饰面的情况下，在潮湿的环境，墙体背面能保持干燥，不留痕迹，在潮湿天气里也不会出现冷凝水珠。墙板的面板是专业的玻镁平板，有良好的防水、防潮性能。在日本、韩国的一体化卫浴间外侧全部由玻镁平板组成，此板的一个优点在于遇水后强度不会降低，反而提高 15% 左右。

现浇轻质复合墙体广泛应用于住宅、医院、商业、娱乐、工厂、地铁、机场、超高层等建筑。

2. PU 夹芯板

聚氨酯（PU）夹芯板，内、外两面为玻璃钢板，夹芯层为硬质聚氨酯泡沫，经德国真空技术高压复合而成。夹芯板表面光洁，污物能够轻易除掉，整个面板色彩鲜艳，具有极佳的保光性。

玻璃钢板表面有一层性能优异的胶衣，对大气、水和一般浓度的酸、碱、盐等介质有着良好的化学稳定性；表面光洁度高，保光性极佳，不变色、耐腐蚀、防光晒、抗老化。其主要适用于保温、冷藏、干货车厢、大跨度结构屋面、墙面、保温隔热（或防火）厂房、净化厂房、高中档组合房屋、冷库、集装箱房等地方。

3. 金属面夹芯板

金属面夹芯板是指上、下两层为金属薄板，芯材为有一定刚度的保温材料，如岩棉、硬质泡沫塑料等，在专用的自动化生产线上复合而成的具有承载力的结构板材，也称为"三明治"板。其大致可分为以下几类：

（1）按面层材料分，可分为镀锌钢板夹芯板、热镀锌彩钢夹芯板、电镀锌彩钢夹芯板、镀铝锌彩钢夹芯板和各种合金铝夹芯板等。

（2）按芯材材质分，可分为两种。一种是金属泡沫塑料夹芯板，如金属聚氨酯夹芯板（PUR）、金属聚苯夹芯板（EPS）；另一种是金属无机纤维夹芯板，如金属岩棉夹芯板、金属矿棉夹芯板、金属玻璃棉夹芯板等。

（3）按建筑物的使用部位，可分为屋面板、墙板、隔墙板、吊顶板等。

工程案例：

现浇轻质复合墙体增加使用面积。以传统的砖墙为例，分户隔墙厚度须达到 $200\sim240$ mm 方能达到国家的隔声标准，而现浇轻质复合墙体的厚度为 156 mm 即能达到分户墙 50 dB 的国家标准；以分户墙，隔声 45 dB 为标准，砖墙的厚度应为 200 mm 以上，而 PLC 轻质灌浆墙只需达到 156 mm 即可，墙体的厚度就减少 44 mm。以 100 m^2 户型为例，可增加用户实用面积约 5 m^2，既增大了户内空间又提高了经济效益。

任务三　墙用砌块的取样与外观质量检验

任务导入

　　墙用砌块的质量直接影响砌体的施工质量。审核进场砌块的质保资料，按规定频率对砌块进行复试检验，检查其是否符合设计要求。对进场墙用砌块的外观质量和几何尺寸进行检查，不符合要求的墙用砌块坚决不得使用。

一、检测依据

　　(1)《普通混凝土小型砌块》(GB/T 8239—2014)，适用于检验普通混凝土小型空心砌体。

　　(2)《蒸压加气混凝土砌块》(GB 11968—2006)，适用于检测以粉煤灰为主要原料，经蒸压加气成型，主要用于填充墙的蒸压加气混凝土砌块。

二、检测目的

　　(1)增加学生感性认知，进行科学探究的基本训练，验证和巩固所学的理论知识。

　　(2)学会常用砌块的取样与外观质量检验方法，为工程材料进场及现场检查评定提供依据。

三、检测准备

　　主要仪器设备包括以下几项：

　　(1)**砖用卡尺**：分度值为 0.5 mm，如图 8-9 所示。

　　(2)**数显游标卡尺**：分辨率为 0.01 mm，如图 8-10 所示。

　　(3)**钢直尺**：分度值为 1 mm。

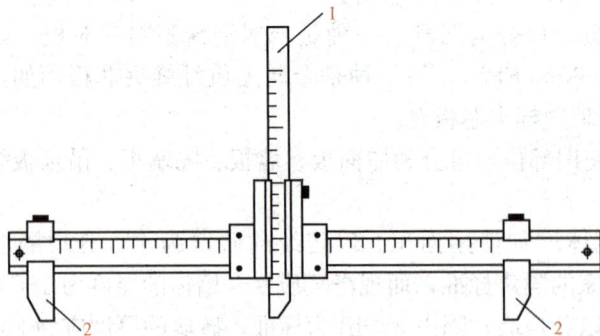

图 8-9　砖用卡尺

1—垂直尺；2—支脚

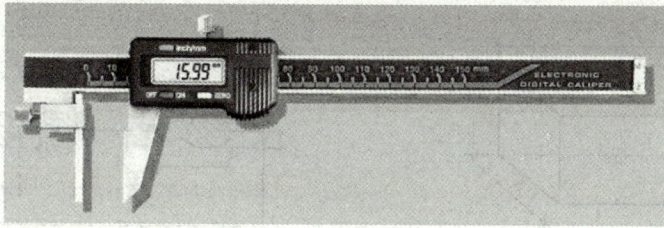

图 8-10　数显游标卡尺

■ 四、检测步骤

1. 取样

(1)频率。普通混凝土小型空心砌块、蒸压加气混凝土砌块同一生产厂家、同种材料、同等级和同一生产工艺制成的 1 万块为一批,每批至少抽检一组,用于多层以上建筑基础和底层的砌块抽检数量不应少于 2 组。

(2)取样方法。从每批产品的堆垛中随机抽取外观质量目检合格的样品,普通混凝土小型空心砌块每批抽取 32 块,蒸压加气混凝土砌块每批抽取 50 块(可稍取多点备用),产品龄期不应小于 28 d。

2. 墙用砌块的尺寸及外观质量检测

(1)尺寸偏差检测。长度应在砌块的两个大面的中间处分别测量两个尺寸;宽度应在砖的两个大面的中间处分别测量两个尺寸;高度应在砖的两个条面的中间处分别测量两个尺寸,如图 8-11 所示。当被测处有缺损或凸出时,可在其旁边测量,但应选择不利的一侧,精确至 0.5 mm。

每一方向尺寸以两个测量值的算术平均值表示。样本平均偏差是 20 块试样同一方向 40 个测量尺寸的算术平均值减去公称尺寸的差值,样本极差是抽检的 20 块试样中同一方向 40 个测量尺寸中最大测量值与最小测量值之差值。允许偏差需符合相关规定。

壁、肋厚在最小部位测量,每项选两处各测一次,精确至 mm。

(2)外观质量检测。

①色差检验。抽试样后,把装饰面朝上随机分两排并列,在自然光下距离砖样 2 m 处目测。

②缺损。缺棱掉角在砖上造成的破损程度,以破损部分对长、宽、高 3 个棱边的投影尺寸来度量,称为破坏尺寸。缺损造成的破坏面是指缺损部分对条、顶面(空心砖为条、大面)的投影面积,如图 8-12 所示。空心砖内壁残缺及肋残尺寸以长度方向的投影尺寸来度量。

③裂纹。裂纹可分为长度方向、宽度方向和水平方向三种,以被检测方向上的投影长度表示。如果裂纹从一个面延伸到其他面上时,则累计其延伸的投影长度。当多孔砖的孔洞与裂纹相通时,则将孔洞包括在裂纹内一并检测,如图 8-13 所示。裂纹长度以在 3 个方向上分别测得的最长裂纹作为检测结果。

④弯曲。弯曲分别在大面和条面上测量,测量时将砖用卡尺的两支脚沿棱边两端放置,选择弯曲最大处将垂直推至砖面,但不应将因杂质或碰伤造成的凹处计算在内,如图 8-14 所示。

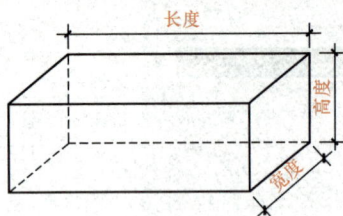

图 8-11　尺寸测量示意图

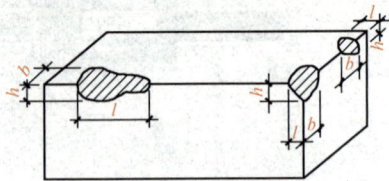

图 8-12　缺棱掉角测量示意图

l—长度方向的投影尺寸；h—高度方向的投影尺寸；
b—宽度方向的投影尺寸

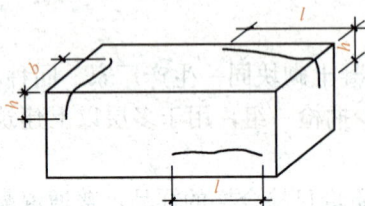

图 8-13　裂纹长度测量示意图

l—长度方向的投影尺寸；h—高度方向的投影尺寸；
b—宽度方向的投影尺寸

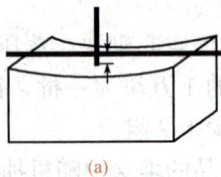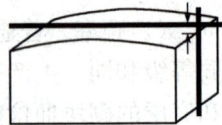

(a)　　　　　　　　　　　(b)

图 8-14　弯曲度测量示意图

■ 五、检测结果

砌块的尺寸偏差和外观应符合表 8-10～表 8-12 的规定。

表 8-10　混凝土小型空心砌块的尺寸偏差和外观要求　　　　　　　　　　mm

项目名称	技术指标
长度	±2
宽度	±2
高度	3，−2
注：免浆砌块的尺寸允许偏差，应由企业根据块型特点自行给出，尺寸偏差不应影响垒砌和墙片性能。	

表 8-11　混凝土小型空心砌块外观质量

项目名称			优等品（A）
弯曲		不大于	2 mm
缺棱、掉角	个数	不超过	1个
	三个方向投影尺寸的最小值	不大于	20 mm
裂缝延伸的投影尺寸累计		不大于	30 mm

项目		指标	
		优等品(A)	合格品(B)
尺寸允许偏差	长度/mm	±3	±4
	高度/mm	±1	±2
	宽度/mm	±1	±2
缺棱、掉角	最小尺寸不得大于/mm	0	30
	最大尺寸不得大于/mm	0	70
	大于以上尺寸的缺棱、掉角个数,不得多于/个	0	2
裂纹	贯穿一棱二面的裂纹长度不得大于裂纹所在面的裂纹方向的尺寸总和的	0	1/3
	任一面上的裂纹长度不得大于裂纹方向尺寸的	0	1/2
	大于以上尺寸的裂纹条数,不多于/条	0	2
爆裂、粘模和损坏深度不得大于/mm		10	30
平面弯曲		不允许	

试件尺寸的测量结果要逐项逐次分别记录,弯曲、缺棱掉角和裂纹长度则记录最大测量值。普通混凝土小型空心砌块和蒸压加气混凝土砌块尺寸偏差和外观质量检测报告见表 8-13 和表 8-14。

表 8-13 普通混凝土小型空心砌块尺寸偏差和外观质量检验报告

委托单位:_____   报告编号:_____

工程名称:_____   送样日期:_____

工程部位:_____   报告日期:_____

生产厂家:_____   检评依据:_____

样品编号:_____   见 证 人:_____

试样尺寸/mm		等级			强度等级		
试件编号				块体容量/(kg·m⁻³)			
1	尺寸偏差检测		试样平均长/mm		偏差实测		偏差指标
2			试样平均宽/mm				
3			试样平均高/mm				
4	外观质量不合格的数量						
5	结论						
物理性能	吸水率/%		冻融情况				
	含水率/%		泛霜情况				
	相对含水率/%		石灰爆裂				
备注							

表 8-14　蒸压加气混凝土砌块尺寸偏差和外观质量检验报告

委托单位：_____　　　报告编号：_____

工程名称：_____　　　送样日期：_____

工程部位：_____　　　报告日期：_____

生产厂家：_____　　　检评依据：_____

样品编号：_____　　　见 证 人：_____

砌块规格				
尺寸偏差、外观质量检验	试样数量/块	项目	符合优等品/块	符合合格品/块
		尺寸偏差		
		缺棱、掉角		
		裂纹长度		
		爆裂、粘模和损坏深度		
		平面弯曲		
		表面疏松、层裂		
		表面油污		
备注				

<h1 style="text-align:center">任务四　混凝土小型砌块的检测</h1>

■ 任务导入

　　检测是保证建材产品质量的一项重要手段。混凝土小型空心砌块抗压强度是评定其质量的重要指标。砌块品种强度等级及规格应符合设计要求；砌块进场应按要求进行取样试验，并出具试验报告，合格后方可使用。

■ 一、混凝土小型砌块抗压强度检测 ·····························

(一)检测依据

《普通混凝土小型砌块》(GB/T 8239—2014)，适用于检验普通混凝土小型砌体。

(二)检测目的

(1)增加学生感性认知，进行科学探究的基本训练，验证和巩固所学的理论知识。

(2)测定混凝土小型空心砌块的抗压强度，为评定砌块的强度等级提供依据。同时，要求学生掌握相关仪器的正确选用及使用。

(三)检测准备

1. 仪器设备

(1)材料试验机，如图 8-15 所示。

(2)**钢板**：厚度不小于 10 mm，平面尺寸应大于 440 mm×240 mm。钢板的一面需平整，精度要求在长向范围内的不平度不大于 0.1 mm。

(3)**玻璃平板**：厚度不小于 6 mm，平面尺寸与钢板的要求相同。

(4)**水平尺**。

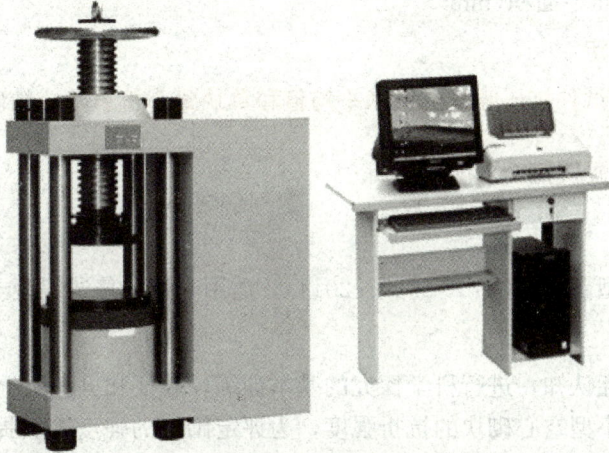

图 8-15　材料试验机

2.试件准备

试件数量为五个砌块。处理试件的坐浆面和铺浆面，使其成为互相平行的平面。将钢板置于稳固的底座上，平整面向上，用水平尺调至水平。在钢板上先薄薄地涂一层机油，或铺一张湿纸，然后铺一层 1 份质量的 32.5 级以上水泥和 2 份细砂，加入适量的水调成的砂浆，将试件的坐浆面或铺浆面平稳地压入砂浆层内，使砂浆层尽可能均匀，厚度为 3～5 mm。将多余的砂浆沿试件棱边刮掉，静置 24 h 以后，再按上述方法处理试件的另一面。为使上、下两面能彼此平行，在处理第二面时，应将水平尺置于现已向上的第一面上调至水平。在 10 ℃以上静置 3 d 后做抗压强度试验。

为缩短时间，也可在第一个砂浆层处理后，不经静置，立即在向上的面上铺一层砂浆，压上事先涂油的玻璃平板，边压边观察砂浆层，将气泡全部排除，并用水平尺调至水平，直至砂浆层平而均匀，厚度达 3～5 mm。试件表面处理用的水泥砂浆，急需时可掺入适量熟石膏。也可用纯熟石膏浆处理表面。

(四)检测步骤

(1)测量每个试件的长度和宽度，分别求出各个方向的平均值，再算出每个试件的水平毛面积值，精确至 1 cm²。

(2)将试件置于试验机内，使试件的轴线与试验机压板的压力中心重合，以每秒 1～2 kg/cm² 的速度加荷，直至试件破坏。读出破坏荷载 P。

若试验机压板不足以覆盖试件受压面时，可在试件的上、下承压面加辅助钢压板。辅助钢压板的表面光洁度应与试验机原压板相同，其厚度至少为原压板边至辅助钢压板最远角距离的 1/3。

(五)检测数据

每个试件的抗压强度按下式计算，精确至 0.01 MPa：

$$R = \frac{P}{A}$$

式中 R——试件的抗压强度（MPa）；

P——破坏荷载（N）；

A——试件受压毛面积（mm^2）。

（六）检测结果评定

试验结果以**五个试件抗压强度的算术平均值和单块最小值表示**，精确至 0.01 MPa。

■ 二、混凝土小型砌块抗折强度检测 ···

（一）检测依据

《普通混凝土小型砌块》（GB/T 8239—2014），适用于检验普通混凝土小型砌体。

（二）检测目的

（1）增加学生感性认知，进行科学探究的基本训练，验证和巩固所学的理论知识。

（2）测定混凝土小型空心砌块的抗折强度，为评定砌块的强度等级提供依据。同时，要求学生掌握相关仪器的正确选用及使用。

（三）检测准备

1. 仪器设备

（1）**材料试验机**，如图 8-16 所示。

（2）**钢棒**：直径为 35～40 mm，长度为 210 mm，数量为三根。

（3）**抗折支座**：由安放在底板上的两根钢棒组成，其中至少有一根是可以自由滚动的，如图 8-17 所示。

图 8-16　数字式抗折试验机　　　图 8-17　抗折支座

2. 试件准备

（1）试件数量为五个砌块。

（2）根据尺寸测量的方法测量每个试件的高度和宽度，分别求出各个方向的平均值。

（3）试件表面处理按相关规定进行。表面处理后应将试件孔洞处的抹面层打掉。

(四)检测步骤

(1)将抗折支座置于材料试验机内,调整钢棒轴线间的距离,使其等于试件长度减一个坐浆面处的肋厚,再使抗折支座的中线与试验机压板的压力中心重合。如图 8-18 所示为抗折强度示意图。

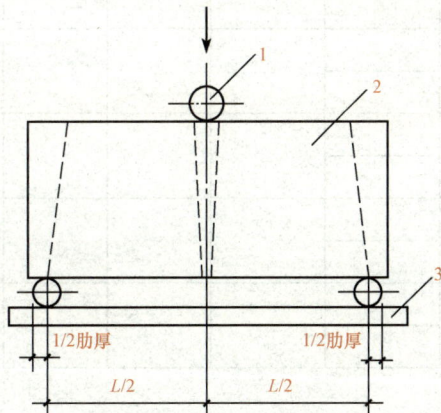

图 8-18 抗折强度示意图
1—钢棒;2—试件;3—抗折支架

(2)将试件的坐浆面置于抗折支座上。

(3)在试件的上部 1/2 长度处放置一根钢棒。

(4)以 250 N/s±50 N/s 的速度加荷,直至试件破坏。读出破坏荷载 P。

(五)检测数据

每个试件的抗折强度按下式计算,精确至 0.01 MPa:

$$R_{折} = \frac{3PL}{2bh^2}$$

式中 $R_{折}$——试件的抗折强度(MPa);

P——破坏荷载(N);

L——抗折支座上两钢棒轴心间距(mm);

b——试件宽度(mm);

h——试件高度(mm)。

(六)检测结果评定

分别报告五个试件的抗折强度及其算术平均值,精确至 0.01 MPa。

混凝土小型砌块检测报告和自评表分别见表 8-15 和表 8-16。

表 8-15 混凝土小型砌块检测报告

试样编号		设备编号及状态		检测依据	
养护温度		成型时间		检测时间	
强度等级		检测内容			

试件编号	长度/mm	平均/mm	宽度/mm	平均/mm	破坏荷载/kN	抗压强度/MPa			实测干密度
						单块值	平均值	最小值	
1									
2									
3									
4									
5									
备注									

表 8-16　混凝土小型砌块检测自评表

项目	评分依据	学生自评				
		优	良	中	差	未完成
		10~8分	8~6分	6~4分	4~3分	<3分
检测准备	1. 能正确地选取试件，得2分； 2. 能正确处理试件的坐浆面和铺浆面，使之成为互相平行的平面，得3分； 3. 能用稠度适宜的水泥净浆将试件粘结，且水泥净浆的厚度与强度符合规定要求，得3分； 4. 能对制作好的抗压试件进行规定条件下的养护，且龄期符合要求，得2分	得分	1.			
			2.			
			3.			
			4.			
		合计	自评等级		第三方评价	
抗压强度检测	1. 能正确测量每个试件连接面或受压面的长和宽，并达到精度要求，得3分； 2. 能将试件放在试验机加压板正确位置，得2分； 3. 对试件进行施压时，能将加荷速度控制在检测规定的范围内，并保持均匀平稳，得3分； 4. 能正确判定是否到达最大荷载，并进行准确读数，得2分	得分	1.			
			2.			
			3.			
			4.			
		合计	自评等级		第三方评价	

项目	评分依据	学生自评				
		优	良	中	差	未完成
		10~8分	8~6分	6~4分	4~3分	<3分
数据分析与评定	1. 能正确记录抗压强度测定中所得的数据，得3分； 2. 能利用测得的数据计算出单试件抗压强度、算术平均值等，得4分； 3. 能正确分析造成错误结论和产生检测误差的原因，得3分	得分	1.			
			2.			
			3.			
		合计	自评等级		第三方评价	
情感目标评价	1. 在操作过程中会严格按照步骤操作，得3分； 2. 在小组中能积极配合各成员工作，形成团队协作，使检测顺利完成，得5分； 3. 尊重检测结果并分析误差，得2分	得分	1.			
			2.			
			3.			
		合计	自评等级		第三方评价	
综合评定						

任务五 蒸压加气混凝土砌块的检测

■ 任务导入

针对蒸压加气混凝土砌块墙体开裂现象，调查发现与砌块检测不全面、检测不到位等因素有关，致使很难判别砌块质量。因此，必须要做蒸压加气混凝土砌块的检测，以有效控制砌块墙体开裂，对进一步提高检测水平和检测精度具有指导意义。

■ 一、检测标准

《蒸压加气混凝土性能试验方法》(GB/T 11969—2008)。

■ 二、检测目的

(1)增加学生感性认知，进行科学探究的基本训练，验证和巩固所学的理论知识。

(2)通过此检测项目，掌握蒸压加气混凝土砌块抗压强度及含水率的测定方法，并掌握相关仪器的使用方法。

■ 三、检测准备

1. 仪器设备

(1)材料试验机：其量程的选择应能使试件的预期破坏荷载落在满载的20%~80%。

(2)**天平**：感量为 1 g。

(3)**电热鼓风干燥箱**。

(4)**钢板直尺**：精度为 0.5 mm。

(5)**劈裂抗拉夹具一套**，如图 8-19 和图 8-20 所示。

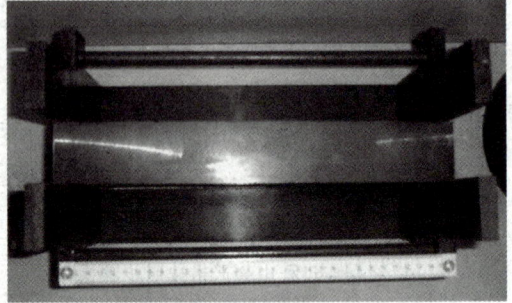

图 8-19　方体夹具　　　　　**图 8-20　圆柱体夹具**

(6)**千分表**：如采用其他变形测量仪表，其精度不得低于 0.001 mm。

(7)**测点定位架**。

2. 试件准备

(1)试件制备。按相关规定进行，受力面必须锉平或磨平。

(2)试件尺寸和数量。抗压强度：100 mm×100 mm×100 mm 立方体试件一组 3 块。

3. 试件含水状态

抗压强度和抗拉强度试件在基准含水状态(含水率为 35％±10％)下进行试验。

■ 四、检测步骤 ··

(1)检查试件外观。

(2)测量试件的尺寸，精确至 1 mm，并据此计算试件的受压面积。

(3)将试件放在材料试验机的下压板的中心位置，试件的受压方向应垂直于制品的膨胀方向。

(4)开动试验机，当上压板与试件接近时，调整球座，使之接触均衡。

(5)以 2.0 kN/s±0.5 kN/s 的速度连续而均匀地加荷，直至试件破坏，记录破坏荷载 P。

(6)试验后的试件全部或部分立即称重，然后在 105 ℃±5 ℃下烘至恒重，计算其实际含水率。

■ 五、检测数据 ··

抗压强度按下式计算：

$$R=\frac{P}{A}$$

式中　R——试件的抗压强度(MPa)；

　　　P——破坏荷载(N)；

　　　A——试件受压面积(mm^2)。

■ **六、检测结果评定** ···

　　根据检测数据，每组按三块试件试验值的算术平均值进行评定，精确至 0.1 MPa 计算检测结果，并对照表 8-17 进行砌块强度评定。

表 8-17　蒸压加气混凝土砌块的强度值　　　　　　　　　　　　　　MPa

强度级别	立方体抗压强度	
	平均值不小于	单组最小值不小于
A1.0	1.0	0.8
A2.0	2.0	1.6
A2.5	2.5	2.0
A3.5	3.5	2.8
A5.0	5.0	4.0
A7.5	7.5	6.0
A10.0	10.0	8.0

　　蒸压加气混凝土砌块检验报告和自检表分别见表 8-18 和表 8-19。

表 8-18　蒸压加气混凝土砌块检验报告

委托单位：＿＿＿＿＿＿＿＿＿　　报告编号：＿＿＿＿＿＿＿＿＿

工程名称：＿＿＿＿＿＿＿＿＿　　送样日期：＿＿＿＿＿＿＿＿＿

工程部位：＿＿＿＿＿＿＿＿＿　　报告日期：＿＿＿＿＿＿＿＿＿

检评依据：＿＿＿＿＿＿＿＿＿　　见 证 人：＿＿＿＿＿＿＿＿＿　　样品编号：＿＿＿＿＿＿＿＿＿

生产厂家		试件尺寸		强度级别/MPa		密度级别
强度检验	单组强度平均值/MPa			三组强度平均值/MPa		
	第一组	第二组	第三组			
				最小强度/MPa		
尺寸偏差检测(平均偏差)						
外观质量检测(不合格品数量)						
结论						
备注						

表 8-19　蒸压加气混凝土砌块检测自评表

项目	评分依据	学生自评				
		优	良	中	差	未完成
		10～8分	8～6分	6～4分	4～3分	＜3分
检测准备	1. 能正确地选取试件，得2分； 2. 能正确处理试件的受力面，能锉平或磨平，得4分； 3. 能正确测定基准含水率，得4分	得分	1.			
			2.			
			3.			
		合计	自评		第三方评价	
抗压强度检测	1. 能正确测量每个试件连接面或受压面的长和宽，并达到精度要求，得3分； 2. 能将试件放在试验机加压板正确位置，得2分； 3. 对试件进行施压时，能将加荷速度控制在检测规定的范围内，并保持均匀平稳，得3分； 4. 能正确判定是否到达最大荷载，并进行准确读数，得2分	得分	1.			
			2.			
			3.			
			4.			
		合计	自评		第三方评价	
数据分析与评定	1. 能正确记录抗压强度测定中所得的数据，得3分； 2. 能利用测得的数据计算出单试件抗压强度、算术平均值等，得4分； 3. 能正确分析造成错误结论和产生检测误差的原因，得3分	得分	1.			
			2.			
			3.			
		合计	自评		第三方评价	
情感目标评价	1. 在操作过程中会严格按照步骤操作，得3分； 2. 在小组中能积极配合各成员工作，形成团队协作，使检测顺利完成，得5分； 3. 尊重检测结果并分析误差，得2分	得分	1.			
			2.			
			3.			
		合计	自评		第三方评价	
综合评定						

📘 课后习题

一、填空题

1. 欠火砖的强度和_____或_____性能差。

2. 烧结普通砖现具有一定的_____，又具有一定的_____性能，故在墙体中仍广泛应用。

3. 泛霜是烧结砖在使用过程中的一种_____现象。

4. 烧结普通砖的强度等级是根据_____及抗压_____来确定。

5. 严重风化地区使用的烧结普通砖必须满足_____性能的要求。

6. 烧结多孔砖的强度等级按_____来确定。

项目八　参考答案

7. 烧结砖的标准尺寸为_____。

8. 非承重外墙应优先选用_____。

9. 混凝土小型空心砌块进行抗压强度试验时以_____的速度加荷。

10. 混凝土小型空心砌块处理坐浆面和铺浆面的砂浆厚度_____。

二、单选题

1. 混凝土小型空心砌块抗压强度应为（　　）块。
   A. 3　　　　　　　　B. 5　　　　　　　　C. 9　　　　　　　　D. 10

2. 蒸压灰砂砖和粉煤灰砖（　　）万块为一批。
   A. 10　　　　　　　B. 15　　　　　　　C. 5　　　　　　　　D. 3

3. 烧结多孔砖（　　）万块为一批。
   A. 10　　　　　　　B. 15　　　　　　　C. 5　　　　　　　　D. 3

4. 蒸压加气混凝土砌块 A3.5 B06，其中 A 代表砌块的强度，B 代表砌块的（　　）。
   A. 湿度　　　　　　B. 干密度　　　　　C. 含水率　　　　　D. 吸水率

5. 混凝土实心砖抗压强度最低等级为（　　）。
   A. MU10　　　　　 B. MU15　　　　　　C. MU7.5　　　　　D. MU5.0

三、多选题

1. 烧结普通砖按主要原材料分为（　　）。
   A. 黏土砖　　　　　B. 页岩砖　　　　　C. 煤矸石砖　　　　D. 粉煤灰砖

2. 蒸压加气混凝土砌块的强度等级有（　　）。
   A. 2.0　　　　　　　B. 3.5　　　　　　　C. 5.0　　　　　　　D. 7.5

3. 普通混凝土小型空心砌块按其尺寸偏差，外观质量分为（　　）。
   A. 优等品　　　　　B. 一等品　　　　　C. 二等品　　　　　D. 合格品

4. 砌块按生产工艺分为（　　）。
   A. 烧结砌块　　　　　　　　　　　B. 硅酸盐混凝土砌块
   C. 蒸压蒸养砌块　　　　　　　　　D. 实心砌块

5. 产品质量合格证主要内容包括（　　）。
   A. 生产厂名　　　　　　　　　　　B. 产品标记
   C. 批量及编号、证书编号　　　　　D. 本批实测性能和生产日期

四、判断题

1. 蒸压灰砂砖 MU10 的砖可以用于防潮层的建筑。（　　）

2. 烧结空心砖可以用于建筑物的承重部位。（　　）

3. 混凝土实心砖和混凝土普通砖只是名称不同，实为同一品种砖。（　　）

4. 蒸压加气混凝土砌块抗压强度试验采用 3 组 9 块，100 mm×100 mm×100 mm 的标准试样。（　　）

5. 烧结空心砖所送样品中不允许有欠火砖和酥砖。（　　）

五、简答题

1. 未烧透的欠火砖为何不宜用于地下？

2. 多孔砖与空心砖有何异同点？

3. 什么是粉煤灰砌块？其强度等级有哪些？用途有哪些？

项目九　保温隔热材料及其检测技术

项目介绍

　　本项目主要介绍建筑工程中功能材料——保温隔热材料，选用保温隔热材料，一方面可以保证室内有适宜的温度，为人们构建一个温暖而舒适的环境；另一方面，还可减少建筑物的采暖和空调能耗以节约能源。本项目介绍保温隔热材料的基本概念、种类及其特征和影响因素，并介绍了保温隔热常用的检测项目，包括压缩强度、导热系数、燃烧性能。

学有所获

　　(1)了解保温隔热材料的基本概念；
　　(2)熟悉常用的保温隔热材料；
　　(3)认识保温隔热材料在各检测项目中涉及的检测工具；
　　(4)理解检测数据的记录、计算，并能根据数据进行检测结果的判定；
　　(5)了解三项保温隔热材料检测项目的内容和过程。

任务一　保温隔热材料的基本知识

■ 任务导入

　　建筑物在建筑中常有保温隔热等方面的要求，习惯上将用于控制室内热量外流的材料叫作保温材料；防止室外热量进入室内的材料叫作隔热材料。保温、隔热材料统称为绝热材料。下面就一些比较常见的保温隔热材料做简单介绍。

■ 一、保温隔热材料的基本概念

　　材料的导热能力用导热系数来表示，导热系数是评定材料导热性能的重要物理指标。导热系数的物理意义为：在稳定传热条件下，当材料层单位厚度内的温差为 1 ℃时，在 1 s 内通过 1 m 表面积的热量。材料导热系数越大，导热性能越好。工程上将导热系数 $\lambda <$ 0.23 W/(m·K)的材料称为绝热材料。

　　一般来说，保温隔热材料的共同特点是轻质、疏松，呈多孔状或纤维状，以其内部不流动的空气来阻隔热的传导。其中，无机材料有不燃、使用温度宽、耐化学腐蚀性较好等特点；有机材料有吸水率较低、不透水性较佳等特点。

保温隔热材料主要用于墙体及屋顶、热工设备及管道、冷藏库等工程或冬期施工的工程。合理使用绝热材料可减少热损失、节约能源、降低能耗。材料的导热系数和比热容是设计建筑物围护结构(墙体、屋盖、地面)进行热工计算的重要参数。选用导热系数小而比热容大的材料，可提高围护结构的绝热性能并保持室内温度的稳定。几种典型材料的导热系数和比热容见表 9-1。

表 9-1　几种典型材料的热工性质

材料	导热系数 $\lambda/[W \cdot (m \cdot K)^{-1}]$	比热容 $c/[kJ \cdot (kg \cdot K)^{-1}]$
铜	370	0.38
钢	55	0.45
花岗石	2.9	0.80
普通混凝土	1.8	0.88
烧结普通砖	0.55	0.84
松木(横纹)	0.15	1.63
冰	2.20	2.05
水	0.60	4.19
静止空气	0.029	1.00
泡沫塑料	0.03	1.30

■ 二、保温隔热材料的种类及特征

建筑中使用的保温隔热材料品种繁多，其中，常用的保温绝热材料按其化学组成可分为有机和无机两大类。无机保温材料有膨胀珍珠岩、加气混凝土、岩棉、玻璃棉等；有机保温材料有聚苯乙烯泡沫塑料、聚氨酯泡沫塑料等。按其形态又可分为纤维状、多孔状微孔、气泡、粒状、层状等多种。

(一)无机保温材料

1. 膨胀珍珠岩

膨胀珍珠岩是珍珠岩颗粒经焙烧膨胀制成，在我国其原料来源丰富，生产工艺较简单，产量很大，价格较廉。**膨胀珍珠岩呈颗粒状，具有质轻、保温、无毒、不燃和无味等优点；缺点是吸水率大，吸水后强度和保温、隔热性能都要下降。**

膨胀珍珠岩广泛应用于建筑物的围护结构以及烟囱、管道及热工设备的绝热，以及低温和超低温设备的保温等。膨胀珍珠岩粉可以松铺或松填于屋面、楼板、墙壁、地面等处，也可以与水泥、石灰、沥青以及其他胶结材料配制成珍珠岩灰浆粉刷或喷涂于墙面、天棚、屋面等处作保温用。

膨胀珍珠岩制品是以**膨胀珍珠岩**为主要材料，与适量胶结材料经过拌和、成型、养护或干燥、焙烧而成的产品。按所用胶结料的名称加以命名，如水泥珍珠岩制品、水玻璃珍珠岩制品、磷酸盐珍珠岩制品和沥青珍珠岩制品等。这 4 类珍珠岩制品都制成砖、板、管、

用于围护结构和管道保温。表 9-2 为两种膨胀珍珠岩板材的技术性能。

表 9-2 膨胀珍珠岩板材的技术性能

板材类别	体积密度 /(kg·m⁻³)	吸湿率/%			表面 吸水量/g	断裂荷载 a/N			吸声系数 a_3
		优等品	一等品	合格品		优等品	一等品	合格品	混响室法
PB	≤500	≤5	≤6.5	≤8	—	≥245	≥196	≥157	0.40～0.60
FB		≤3.5	≤4	≤5	0.6～2.5	≥294	≥245	≥176	0.35～0.45

注：表中断裂荷载为均布加荷的抗弯断裂荷载。

2. 加气混凝土

这里所指的加气混凝土主要是加气混凝土砌块，常作为围护结构保温使用。砌块的表观密度为 400～500 kg/m³，抗压强度为 3 MPa 以上，导热系数为 0.1 W/(m·K)，用时因是素块，故可锯、可钉、可刨，并具有不燃烧的优点。

3. 岩棉

岩棉是以火山玄武岩为主要原料，经高温熔融，用喷射法或离心法而制成的人造纤维状材料，具有质轻、导热系数小、不燃等特点，是一种新型的保温材料。 在工程上除作为填充材料外，常在岩棉中加入胶粘剂，制成各种岩棉制品，如岩棉板、岩棉管、岩棉保温带及岩棉毡等。

4. 玻璃丝棉

玻璃丝棉是将熔融后的玻璃，用火焰喷吹或离心喷吹等方法而制成的棉絮状材料，包括短棉和超细棉两种。短棉的纤维长度为 50～150 mm，直径为 12 μm，外观洁白似植物棉；超细棉的直径为 4 μm 以下。玻璃棉极轻，导热系数小，化学稳定性好，不燃，不腐，吸湿性小，是一种高级的无机保温材料，常用其加工成毡、板、管壳等保温制品，其安全使用温度可达到 400 ℃，含湿率不大于 1%，胶粘剂含量不大于 1%，对易燃、易爆工程粘结剂含量为零。直径大于 0.5 mm 的渣质含量应不超过 0.5%，纵向断裂荷载、吸声系数、导热系数和产品尺寸规格偏差等均应符合相关的规定。

(二)有机保温材料

1. 聚苯乙烯泡沫塑料

聚苯乙烯泡沫塑料是以聚苯乙烯树脂为原料，经由特殊工艺连续挤出发泡成型的硬质泡沫保温板材。聚苯乙烯板可分为**模塑聚苯板(EPS)**和**挤塑聚苯板(XPS)板**两种。在同样厚度情况下，XPS 板比 EPS 板的保温效果好，EPS 板与 XPS 相比吸水性较高、延展性好。XPS 板是目前建筑业常用的隔热、防潮材料，已被广泛应用于墙体保温、平面混凝土屋顶及钢结构屋顶的保温、低温储藏、地面、泊车平台、机场跑道、高速公路等领域的防潮保温及控制地面膨胀等方面。

2. 聚氨酯硬质泡沫

聚氨酯硬质泡沫是以**异氰酸酯**和**聚醚**为主要原料，在发泡剂、催化剂、阻燃剂等多种助剂的作用下，通过专用设备混合，经高压喷涂现场发泡而成的高分子聚合物。聚氨酯泡有软泡和硬泡两种。软泡为开孔结构，硬泡为闭孔结构；软泡又可分为结皮和不结皮两种。

聚氨酯硬泡体是一种具有保温与防水功能的新型合成材料，其导热系数低，仅为0.022~0.033 W/(m·K)，相当于挤塑板的一半，是目前所有保温材料中导热系数最低的。硬质聚氨酯泡沫塑料主要应用在建筑物外墙保温，屋面防水保温一体化、冷库保温隔热、管道保温材料、建筑板材、冷藏车及冷库隔热材等。

■ 三、材料保温性能的影响因素

影响材料保温性能的有导热系数、温度稳定性、吸湿性、强度等。其中，主要因素是导热系数的大小，导热系数越小，保温性能越好。影响材料导热系数的主要因素包括材料的组成、微观结构、湿度、温度和热流方向等。

(一)导热系数

1. 材料组成

不同的材料的导热系数是不同的，一般来说，导热系数值以金属最大，非金属次之，液体较小，而气体更小。对于同一种材料，内部结构不同，导热系数差别也很大。一般结晶结构的为最大，微晶体结构的次之，玻璃体结构的最小。但对于多孔的绝热材料来说，由于孔隙率高，气体(空气)对导热系数的影响起着主要作用，而固体部分的结构无论是晶态或玻璃态对其影响都不大。

2. 微观结构

由于材料中固体物质的导热能力比空气要大得多，故表观密度小的材料，因其孔隙率大，导热系数就小。在孔隙率相同的条件下，孔隙尺寸越大，导热系数就越大；互相连通孔隙比封闭孔隙导热性要高。对于表观密度很小的材料，特别是纤维状材料(如超细玻璃纤维)，当其表观密度低于某一极限值时，导热系数反而会增大，这是由于孔隙增大且互相连通的孔隙大大增多，从而使对流作用加强的结果。因此，这类材料在最佳表观密度下，即在这个表观密度时导热系数最小。

3. 湿度

材料吸湿受潮后，其导热系数就会增大，这在多孔材料中最为明显。这是由于当材料的孔隙中有了水分(包括水蒸气)后，则孔隙中蒸汽的扩散和水分子的热传导将起主要传热作用，而水的 λ 为 0.58 W/(m·K)，比空气的 λ 为 0.029 W/(m·K)大20倍左右。如果孔隙中的水结成了冰，则冰的 λ 为 2.33 W/(m·K)，其结果使材料的导热系数更加增大。故绝热材料在应用时必须注意防水避潮。

4. 温度

材料的导热系数会随温度的升高而增大，因为当温度升高时，材料固体分子的热运动增强，同时，材料孔隙中空气的导热和孔壁间的辐射作用也有所增加。但这种影响，当温度为0 ℃~50 ℃时并不显著，只有对处于高温或负温下的材料，才要考虑温度的影响。

5. 热流方向

对于各向异性的材料，如木材等纤维质的材料，当热流平行于纤维方向时，热流受到阻力小；而热流垂直于纤维方向时，受到的阻力就大。

(二)温度稳定性

材料在受热作用下保持其原有性能不变的能力，称为绝热材料的温度稳定性。绝热材料必须具有一定的温度稳定性。

(三)吸湿性

绝热材料从潮湿环境中吸取水分的能力称为吸湿性。一般吸湿性越大，对隔热效果越不利。

(四)强度

由于绝热材料含有大量孔隙，故其强度一般均不大，因此，不宜将绝热材料用于承受外部荷载部位。

任务二　保温材料的压缩强度检测

任务导入

做好保温材料的压缩强度检测是判定保温材料是否合格的一项重要技术指标。准确的检测和判定保温材料的压缩强度是否合格在保温材料压缩强度检验过程中是非常重要的。下面我们一起学习如何进行 EPS 板、XPS 板、硬质泡沫聚氨酯保温材料的压缩强度的检测。

一、检测依据

《泡沫塑料与橡胶　线性尺寸的测定》(GB/T 6342—1996)、《塑料试样状态调节和试验的标准环境》(GB/T 2918—1998)、《硬质泡沫塑料　压缩性能的测定》(GB/T 8813—2008)。

二、检测目的

通过对建筑节能保温材料的压缩强度分级来判定是否符合工程设计要求。

三、检测准备

1. 仪器设备

仪器设备的名称、型号规格、量程、精度见表 9-3。

表 9-3　仪器设备列表

序号	仪器名称	型号规格	量程	精度
1	钢直尺	500 mm	0~500 mm	1 mm
2	游标卡尺	300 mm	0~300 mm	0.01 mm
3	液压式万能材料试验机	WE—600B	0~600 kN	1 级
4	泡沫板切片机	—	—	—

(1)钢直尺的长度有 150 mm、300 mm、500 mm 和 1 000 mm 四种规格。

（2）游标卡尺精度为 0.1 mm。

（3）压缩试验机测力精度为±1%，位移精度为±5%。

2. 检测环境条件要求

所有的试验应在**温度 23 ℃±2 ℃**、相对湿度 **50%±5%**的条件下进行 48 h 的状态调节。

3. 试样制备

（1）试件尺寸与数量：用泡沫切片机切（100±1）mm×（100±1）mm×（试样的原厚±1）mm，试样数量至少为 5 个。

（2）试样状态调节：试验前试样应在温度 23 ℃±2 ℃、相对湿度 50%±5%的条件下进行 6 h 的状态调节。

■ 四、检测步骤 ....

（1）试件尺寸的测量：按《泡沫塑料与橡胶 线性尺寸的测定》（GB/T 6342—1996）测量试样的初始尺寸，测试件的长、宽，测量点应尽可能分散开，至少 5 点，取每一点上 3 个读数的中值，并用 5 个或 5 个以上的中值计算平均值，分别得试件的长和宽。以测得的试样的长和宽，计算试样的初始横截面面积 A_0（mm^2）。

（2）将试样置于压缩试验机两平板的中央，加荷速度为试件厚度的 1/10 mm/min，活动板以恒定的速率压缩试样，压缩到试样厚度变为初始厚度的 85%，记录最大压缩力 F_m（N）。

■ 五、数据处理与分析 ....

（1）压缩强度计算公式如下：

$$\sigma_m = F_m/A_0 \times 10^3 \text{（kPa）}$$

式中　F_m——相对形变 $\varepsilon < 10\%$ 时的最大压缩力；

　　　A_0——试样初始横截面面积。

（2）当材料的形变 10% 前未出现最大值，则以相对形变 10% 时的压缩应力表示：

$$\sigma_{10} = F_{10}/A_0 \times 10^3 \text{（kPa）}$$

（3）试验结果以 5 个试样的平均值表示，保留 3 位有效数字；如各个试验结果之间的偏差大于 10%，则给出各个试验结果。

压缩强度检测记录及评价表分别见表 9-4 和表 9-5。

表 9-4　压缩强度检测记录表

项目	序号	试件长度	试件宽度	面积	试件厚度	最大压缩力	相对变形	相对变形 10% 的压缩力/N	压缩强度/相对变形 10% 的压缩应力/kPa	平均值/kPa
压缩强度	1									
	2									
	3									
	4									
	5									

表 9-5 压缩强度检测评价表

项目	评分依据	评价					
			优	良	中	差	未完成
			10～8分	8～6分	6～4分	4～3分	<3分
检测准备	1. 检测试件准确制作，得4分； 2. 检测试件数量达标，得3分； 3. 检查设备仪器是否运行正常，得3分	得分	1.				
			2.				
			3.				
		合计	自评		教师或第三方评价		
压缩强度检测	1. 能正确操作检测仪器，得2分； 2. 能独立正确按照检测顺序完成检测，得4分； 3. 能读取精确读数，得2分； 4. 能很好地把握操作时间，没有超过规定的时间，得2分	得分	1.				
			2.				
			3.				
		合计	自评		教师或第三方评价		
数据分析与评定	1. 能正确记录检测中所得的数据，得2分； 2. 能利用自己得到的数据分析试件是否符合要求，得4分； 3. 能正确分析造成错误结论和产生检测误差的原因，得4分	得分	1.				
			2.				
			3.				
		合计	自评		教师或第三方评价		
情感目标评价	1. 在操作过程中会严格按照步骤操作，得3分； 2. 在小组中能积极配合各成员工作，形成团队协作，使检测顺利完成，得5分； 3. 尊重检测结果并分析误差，得2分	得分	1.				
			2.				
			3.				
		合计	自评		教师或第三方评价		
综合评定							

任务三　保温材料的导热系数检测

任务导入

近年来，随着国家对建筑节能的要求越来越高，高保温（低导热系数）性能的材料的应用越来越广泛，因此，准确测定保温材料的导热系数有利于合理选材及指导围护结构节能设计，对于建筑节能来说具有十分重要的意义。下面我们一起学习如何进行 EPS 板、XPS 板、硬质泡沫聚氨酯保温材料的导热系数的检测。

一、检测依据

《泡沫塑料与橡胶　线性尺寸的测定》（GB/T 6342—1996）、《硬质泡沫塑料 尺寸稳定性试验方法》(GB/T 8811—2008)、《绝热材料稳态热阻及有关特性的测定 防护热板法》(GB/T 10294—2008)。

■ 二、检测目的

(1)掌握稳态法测定材料导热系数的方法。

(2)了解材料导热系数与温度的关系。

■ 三、检测准备

1. 仪器设备

仪器设备的名称、型号规格、量程、精度见表 9-6。

表 9-6 仪器设备列表

序号	仪器名称	型号规格	量程	精度
1	钢直尺	500 mm	0～500 mm	1 mm
2	游标卡尺	300 mm	0～300 mm	0.02 mm
3	平板导热仪	SK-DR300	—	0.000 1 W/(m² · K)
4	泡沫板切片机	—	—	—

平板导热仪防护热板装置示意图，如图 9-1 所示。

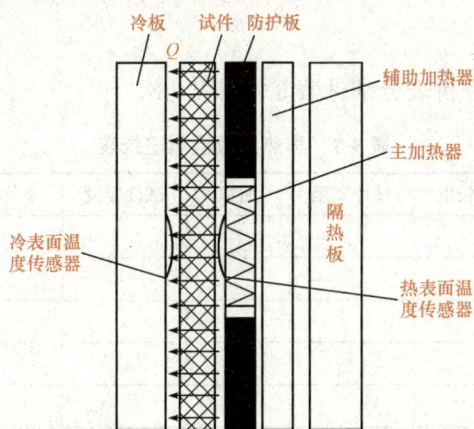

图 9-1 平板导热仪防护热板装置示意图(单平板法)

2. 检测环境条件要求

试件的初始外界温度和试验过程外界温度是恒定不变的，因此，要求试验室内的气温波动尽量减小，以免试件内部初始温度不均匀而影响测定结果。

3. 试样制备

(1)对试件的要求，应为匀质材料，非匀质材料要验证试验方法的适用性。

(2)试件表面应平整，整个表面的不平度应在试件厚度的 2% 以内，试件应绝干、恒质。

(3)试件尺寸及数量：300 mm×300 mm×(10～50) mm，(厚度和数量根据仪器确定)。

（1）准确测量试件的厚度，计算试件的平均厚度。

（2）测试平均温度、冷热面温差设定：根据产品标准要求设定。无要求时，可设为 20 ℃ 的温差，根据测试平均温度的要求，来设定冷面温度。设定：冷面温度＝平均温度－温差/2；设定：热面温度＝冷面温度＋温差。

（3）安装试件。对不同材料的试件，试件的夹紧力要控制得当。

（4）接通电源，对仪器进行预热。

（5）设定试件试验编号，输入冷热面的温度目标值。调整好仪器的时间日期。返回主控界面，开始试验。

（6）试验结束后，从仪器程序中记录试样功率 Q。

■ 五、数据处理与分析 ••

导热系数按下式计算：

$$\lambda = \frac{Q}{2A \cdot \Delta T} \cdot \delta \ (\text{W/m} \cdot \text{K})$$

式中　Q——试样功率（W）；

　　　A——面积（m³）；

　　　ΔT——温差（K）；

　　　δ——试件厚度（m）。

导热系数检测记录及评价表分别见表 9-7 和表 9-8。

表 9-7　导热系数检测记录表

试验项目	序号	试件长度	试件宽度	面积	试件厚度	平均温度	温差	功率
导热系数	1							
	2							
	3							
	4							
	5							
	6							

表 9-8　导热系数检测评价表

项目	评分依据	评价				
		优	良	中	差	未完成
		10～8分	8～6分	6～4分	4～3分	＜3分
检测准备	1. 检测试件准确制作，得4分； 2. 检测试件数量达标，得3分； 3. 检查设备仪器是否运行正常，得3分	得分	1.			
			2.			
			3.			
		合计	自评		教师或第三方评价	

项目	评分依据	评价				
		优	良	中	差	未完成
		10~8分	8~6分	6~4分	4~3分	<3分
保温材料的导热系数检测	1. 能正确操作检测仪器, 得2分; 2. 能独立、正确地按照检测顺序完成检测, 得4分; 3. 能读取精确读数, 得2分; 4. 能很好地把握操作时间, 没有超过规定的时间, 得2分	得分	1.			
			2.			
			3.			
		合计	自评		教师或第三方评价	
数据分析与评定	1. 能正确记录检测中所得的数据, 得2分; 2. 能利用自己得到的数据分析试件是否符合要求, 得4分; 3. 能正确分析造成错误结论和产生检测误差的原因, 得4分	得分	1.			
			2.			
			3.			
		合计	自评		教师或第三方评价	
情感目标评价	1. 在操作过程中会严格按照步骤操作, 得3分; 2. 在小组中能积极配合各成员工作, 形成团队协作, 使检测顺利完成, 得5分; 3. 尊重检测结果并分析误差, 得2分	得分	1.			
			2.			
			3.			
		合计	自评		教师或第三方评价	
综合评定						

任务四　保温材料的燃烧性能检测

任务导入

我国经济的飞速发展，推动了建筑业的发展速度，各类建筑工程项目随之不断增多，其中又以房屋建筑工程居多。为了进一步降低建筑能耗，外墙保温材料获得了大范围的推广应用，然而，有些保温材料的保温性能较好，但却存在易燃隐患，所以，做好保温材料的燃烧性能检测具有重要的意义。

建筑材料及制品燃烧性能的检测分级不同，其检测方法也不同。本任务以不燃性建筑材料为例，介绍其燃烧性能的检测方法。

一、检测依据

《建筑材料及制品燃烧性能分级》(GB 8624—2012)、《建筑材料不燃性试验方法》(GB/T 5464—2010)、《建筑材料可燃性试验方法》(GB/T 8626—2007)、《建筑材料及制品的燃烧

性能 燃烧热值的测定》（GB/T 14402—2007）、《建筑材料或制品的单体燃烧试验》（GB/T 20284—2006）；《塑料 用氧指数法测定燃烧行为 第 2 部分：室温试验》（GB/T 2406.2—2009）。

■ **二、检测目的** ··

在特定条件下对匀质建筑制品和非匀质制品主要组分的不燃性试验。

■ **三、检测准备** ··

1. 仪器设备

仪器设备的名称、量程、精度见表 9-9。

表 9-9　仪器设备列表

序号	仪器名称	量程	精度
1	建筑材料不燃性试验炉	0 ℃～1 500 ℃	≤2 ℃
2	电子天平	0～1 000 g	0.01 g
3	通风干燥箱	+2 ℃～350 ℃	—

2. 检测环境条件要求

试验装置不应设在风口，也不应受到任何形式的强烈日照或人工光照，以利于对炉内火焰的观察。使用环境：−5 ℃～40 ℃，试验过程中温度变化不超过+5 ℃。

■ **四、试验准备** ··

（1）工作电压：220 V±10%、50 Hz，试验炉功率：≤2 500 W。

（2）试验时显示并记录炉内、试样中心、试样表面温度。

（3）温度控制精度：≤±5 ℃。

（4）对应连接计算机的连接线，将不燃炉三支热电偶连接到控制箱背板接线座。

（5）接通仪器电源，打开控制箱电源开关。

（6）启动程序，单击"开始"，在程序中选择"不燃性试验"，单击或在计算机桌面上双击不燃性图标。

（7）单击"控温开始"按钮进行升温。此时为升温阶段，当试验炉预热至 740 ℃左右时，手动关闭软件，再重新开启试验软件，到达 750 ℃稳定后，"已进入恒功率控温阶段，请开始测试样品"指示灯亮，此时可进行试验。

■ **五、试验步骤** ··

（1）每种材料应制备 5 个试样，直径为 2～45 mm，高为 3～50 mm，试样中心钻 2 mm孔，并称量每个试样的质量。

（2）对应连接计算机的连接线，将不燃炉 3 支热电偶连接到控制箱背板接线座上。

（3）接通仪器电源，打开控制箱电源开关。

（4）启动程序，单击"开始"，在程序中选择"不燃性试验"，单击或在桌面上双击不燃性图标。

(5)单击"控温开始"按钮进行升温。此时为升温阶段，"请等候约 40 min"灯亮。试验炉预热到达 750 ℃后单击"控温结束"。然后再重新单击"控温开始"，需 20 min 左右。

(6)当"已进入恒功率控温阶段，请开始测试样品"灯亮后，进入试验测试。把计算机界面切换到测试试样 1，把试样放入试验炉内后立即单击"试样一"开始，进行试验。注意观察试验现象，直至 3 支热电偶都达到最终温度平衡。若在 30 min 内未完成试验，或试验在 30 min 前就已经达到了稳定，则将自动结束试验改为手动结束试验。

(7)试验过程中观察现象：由热电偶测得的温度在 10 min 内变化不超过 2 ℃时，则认为达到了最终温度平衡；记录试样产生持续 5 s 或更长时间连续火焰的时间等。如出现火焰，单击"持续火焰结束"按钮，此时按钮改为"持续火焰开始"。当火焰结束后单击"试验火焰开始"按钮，此时所记的时间即为持续火焰时间。

(8)在试验结束后回到升温及控温界面，依次单击"停止温度记录""控温结束""控温开始"按钮，直到"已进入恒功率控温阶段，请开始测试样品"按钮点亮，进行下一次试验。继续做试验直至 5 个试样全部做完。

(9)在 5 个试样做完后，将页面选至试验报告状态。选中要生成报告的试验，填入初始质量和最终质量后按确定键填入试样信息，单击"生成试验报告"后生成试验报告。如果结束程序，回到升温及控温界面，依次单击"停止温度记录""控温结束""退出程序"按钮。如要进行下一组试验，不要单击"结束程序"按钮，将页面选至升温及控温状态，单击"控温结束"按钮。重复以上(5)～(9)进行下一次试验。

(10)试验结束后关闭控制箱电源，清理仪器。

■ 六、试验的注意事项

(1)使用规定电压，仪器用电应有接地线。

(2)测试样品时，某些材料会释放有毒有害气体，检测应在通风橱内进行，并做好人体防护。

(3)使用液化气、天然气、煤气等燃气源时，各管路接口不应漏气，通气管老化应及时更换。

(4)试验时操作人员不能离开试验现场。

(5)计算机的控制设备应防止病毒的侵袭。

(6)配备灭火器材。

(7)试验结束时应关闭所有电源、气源。

■ 七、数据处理与分析

燃烧性能检测记录及评价表分别见表 9-10 和表 9-11。

表 9-10　燃烧性能检测记录表

试验次数	1	2	3	4	5	6	7	8	9	10
炉内温升 ΔT										
持续燃烧时间/s										
质量损失率 Δm/%										
总热值 PCS/(MJ·kg^{-1})										

表 9-11　燃烧性能检测评价表

项目	评分依据	评价				
		优	良	中	差	未完成
		10～8分	8～6分	6～4分	4～3分	＜3分
检测准备	1. 检测试件准确制作，得4分； 2. 检测试件数量达标，得3分； 3. 检查设备仪器是否运行正常，得3分	得分	1. 2. 3.			
		合计	自评		教师或第三方评价	
保温材料燃烧性能检测	1. 能正确操作检测仪器，得2分； 2. 能独立、正确地按照检测顺序完成检测，得4分； 3. 能读取精确读数，得2分； 4. 能很好地把握操作时间，没有超过规定的时间，得2分	得分	1. 2. 3.			
		合计	自评		教师或第三方评价	
数据分析与评定	1. 能正确记录检测中所得的数据，得2分； 2. 能利用自己得到的数据分析试件是否符合要求，得4分； 3. 能正确分析造成错误结论和产生检测误差的原因，得4分	得分	1. 2. 3.			
		合计	自评		教师或第三方评价	
情感目标评价	1. 在操作过程中会严格按照步骤操作，得3分； 2. 在小组中能积极配合各成员工作，形成团队协作，使检测顺利完成，得5分； 3. 尊重检测结果并分析误差，得2分	得分	1. 2. 3.			
		合计	自评		教师或第三方评价	
综合评定						

课后习题

1. 什么是绝热材料？建筑上使用绝热材料有何意义？

2. 绝热材料为何总是轻质的？使用时为什么一定要防潮？

3. 影响绝热材料绝热性能的因素有哪些？

项目九　参考答案

项目十　防水材料及其检测技术

本项目主要介绍了防水卷材、防水涂料、密封材料以及新型建筑堵漏止水材料的基本概念、组成材料、选用方法与检测技术。

(1)了解防水材料的种类；

(2)掌握防水材料的选用，能根据工程特点和所处环境正确选用防水材料；

(3)掌握合成高分子防水卷材的性能特点；

(4)了解防水涂料的性能检测；

(5)了解密封材料的应用；

(6)掌握防水材料检测项目的内容和过程。

任务一　防水材料的功能要求、分类与选用

任务导入

建筑防水材料是阻止水侵害建筑物和构筑物的功能性基础材料，**防水工程的质量在很大程度上取决于防水材料的性能和质量**。防水技术的不断更新也加快了防水材料的多样化，总体来说，防止雨水、地下水、工业和民用的给水排水、腐蚀性液体以及空气中的湿气、蒸汽等侵入建筑物的材料基本上都统称为防水材料。

一、防水材料的功能要求、分类

对建筑防水材料的要求主要是防潮、防渗、防漏。屋面、地下室、卫生间等防水工程的质量在很大程度上取决于防水材料的性能和质量，应用于工程的防水材料必须符合现行国家、行业的材料质量标准，并应满足设计要求。

1. 防水材料的普遍性要求

(1)对光、热、紫外线等具有一定的承受能力，即具有良好的耐候性。

(2)具有抗水性能力和耐酸碱性能力。

(3)能承受温差变化和各种因施工、基层伸缩、开裂等引起的应力变化。

(4)能与基层可靠连接，具有较好的整体性，且有较高的剥离强度，能形成稳定不透水的整体。

2. 不同防水部位对防水材料的要求

(1)屋面防水：由于屋面防水长期裸露在外，因此，需要材料具有很好的耐候性、耐温度、耐外力的性能，能经受长期的风吹、雨淋、日晒、冰冻等恶劣气候的影响和基层屋面结构变形的影响。

(2)外墙防水：材料应具有较好的耐候性和高延长率、高粘结性、抗下垂性等，一般选择防水密封材料并辅以衬垫保温隔热材料进行配套处理。

(3)卫生间防水：选择的防水材料应能适应基层形状的变化，有利于管道设备的敷设，以整体涂抹材料最为理想。

(4)地下防水：防水材料必须具备优质的抗渗能力和伸长率，具有良好的整体不透水性及耐地下水侵蚀的能力。

3. 防水材料的分类

防水材料大致可分为防水卷材、防水涂料、防水密封材料、刚性防水和堵漏材料几大类，见表10-1。

表 10-1　防水材料的分类

防水材料	防水卷材	普通沥青防水卷材	纸胎沥青油毡
			玻璃布沥青油毡、玻纤胎沥青油毡
			黄麻织物沥青油毡、铝箔胎沥青油毡
		高聚物改性沥青基防水卷材	弹性体改性沥青防水材料(SBS 防水卷材)
			塑性体改性沥青防水材料(APP 防水卷材)
			聚合物改性沥青复合胎防水卷材
			自粘橡胶沥青防水卷材
		高分子防水卷材	三元乙丙防水卷材
			聚氯乙烯防水卷材(PVC 防水卷材)
			氯化聚乙烯-橡胶共混防水卷材
			聚乙烯丙纶丝防水卷材
	防水涂料	改性沥青防水涂料	水乳型沥青防水涂料
			溶剂型沥青防水涂料
		合成高分子防水涂料	聚氨酯防水涂料
			聚合物水泥防水涂料
			聚合物乳液建筑防水涂料
	防水密封材料		沥青、各种密封胶、止水带、遇水膨胀橡胶等
	刚性防水、堵漏材料		水不漏、水泥基渗透结晶型防水材料等

二、防水材料的选用

防水材料品种繁多，性能各异，各有不同的优缺点，也各具相应的使用范围和要求。正确选择和使用防水材料是提高防水工程质量的关键。选择防水材料时除应满足标准、规范的规定外，主要应结合材料的性能、特点，建筑物的功能、外界环境要求、施工条件和市场价格等因素进行选择，可参考表 10-2。

表 10-2　防水材料的选用

屋面类型	材料类别				
	合成高分子卷材	高聚物改性沥青卷材	沥青基卷材	合成高分子涂料	高聚物改性沥青涂料
特别重要的建筑屋面	优先	复合采用	不宜	复合采用	不宜
重要及高层建筑屋面	优先	优先	不宜	优先	不宜
一般建筑屋面	可以	优先	可以	可以	有条件
有振动车间的屋面	优先	可以	不宜	可以	不宜
恒温恒湿屋面	优先	可以	不宜	可以	不宜
蓄水种植屋面	可以	可以	不宜	复合采用	复合采用
大跨度建筑	优先	可以	有条件	有条件	有条件
动水压作用混凝土地下室	优先	可以	不宜	可以	可以
静水压作用混凝土地下室	可以	优先	有条件	优先	可以
动水压砖墙体地下室	优先	优先	不宜	可以	不宜
卫生间	有条件	有条件	不可	优先	优先
水池内防水	有条件	不宜	不可	不宜	不宜
外墙面防水	不可	不可	不可	优先	不宜
水池外防水	可以	可以	可以	优先	优先

任务二　防水卷材

任务导入

防水卷材是将沥青类或高分子类防水材料浸渍在胎体上，制作成的一种可卷曲的并以卷材形式提供的防水材料。根据其主要防水组成材料可分为沥青防水材料、高聚物改性防水卷材和合成高分子防水卷材三大类；根据胎体的不同可分为无胎体卷材、纸胎卷材、玻璃纤维胎卷材、玻璃布胎卷材和聚乙烯胎卷材。防水卷材应具备良好的耐水性，对温度变化的稳定性（高温下不流淌、不起泡、不滑动；低温下不脆裂），一定的机械强度、延伸性和抗断裂性，还要有一定的柔韧性和抗老化性等。

一、沥青防水卷材

凡用原纸或玻璃布、石棉布、棉麻织品等胎料浸渍石油沥青（或焦油沥青）制成的卷状材料，称为浸渍卷材（有胎卷材）。将石棉、橡胶粉等掺入沥青材料中，经碾压制成的卷状材料称为辊压卷材（无胎卷材）。这两种卷材统称为沥青防水卷材。

(一)石油沥青纸胎油毡

沥青防水卷材中最具代表性的是石油沥青纸胎油毡，如图 10-1 所示。其是防水卷材中历史最早的品种。它是用低软化点的石油沥青浸渍原纸（原纸是一种生产油毡的专用纸，主要成分为棉纤维，外加入 20%～30% 的废纸制成），再用高软化点的石油沥青涂盖油纸的两面，并涂撒隔离材料制成的一种防水卷材。其中，表面撒石粉作为隔离材料的油毡称为粉毡；撒云母片作为隔离材料的油毡称为片毡。

油毡幅宽有 915 mm 和 1 000 mm 两种规格，每卷面积为 20 m² ±0.3 m²。油毡按其原纸纸胎 1 m² 的质量克数分为 200、350 和 500 三个标号。

图 10-1　石油沥青纸胎油毡

石油沥青纸胎油毡的防水性能较差，耐久年限低，一般只能用作多层防水。其中，500 号粉毡用于"三毡四油"的面层；350 号粉毡用于里层和下层，也可用"二毡三油"的简易做法来做非永久性建筑的防水层；350 号和 500 号片毡仅适用于单层防水；200 号油毡因原纸胎较薄、抗拉强度较低，一般只适用于简易防水、临时性建筑防水、建筑防潮及包装等。

(二)石油沥青纸胎油纸

石油沥青纸胎油纸是用低软化点石油沥青浸渍原纸所制成的一种无涂盖层的纯纸胎防水卷材，简称油纸。油纸按原纸 1 m² 的质量克数分为 200 和 350 两个标号。其主要适用于建筑防潮和包装，也可用于多层防水的下层或刚性防水层的隔离层。

在施工时，石油沥青油纸或油毡只能用石油沥青粘贴，贮运时应竖直堆放，最高不超过两层，要避免雨淋、日晒、受潮和高温（粉毡不高于 45 ℃，片毡不高于 50 ℃）。

(三)石油沥青玻璃布油毡

石油沥青玻璃布油毡是采用石油沥青涂盖材料浸涂玻璃纤维织布的两面，再涂以隔离材料所制成的一种以无机材料为胎体的沥青防水卷材，如图 10-2 所示。

石油沥青玻璃布油毡按其上表面隔离材料可分为膜面、粉面及砂面三种。

石油沥青玻璃布油毡幅宽为 1 000 mm，按 10 m² 标称质量克数分为 15、25 和 35 三个标号，按物理性能分为优等品（A）、一等品（B）和合格品（C）三个等级。

石油沥青玻璃布油毡的抗拉强度高于 500 号纸胎石油沥青油毡，柔韧性较好，耐磨、耐腐蚀性较强，吸水率低，耐热性也要比纸胎石油沥青油毡提高一倍以上，适应于地下防水层、防腐层、屋面防水层及金属管道（热管道除外）的防腐保护等。

图 10-2　石油沥青玻璃布油毡

（四）铝箔面石油沥青防水卷材

铝箔面石油沥青防水卷材（简称铝箔面卷材）是采用玻璃毡为胎基，浸涂石油沥青，其上表面用压纹铝箔、下表面用细砂或聚乙烯膜（PE）作为隔离处理的防水卷材。

卷材按单位面积质量将其标号分为 30 号和 40 号两种。其中，30 号卷材厚度不小于 2.4 mm，40 号卷材厚度不小于 3.2 mm。幅宽为 1 000 mm。产品按名称、标号等顺序标记。

铝箔作为覆面材料具有反射紫外线、反射热能的功能，有美观的装饰效果，具有降低屋面及室内温度的作用。其中，30 号铝箔面油毡适用于多层防水工程的面层，40 号铝箔面油毡适用于单层或多层防水工程的面层。

■ 二、改性沥青防水卷材 ···

（一）SBS（弹性体）改性沥青防水卷材

弹性体（SBS）改性沥青防水卷材是以玻纤毡、聚酯毡等增强材料为胎体，以苯乙烯-丁二烯-苯乙烯（SBS）共聚热塑性弹性体作为改性剂，两面覆以隔离材料，如聚乙烯膜、细砂、粉料或矿物粒（片）料，所制成的建筑防水卷材，简称 SBS，如图 10-3 所示。

SBS 改性沥青防水卷材的弹性好，延伸率高达 150%，大大优于普通纸胎油毡，对结构变形有很高的适应性；耐高温、低温，有效使用范围广，为 -38 ℃～119 ℃；耐疲劳性能优异，疲劳循环 1 万次以上仍无异常；价格低，施工方便，可以冷法粘贴，也可以热熔铺贴，具有较好的温度适应性和耐老化性能，是一种技术经济效果较好的中档新型防水材料。SBS 改性沥青防水卷材通常采用冷贴法施工。除用于一般工业与民用建筑防水外，尤其适用于高级、高层建筑物的屋面、地下室、卫生间等的防水防潮，以及桥梁、停车场、屋顶花园、游泳池、蓄水池、隧道等建筑的防水。由于该卷材具有良好的低温柔性和极高的弹性、延伸性，更适用于北方寒冷地区及结构易变形的建筑物防水。

(二)APP(塑性体)改性沥青防水卷材

塑性体(APP)改性沥青防水卷材是以玻纤毡或聚酯毡为胎体，以无规聚乙烯(APP)或聚烯烃类聚合物(APAO、APO)作改性剂，两面覆以隔离材料所制成的建筑防水卷材，简称 APP，如图 10-4 所示。

塑性体(APP)改性沥青防水卷材具有良好的弹塑性、耐热性和耐紫外老化性能，其软化点在 150 ℃以上，温度适应范围为－15 ℃～130 ℃，耐腐蚀性好，自燃点较高(265 ℃)。**与 SBS 改性沥青防水卷材相比，APP 改性沥青防水卷材由于耐热度更好，且有着良好的耐紫外老化性能，除在一般的屋面、地下防水工程以及水池、隧道、水利工程中使用外，更适用于高温或有太阳辐照地区的建筑物防水。使用寿命在 15 年以上。**

图 10-3 SBS 防水卷材

图 10-4 APP 防水卷材

(三)SBS 与 APP 改性沥青防水卷材的分类及品种

两种卷材按胎基可分为聚酯胎(PY)和玻纤胎(G)两类；按上表面材料可分为聚乙烯膜(PE)、细砂(S)与矿物粒(片)料(M)三种；按物理力学性能可分为Ⅰ型和Ⅱ型；按不同胎基、不同上表面材料，两种卷材均可分为 6 个品种，见表 10-3。

表 10-3 改性沥青防水卷材品种代号

上表面材料	胎基	
	聚酯胎	玻纤胎
聚乙烯膜	PY-PE	G-PE
细砂	PY-S	G-S
矿物粒(片)料	PY-M	G-M

两种卷材的幅宽均为 1 000 mm。聚酯胎卷材的厚度有 3 mm、4 mm 两种；玻纤胎卷材的厚度有 2 mm、3 mm、4 mm 三种。每卷的面积有 15 m²、10 m²、7.5 m² 三种。两种卷材的各项物理性能指标见表 10-4。需要注意的是，表中的 1～6 项为强制性项目。当需要耐热度超过 130 ℃的卷材时，该指标可由供需双方协商确定。

表 10-4　SBS 卷材及 APP 卷材物理力学性能

序号	胎基			PY		G	
	型号			I	II	I	II
1	可溶物含量 /(g·m⁻²)	2 mm		—		1 300	
		3 mm		2 100			
		4 mm		2 900			
2	不透水性	压力/MPa	≥	0.3		0.2	0.3
		保持时间/min	≥	30			
3	耐热度/℃ 无滑动、流淌、滴落		SBS	90	105	90	105
			APP	110	130	110	130
4	拉力(N/50mm) ≥		纵向	450	800	350	500
			横向			250	300
5	最大拉力时延伸率/% ≥		SBS	30	40	—	
			APP	25	40		
6	低温柔度/℃ 无裂纹		SBS	−18	−25	−18	−25
			APP	−5	−15	−5	−15
7	撕裂强度/N ≥		纵向	250	350	250	350
			横向			170	200
8	人工气候加速老化	外观		I 级 无滑动、流淌、滴落			
		拉力保持率/% ≥	纵向	80			
		低温柔度/℃ 无裂纹	SBS	−10	−20	−10	−20
			APP	3	−10	3	−10

(四)自粘橡胶沥青防水卷材

自粘卷材是指在常温下能自行与基层或与卷材粘结的改性沥青卷材。**自粘卷材可分为无胎基和有胎基两类。**

自粘橡胶沥青防水卷材是指以沥青 SBS 和 SBR 等弹性体为基料，掺入增塑、增黏材料和填充材料，无膜（双面自粘）或以聚乙烯膜、铝箔为表面材料，采用防粘隔离层的自粘防水卷材，以下简称自粘卷材，如图 10-5 所示。

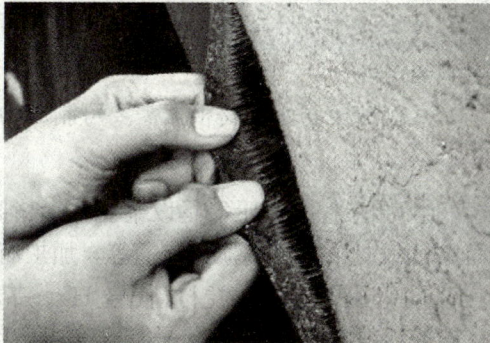

图 10-5　自粘橡胶沥青防水卷材

自粘卷材按表面材料可分为聚乙烯膜(PE)、铝箔(AL)与无膜(N)三种自粘卷材；按使用功能可分为外露防水工程(O)与非外露防水工程(I)两种使用状况。

自粘卷材的幅宽有 920 mm、1 000 mm 两种；其厚度有 1.2 mm、1.5 mm 和 2.0 mm 三种；每卷面积有 20 m²、10 m²、5 m² 三种。自粘卷材的各项物理性能应符合表 10-5 的要求。

表 10-5　自粘橡胶沥青防水卷材物理力学性能

项目		表面材料		
		PE	AL	N
土透水性	压力/MPa	0.2	0.2	0.1
	保持时间/min		120，不透水	30，不透水
耐热度		—	80 ℃，加热 2 h，无气泡、无滑动	—
拉力/(N·5 cm⁻¹) ≥		130	100	—
断裂延伸率/% ≥		450	200	450
柔度		−20 ℃，φ20 mm，3 s，180°无裂纹		
剪切性能 /(N·mm⁻¹)	卷材与卷材 ≥	2.0 或粘合面外断裂		粘合面外断裂
	卷材与铝板 ≥			
剥离性能/(N·mm⁻¹)		1.5 或粘合面外断裂		粘合面外断裂
抗穿孔性		不渗水		
人工气候 加速老化	外观	无裂纹、无气泡		
	拉力保持率/% ≥	—	80	—
	柔度	−10 ℃，φ20 mm，3 s，180°无裂纹		

自粘橡胶沥青防水卷材属于无胎基卷材，主要靠以 SBS 等弹性体与沥青为基料制成的冷胶粘剂材料制成，其具有很好的低温柔性、延展性和耐热性、不透水性、自愈性，由于自身能自行与基层及卷材粘结，所以，施工方便、安全，对环境无污染。表面材料为聚氯乙烯膜的自粘卷材适用于非外露的防水工程，表面材料为铝箔的自粘卷材适用于外露的防水工程，无膜双面自粘卷材适用于辅助防水工程。

■ 三、合成高分子防水卷材 ······································

高分子防水卷材是以合成橡胶、合成树脂或两者共混体系为基料，加入适量的化学助剂和填充剂等，经过混炼、塑炼、压延或挤出成型、硫化、定型等工序加工制成的片状可卷曲的防水材料。

高分子防水卷材，按基料可分为橡胶类、树脂类、橡塑共混类三大类；按加工工艺将橡胶类分为硫化型和非硫化型；高分子防水卷材根据需要可制成均质体和复合型。

(一)聚氯乙烯防水卷材

聚氯乙烯(PVC)防水卷材，如图 10-6 所示，是以聚氯乙烯树脂为主要原料，掺加增塑剂、填充剂、抗氧化剂、抗紫外线吸收剂和其他加工剂等，加工而成的建筑防水材料。

聚氯乙烯防水卷材按产品的组成分为均质卷材(代号 H)、带纤维背衬卷材(代号 L)、织物内增强卷材(代号 P)、玻璃纤维内增强卷材(代号 G)、玻璃纤维内增强带纤维背衬卷材

（代号 GL）。

聚氯乙烯防水卷材公称长度规格为 5 m、20 m、25 m；公称宽度规格为 1.00 m、2.00 m；厚度规格为 1.2 mm、1.5 mm、1.8 mm、2.0 mm。其他规格可由供需双方商定。聚氯乙烯防水卷材的物理力学性能见表 10-6。

表 10-6　聚氯乙烯防水卷材物理力学性能

序号	项　目			指标				
				H	L	P	G	GL
1	中间胎基上面树脂层厚度/mm		≥	—		0.40		
2	拉伸性能	最大拉力/(N·cm⁻¹)	≥	—	120	250		120
		拉伸强度/MPa	≥	10.0	—	—	10.0	
		最大拉力时伸长率/%	≥			15		
		断裂伸长率/%	≥	200	150	—	200	100
3	热处理尺寸变化率/%		≤	2.0	1.0	0.5	0.1	0.1
4	低温弯折性			−25 ℃无裂纹				
5	不透水性			0.3 MPa，2 h 不透水				
6	抗冲击性能			0.5 kg·m，不渗水				
7	抗静态荷载			—		20 kg，不渗水		
8	接缝剥离强度/(N·mm⁻¹)		≥	4.0 或卷材破坏		3.0		
9	直角撕裂强度/(N·mm⁻¹)		≥	50	—	50		
10	梯形撕裂强度/N		≥		150	250		220
11	吸水率(70 ℃，168 h)/%	浸水后	≤	4.0				
		凉置后	≥	−0.40				
12	热老化(80 ℃)	时间/h		672				
		外观		无起泡、裂纹、分层、粘接和孔洞				
		最大拉力保持率/%	≥	—	85	85	—	85
		拉伸强度保持率/%	≥	85	—	—	85	
		最大拉力时伸长率保持率/%	≥			80		
		断裂伸长率保持率/%	≥	80	80		80	80
		低温弯折性		−20 ℃无裂纹				
13	耐化学性	外观		无起泡、裂纹、分层、粘接和孔洞				
		最大拉力保持率/%	≥	—	85	85		85
		拉伸强度保持率/%	≥	85	—	—	85	
		最大拉力时伸长率保持率/%	≥			80		
		断裂伸长率保持率/%	≥	80	80		80	80
		低温弯折性		−20 ℃无裂纹				

序号	项目			指标				
				H	L	P	G	GL
14	人工气候加速老化	时间/h		1 500				
		外观		无起泡、裂纹、分层、粘接和孔洞				
		最大拉力保持率/%	≥	—	85	85	—	85
		拉伸强度保持率/%	≥	85	—	—	85	—
		最大拉力时伸长率保持率/%	≥	—	—	80	—	—
		断裂伸长率保持率/%	≥	80	80	—	80	80
		低温弯折性		−20 ℃无裂纹				

聚氯乙烯防水卷材的拉伸强度高,延伸率好,对基层伸缩或开裂变形的适应性强,具有较好的低温柔性和耐热性,耐老化性能良好。聚氯乙烯防水卷材可以冷施工,也可采用热风焊接,施工方便,机械化程度高。聚氯乙烯防水卷材适用于工业与民用建筑的各种屋面防水、建筑物的地下防水、隧道防水以及旧屋面的维修等。

(二)三元乙丙橡胶防水卷材

三元乙丙橡胶防水卷材是以三元乙丙橡胶或掺入适量丁基橡胶为原料,加入软化剂、填充剂、补强剂、硫化剂、促进剂和稳定剂等,经配料、密炼、塑炼、过滤、拉片、挤出或压延成型、硫化等工序制成的高强度弹性防水材料,如图10-7所示。

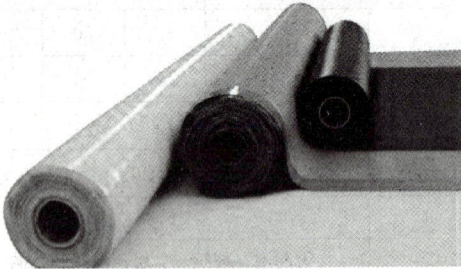

图10-6　聚氯乙烯防水卷材

图10-7　三元乙丙橡胶防水卷材

三元乙丙橡胶防水卷材按工艺可分为硫化型(代号JL1)和非硫化型(JF1)两种。其中硫化型占主导地位。三元乙丙橡胶防水卷材长度规格为:每卷长度为20 m;幅宽为1 000 mm或1 200 mm;厚度为1.0、1.2、1.5、1.8、2.0(mm)。三元乙丙橡胶防水卷材的物理力学性能见表10-7。

表10-7　三元乙丙防水卷材物理力学性能

项目			指标	
			硫化橡胶类(均质片)JL1	非硫化橡胶类(均质片)JF1
断裂拉伸强度/MPa	常温	≥	7.5	4.0
	60 ℃	≥	2.3	0.8

项目			指标	
			硫化橡胶类 (均质片)JL1	非硫化橡胶类 (均质片)JF1
扯断伸长率/%	常温	≥	450	400
	−20 ℃	≥	200	200
撕裂强度/(kN·m⁻¹)		≥	25	18
不透水性(30 min)			0.3 MPa 无渗漏	
低温弯折温度/℃		≤	−40	−30
加热伸缩量/mm	延伸	≤	2	2
	收缩	≤	4	4
热空气老化(80 ℃×168 h)	断裂拉伸强度保持率	≥	80	80
	扯断伸长率保持率	≥	70	70
耐碱性	断裂拉伸强度保持率	≥	80	80
	扯断伸长率保持率	≥	80	80
臭氧老化(40 ℃×168 h)	伸长率40%，500×10⁻⁸		无裂纹	无裂纹
	伸长率20%，500×10⁻⁸		—	—
	伸长率20%，100×10⁻⁸		—	—
人工气候老化	断裂拉伸强度保持率	≥	80	80
	扯断伸长率保持率	≥	70	70
粘结剥离强度(片材与片材)	N/mm(标准试验条件)	≥	1.5	
	浸水保持率(常温×168 h)(%)	≥	70	

　　三元乙丙橡胶防水卷材与传统的沥青防水材料相比，具有防水性能优异、耐候性好、耐臭氧和耐化学腐蚀性强、弹性和抗拉强度高、对基层材料的伸缩或开裂变形适应性强、质量轻、使用温度范围宽(−60 ℃～120 ℃)、使用年限长(30～50 年)、可以冷施工、施工成本低等优点。**三元乙丙橡胶防水卷材最适用于屋面工程作单层外露防水，也适用于有保护层的屋面或室内楼地面、厨房、厕所及地下室、储水池、隧道等土木建筑工程防水。**

(三)氯化聚乙烯-橡胶共混防水卷材

　　氯化聚乙烯-橡胶共混防水卷材是指以氯化聚乙烯树脂和丁苯橡胶混合体为基本原料，加入适量软化剂、防老化剂、稳定剂、填充剂和硫化剂，经混合、混炼、过滤、挤出或压延成型、硫化等工序，加工制成的防水卷材，简称共混卷材。共混卷材具有塑料和橡胶的特点，具有高强度和较好的耐老化性能，以及高弹性、高延伸性和耐臭氧性及良好的耐低温性能。共混卷材大气稳定性好，使用年限长，可采用单层冷作业粘贴，工艺简便。

　　共混卷材可用于屋面工程作单层外露防水，也可用于保护层的屋面或楼地面、厨房、卫生间及储水池等处的防水。

四、防水卷材的性能检测

(一)改性沥青防水卷材的拉伸性能测试

1. 检测依据

《建筑防水卷材试验方法 第8部分：沥青防水卷材 拉伸性能》(GB/T 328.8—2007)。

2. 检测目的

检测改性沥青防水卷材的拉伸性能，判断材料的性能指标是否符合相关规定要求。

3. 检测准备

(1)仪器设备。拉力试验机：测量范围为 0～2 000 N，最小分度值不大于 5 N，夹具夹持宽度不小于 50 mm；量尺：精确至 0.1 cm。

(2)试件准备。

①拉伸性能、耐热性、低温柔性、不透水性等试件裁取均按《建筑防水卷材试验方法 第8部分：沥青防水卷材拉伸性能》(GB/T 328.8—2007)取样方法均匀分布裁取。

②《弹性体改性沥青防水卷材》(GB 18242—2008)、《塑性体改性沥青防水卷材》(GB 18243—2008)、《自粘聚合物改性沥青防水卷材》(GB 23441—2009)中 PY 类产品的试件为纵、横向各5条(250～320) mm×50 mm 长条试件，长度方向为试验方向，试验前去除试件表面的非持久层(如防粘膜)。

4. 检测步骤

(1)试件裁取后，应在试验环境条件下至少**放置 20 h** 再进行拉伸试验。

(2)调整好拉力机后，将试件紧紧地夹在拉伸试验机的夹具中，注意试件长度方向的中线与试验机夹具中心在一条线上。夹具间距离为 200 mm±2 mm，速度为 100 mm/min±10 mm/min 或者 50 mm/min。为防止试件从夹具中滑移应作标记。开动试验机使受拉试件被拉断为止，读出拉断时试验机的读数即为试件的拉力。《弹性改性沥青防水卷材》(GB 18242—2008)、《塑性体改性沥青防水卷材》(GB 18243—2008)及《自粘聚合物改性沥青防水卷材》(GB 23441—2009)中 PY 类产品的初始夹具间距离 $L_0 = 200$ mm，《自粘聚合物改性沥青防水卷材》(GB 23441—2009)中 N 类产品的初始夹具间距离 $L_0 = 50$ mm。

5. 检测数据

$$拉力\ F = (F_1 + F_2 + F_3 + F_4 + F_5)/5$$

式中　F_i——纵横向各个试件的最大拉力(N/50 mm)。

$$各个试件最大拉力时延伸率\ E_i = (L_1 - L_0)/L_0 \times 100\%$$

式中　L_1——试件最大拉力时夹具间距离；

　　　L_0——初始夹具间距离。

最后结果　　　　　　$$E = (E_1 + E_2 + E_3 + E_4 + E_5)/5$$

取纵、横向试件的平均值作为各自的试验结果，对于复合增强的卷材在应力-应变图上有两个或更多峰值，拉力应记录两个最大值。同时，在试验过程中观察并记录拉伸时的现象：如试件中部沥青涂层有无开裂或与胎基分离现象；N 类产品在膜断前有无沥青涂层与膜分离现象等。

6. 检测结果评定

《弹性改性沥青防水卷材》(GB 18242—2008)中规定聚酯胎Ⅰ型产品的最大峰拉力应不小于 500 N/50 mm，最大峰的延伸率应不小于 30％。

《塑性体改性沥青防水卷材》(GB 18243—2008)中规定聚酯毡Ⅰ型产品最大峰拉力应不小于 500 N/50 mm，最大峰的延伸率应不小于 25％。

《弹性改性沥青防水卷材》(GB 18242—2008)、《塑性体改性沥青防水卷材》(GB 18243—2008)中规定玻纤毡Ⅰ型产品的拉力应不小于 350 N/50 mm，延伸率不作要求。

《自粘聚合物改性沥青防水卷材》(GB 23441—2009)中规定厚度为 3 mm 的自粘聚酯胎卷材Ⅰ型产品的拉力应不小于 450 N/50 mm，其最大拉力时的延伸率应不小于 30％。

(二)改性沥青防水卷材的耐热性检测

1. 检测依据

《建筑防水卷材试验方法 第 11 部分：沥青防水卷材 耐热性》(GB/T 328.11—2007)。

2. 检测目的

检测改性沥青防水卷材的耐热性能，判断材料的性能指标是否符合相关规定要求。

3. 检测准备

(1)仪器设备。

①电热恒温干燥箱：带有热风循环装置，在试验范围内最大温度波动±2 ℃，当门打开 30 s 后，恢复温度到工作温度的时间不超过 5 min。箱内带有可悬挂的平板。

②悬挂装置：宽度至少为 100 mm，能夹住试件的整个宽度在一条线，并被悬挂在试验区域。

③光学测量装置：刻度至少为 0.1 mm。

(2)试件准备。

①《自粘聚合物改性沥青防水卷材》(GB 23441—2009)中 N 类产品的耐热性试件为纵向 100 mm×横向 50 mm 的 3 块试件，去除防粘膜后粘贴在干净、光洁的胶合板上，用规定的压辊滚压三次。然后做好标记悬挂备用。

②《弹性改性沥青防水卷材》(GB 18242—2008)、《塑性体改性沥青防水卷材》(GB 18243—2008)及《自粘聚合物改性沥青防水卷材》(GB 23441—2009)中 PY 类产品的耐热性试件为纵向 125 mm×横向 100 mm 的 3 块试件，去除非持久保护层，打孔标记后悬挂备用。

4. 检测步骤

(1)将制备的一组 3 个试件露出的胎体处用悬挂装置夹住，涂盖层不要夹到。必要时，用如硅纸的不粘层包住两面便于在试验结束时除去夹子。

(2)制备好的试件垂直悬挂在烘箱的相同高度，间隔至少 30 mm，此时烘箱的温度不能下降太多，开关烘箱门放入试件的时间不超过 30 s，放入试件后加热时间为 120 min±2 min。

(3)加热周期一结束，试件和悬挂装置一起从烘箱中取出，相互间不要接触，在 23 ℃±2 ℃自由悬挂冷却至少 2 h。

5. 检测数据

除悬挂装置外，在试件两面画第二个标记，用光学测量装置在每个试件的两面测量两个标记底部间的最大距离 ΔL，精确至 0.1 mm。

6. 检测结果评定

《自粘聚合物改性沥青防水卷材》(GB 23441—2009)中 N 类产品涂盖层滑动不超过 2 mm；PY 类涂盖层无滑动、流淌、滴落。

《弹性改性沥青防水卷材》(GB 18242—2008)及《塑性体改性沥青防水卷材》(GB 18243—2008)中产品涂盖层滑动不超过 2.0 mm 且无流淌、滴落；滑动值上、下表面分别测量并计算平均值，上、下表面滑动平均值均不超过 2.0 mm 为合格。

(三)改性沥青防水卷材的低温柔性检测

1. 检测依据

《建筑防水卷材试验方法 第 14 部分：沥青防水卷材 低温柔性》(GB/T 328.14—2007)。

2. 检测目的

检测改性沥青防水卷材的低温柔性，判断材料的性能指标是否符合相关规定要求。

3. 检测准备

(1)低温箱。有空气循环的低温空间，可调节温度至−45 ℃，精度为±2 ℃，符合标准低温柔性与低温弯折的温度要求。

(2)低温柔度测试仪。上装置由两个直径为 20 mm±0.1 mm 不旋转的圆筒，一个直径为 30 mm±0.1 mm 的圆筒或半圆筒弯曲轴组成，可以根据样品要求替换其他直径弯曲轴，如 20 mm、50 mm 等，该轴在两个圆筒中间，能够向上移动。两个圆筒间距离可以调节，即圆筒和弯曲轴间的距离能调节为卷材的厚度。整个装置浸入能控制温度在＋20 ℃～−40 ℃，精度 0.5 ℃温度条件的冷冻液中。试验时，试件完全浸入冷冻液中，弯曲轴可以保持360 mm/min±40 mm/min 的速度移动，并使试件能够弯曲180°，且试验结束时，试件应露出冷冻液。

(3)冷冻液。不与卷材反应的液体，如低于−20 ℃的乙醇/水混合物(体积比为 2∶1)、丙烯乙二醇/水溶液(体积比为 1∶1)等。

(4)柔度棒或弯板。半径 r 为 15 mm、25 mm 等。

4. 检测步骤

(1)试件试验前应在 23 ℃±2 ℃的平板上放置至少 4 h，并且相互之间不能接触，也不能粘在板上。可以用硅纸垫，表面的松散颗粒用手轻轻敲打除去。

(2)两组各 3 个试件，全部试件按规定温度处理后，一组是上表面试验；另一组是下表面试验。

(3)试件放置在圆筒和弯曲轴之间，试验面朝上，然后设置弯曲轴以 360 mm/min±40 mm/min 的速度顶着试件向上移动，试件同时绕轴弯曲。轴移动的终点在圆筒上面30 mm±1 mm 处。试件的表面明显露出冷冻液，同时液面也因此下降。在弯曲过程 10 s内，在适宜的光源下用肉眼检查试件有无裂纹，必要时，用辅助光学装置帮助。假若有一条或更多的裂纹从涂盖层深入到胎体层，或完全贯穿无增强卷材，即存在裂缝。一组 3 个试件应分别试验检查。假若装置的尺寸满足，可以同时试验几组试件。

(4)冷弯温度测定：假若沥青卷材的冷弯温度要测定(如人工老化后变化的结果)，按上述步骤进行试验。

5. 检测数据

裂缝：沥青防水卷材涂盖层的裂纹扩展到胎体或完全贯穿无增强卷材。

无裂缝：即没有从涂盖层表面深入到胎体层或完全贯穿无增强卷材的裂纹。

6. 检测结果评定

(1)**规定温度的柔度结果**。一个试验面 3 个试件在规定温度下至少 2 个无裂缝为通过，上表面和下表面的试验结果要分别记录。

(2)**冷弯温度测定的结果**。在测定冷弯温度时，3 个试件中应至少有 2 个通过试验要求得到的温度，这冷弯温度是该卷材试验面的，上表面和下表面的结果应分别记录(卷材的上表面和下表面可能有不同的冷弯温度)。测得的试验结果按要求分别填写在表 10-8 和表 10-9 中。

表 10-8　改性沥青防水卷材性能检测记录

样品名称规格				试样编号		
环境温度				检测依据		
序号	检测项目	拉伸速度：	mm/min	拉力前夹具间距：		mm
1	拉力/N	试件编号(纵向)	拉断力/N	试件编号(横向)		拉断力/N
		B_1		B_1'		
		B_2		B_2'		
		B_3		B_3'		
		B_4		B_4'		
		B_5		B_5'		
		平均值		平均值		
2	最大拉伸时的延伸率%	拉伸速度：	mm/min	试件初始标距：		mm
		试件编号(纵向)	最大拉力时的标距/mm	试件编号(横向)		最大拉力时的标距/mm
		B_1		B_1'		
		B_2		B_2'		
		B_3		B_3'		
		B_4		B_4'		
		B_5		B_5'		
		平均值		平均值		
3	耐热度/℃	设置温度：	℃ 保持时间：	h		
		试件编号	D_1	D_2		D_3
		检测结果				
4	低温柔度/℃	设置温度： ℃ 保持时间： h $r=$ mm 圆棒 3 s				
		逐个记录：6 个试件中 3 个 E 试件下表面及另 3 个 E' 试件上表面与圆棒接触				
		试件编号	E_1　　E_2	E_3　　E_1'		E_2'　　E_3'
		有无裂纹				
		检测结果				
检测结论						

表 10-9　改性沥青防水卷材检测评价表

项目	评分依据	学生自评					
		优	良	中	差	未完成	
		10～8分	8～6分	6～4分	4～3分	<3分	
检测准备	1. 检测前能正确切取试样，得3分； 2. 能正确调整拉力机上下的夹具距离，得3分； 3. 能正确选择电热恒温，得2分； 4. 能正确选择柔度棒，得2分	得分	1. 2. 3.				
		合计	4. 自评		教师或第三方评价		
改性沥青防水卷材检测	1. 能正确操作拉力机，并正确记录拉力值，得4分； 2. 能正确冷却试件和柔度棒并记录结果，得3分； 3. 能正确升温试件并记录结果，得3分	得分	1. 2. 3.				
		合计	自评		教师或第三方评价		
数据分析与评定	1. 能正确计算拉力值和延伸率，得4分； 2. 能正确判断试件低温柔度是否合格，得3分； 3. 能正确判断试件耐热度是否合格，得3分	得分	1. 2. 3.				
		合计	自评		教师或第三方评价		
情感目标评价	1. 在操作过程中会严格按照步骤操作，得3分； 2. 在小组中能积极配合各成员工作，形成团队协作，使检测顺利完成，得5分； 3. 尊重检测结果并分析误差，得2分	得分	1. 2. 3.				
		合计	自评		教师或第三方评价		
综合评定							

(四)高分子防水卷材的拉伸性能测试

1. 检测依据

《建筑防水卷材试验方法 第9部分：高分子防水卷材 拉伸性能》(GB/T 328.9—2007)。

2. 检测目的

检测高分子防水卷材的拉伸性能，判断材料的性能指标是否符合相关规定要求。

3. 检测准备

(1)仪器设备。

①拉力试验机：测量范围为0～2 000 N，最小分度值不大于5 N，夹具夹持宽度不小于50 mm。

②厚度计：接触面直径为6 mm。

(2)试件准备。按相关标准《聚氯乙烯(PVC)防水卷材》(GB 12952—2011)、《氯化聚乙烯防水卷材》(GB 12953—2003)、《高分子防水材料 第1部分：片材》(GB 18173.1—2012)

规定的试件裁取图均匀分布裁取常温或无处理拉伸性能试件。

①《聚氯乙烯(PVC)防水卷材》(GB 12952—2011)及《氯化聚乙烯防水卷材》(GB 12953—2003)中 N 类(无复合层)产品：纵、横向各 6 片符合《硫化橡胶或热塑性橡胶 拉伸应力应变性能的测定》(GB/T 528—2009)要求的哑铃Ⅰ型试件，纵、横向各试验 5 片，另一片备用。

②《聚氯乙烯(PVC)防水卷材》(GB 12952—2011)及《氯化聚乙烯防水卷材》(GB 12953—2003)中 L 类(纤维单面复合)及 W 类(织物内增强)产品：纵、横向各 6 片符合哑铃Ⅰ型试件，纵、横向各试验 5 片，另一片备用。

③《高分子防水材料 第 1 部分：片材》(GB 18173.1—2012)中 FS2 类(聚乙烯、乙烯乙酸乙酯等树脂类)复合片：纵、横向各 5 条 200 mm×25 mm。

④《高分子防水材料 第 1 部分：片材》(GB 18173.1—2012)中除 FS2 类外的其他产品：纵、横向各 5 片，符合《硫化橡胶或热塑性橡胶 拉伸应力应变性能的测定》(GB/T 528—2009)中哑铃Ⅰ型试件。

4. 检测步骤

(1)试件裁取后应除去非持久层，试验前在试验环境条件下至少放置 20 h 后再进行拉伸试验。

(2)《聚氯乙烯(PVC)防水卷材》(GB 12952—2011)及《氯化聚乙烯防水卷材》(GB 12953—2003)产品采用 250 mm/min 拉伸速度进行试验。其中 N 类产品，夹具初始距离为 75 mm，标线间距 L_0＝25 mm。采用分度值为 0.01 mm，压力为(22±5)kPa，接触面直径为 6 mm 的厚度计测试试件厚度，保持时间 5 s。L 类、W 类另见标准。

(3)《高分子防水材料 第 1 部分：片材》(GB 18173.1—2012)中 FS2 类产品采用 100 mm/min 速度拉至试样完全断裂，初始夹持间距 L_0＝120 mm。

(4)《高分子防水材料 第 1 部分：片材》(GB 18173.1—2012)中均质片采用 500 mm/min (橡胶类)或 250 mm/min(树脂类)拉伸速度。初始夹具间距为 70～75 mm，标线间距 L_0＝25 mm。测厚仪也采用分度为 0.01 mm，压力为(22±5)kN，接触面直径为 6 mm 的测厚仪。

(5)《高分子防水材料 第 1 部分：片材》(GB 18173.1—2012)中复合片(除 FS2 类外)先用 25 mm/min 拉伸至试样加强层断裂后，再以 500 mm/min(橡胶类)或 250 mm/min(树脂类)拉伸速度拉至试件完全断裂。初始夹具间距 L_0＝50 mm。

(6)试验在试验环境条件下进行，夹具移动的速度恒定，连续记录拉力和对应夹具(或引伸计)间分开的距离，直至试件断裂，读取断裂时力 F_b，若试件在标线外断裂，数据作废。

5. 检测数据

(1)均质片[包括《聚氯乙烯(PVC)防水卷材》(GB 12952—2011)及《氯化聚乙烯防水卷材》(GB 12953—2003)中 N 类产品]的断裂拉伸强度、扯断伸长率试验按《硫化橡胶或热塑性橡胶拉伸应力应变性能的测定》(GB/T 528—2009)规定进行，测试 5 个试件，取中值[其中《聚氯乙烯(PVC)防水卷材》(GB 12952—2011)及《氯化聚乙烯防水卷材》(GB 12953—2003)取算术平均值]。纵、横向分别测试及计算并表示结果。计算公式如下：

$$T_{Sb}=F_b/W_t$$

式中　T_{Sb}——均质片断裂拉伸强度(MPa)，精确至 0.1 MPa；

F_b——试件断裂时的力(N);

W——哑铃试片狭小平行部分宽度(mm);也即哑铃裁刀狭小平行部分刃口宽度,
　　6.00 mm+0.4 mm;

t——试件狭小平行部分的厚度(mm);取标线两端及中间三个点的厚度的中值。

$$E_b=100\%(L_b-L_0)/L_0$$

式中　E_b——标态均质片扯断伸长率,精确至1%;

　　　L_b——试件断裂时的标线间距(mm);

　　　L_0——试件的初始标距,25 mm。

(2)标态复合片的断裂拉伸强度、扯断伸长率也测试纵、横向5个试件,取中值。纵、横向分别测试及计算并表示结果。计算公式如下:

$$T_{Sb}=F_b/W$$

式中　T_{Sb}——复合片断裂拉伸强度(N/cm),精确至0.1 N/cm;

　　　F_b——复合片加强层断时记录的最大力(N);

　　　W——哑铃试片狭小平行部分宽度(cm);或矩形试件(FS_2)的宽度(cm)。

$$E_b=100\%(L_b-L_0)/L_0$$

式中　E_b——复合片扯断伸长率,精确至1%;

　　　L_b——试件完全断裂时的夹具间距(mm);

　　　L_0——试件的初始夹持间距即初始夹具间距离(mm);FS2型产品 $L_0=120$ mm,其
　　　余产品(对于标态)$L_0=50$ mm。

6. 检测结果评定

《弹性体改性沥青防水卷材》(GB 18242—2008)中规定聚酯胎 I 型产品的最大峰拉力应不小于 500 N/50 mm,最大峰的延伸率应不小于 30%。

《塑性体改性沥青防水卷材》(GB 18243—2008)中规定聚酯毡 I 型产品最大峰拉力应不小于 500 N/5 mm,最大峰的延伸率应不小于 25%。

《弹性体改性沥青防水卷材》(GB 18242—2008)、《塑性体改性沥青防水卷材》(GB 18243—2008)中规定玻纤毡 I 型产品的拉力应不小于 350 N/50 mm,延伸率不要求。

《自粘聚合物改性沥青防水卷材》(GB 23441—2009)中规定厚度为 3 mm 的自粘聚酯胎卷材 I 型产品的拉力应不小于 450 N/50 mm,最大拉力时的延伸率应不小于 30%。

(五)高分子防水卷(片)材低温弯折检测

1. 检测依据

《建筑防水卷材试验方法 第15部分:高分子防水卷材 低温弯折性》(GB/T 328.15—2007)。

2. 检测目的

检测高分子防水卷材的低温弯折性能,判断材料的性能指标是否符合相关规定要求。

3. 检测准备

(1)仪器设备。

①弯折板:由金属制成的上、下平板间距离可任意调节。

②低温试验箱:有空气循环的低温空间,可调节温度至−45 ℃,精度为±2 ℃,符合

标准低温柔性与低温弯折的要求。

③检查工具：6倍玻璃放大镜。

(2)试件准备。

《聚氯乙烯(PVC)防水卷材》(GB 12952—2011)及《氯化聚乙烯防水卷材》(GB 12953—2003)的低温弯折试件为纵向 100 mm×横向 50 mm 两块试件。沿长度方向弯曲试件，用胶粘带将端部固定在一起，重合一面朝向转轴。试验时，一块试件上表面弯曲朝外，一块上表面弯曲朝内试验。

《高分子防水材料 第 1 部分：片材》(GB 18173.1—2012)的低温弯折试件为纵横向各 2 块 120 mm×50 mm 试件。试验时，纵、横向各一块试件的上表面弯曲朝外，另外，一块试件上表面弯曲朝内进行试验。

4. 检测步骤

(1)测量每个试件的全厚度。

(2)试验前试件应在 23 ℃±2 ℃和相对湿度 50%±5%的条件下放置至少 20 h。除低温箱外，试验步骤中所有操作均在 23 ℃±5 ℃进行。沿长度方向弯曲试件，将端部固定在一起，例如，用胶粘带。卷材的上表面弯曲朝外，如此弯曲固定一个纵向、一个横向试件，再卷材的上表面弯曲朝内，如此弯曲另外一个纵向和横向试件。

(3)调节弯折试验机的两个平板间的距离为试件全厚度的 3 倍。

(4)放置弯曲试件在试验机上，胶带端对着平行于弯板的转轴。放置翻开的弯折试验机和试件于调好规定温度的低温箱中。

(5)放置 1 h 后，弯折试验机从超过 90°的垂直位置到水平位置，1 s 内合上，保持该位置 1 s，整个操作过程在低温箱中进行。

(6)从试验机中取出试件，恢复到 23 ℃±5 ℃。

(7)用 6 倍放大镜检查试件弯折区域的裂纹或断裂。

(8)临界低温弯折温度。弯折程序每 5 ℃重复一次，直至按步骤(7)检查试件无裂纹和断裂。

5. 检测数据

按上述"4."中步骤(8)重复进行弯折程序，卷材的低温弯折温度，为任何试件不出现裂纹和断裂的最低的 5 ℃间隔。

6. 检测结果评定

按照标准规定温度下，试件均无裂纹出现即可判定为该项符合要求。

(六)高分子防水卷(片)材的不透水性检测

1. 检测依据

《建筑防水卷材试验方法 第 10 部分：沥青和高分子防水卷材 不透水性》(GB/T 328.10—2007)。

2. 检测目的

检测高分子防水卷材的不透水性，判断材料的性能指标是否符合相关规定要求。

3. 检测准备

不透水仪应符合《建筑防水卷材试验方法 第 10 部分：沥青和高分子防水卷材 不透水

性》(GB/T 328.10—2007)规定。

4. 检测步骤

（1）不透水仪充水直到满出，彻底排除水管中空气。

（2）试件的上表面朝下放置在透水盘上，盖上规定的开缝盘，其中一个缝的方向与卷材纵向平行。放上封盖，慢慢夹紧直到试件夹紧在盘上，用布或压缩空气干燥试件的非迎水面，慢慢加压到规定的压力。

（3）达到规定的压力后，保持压力 24 h±1 h[7 孔盘保持规定压力 30 min±2 min]。试验时观察试件的不透水性（水压突然下降或试件的非迎水面有水）。

5. 检测结果评定

所有试件在规定时间不透水即可判定不透水性试验符合要求，试验数据记录表分别见表 10-10 和表 10-11。

表 10-10　高分子防水卷材性能检测记录

样品名称规格				试样编号		
环境温度				检测依据		
序号	检测项目	拉伸速度：　　mm/min　拉力前夹具间距：　　mm				
1	拉力/N	试件编号（纵向）	拉断力/N	试件编号（横向）	拉断力/N	
		B_1		B_1'		
		B_2		B_2'		
		B_3		B_3'		
		B_4		B_4'		
		B_5		B_5'		
		平均值		平均值		
2	最大拉伸时的延伸率/%	拉伸速度：　　mm/min　试件初始标距：　　mm				
		试件编号（纵向）	最大拉力时的标距/mm	试件编号（横向）	最大拉力时的标距/mm	
		B_1		B_1'		
		B_2		B_2'		
		B_3		B_3'		
		B_4		B_4'		
		B_5		B_5'		
		平均值		平均值		
3	不透水性	设置压力：　　MPa　保持时间：　　min				
		试件编号	C_1	C_2	C_3	
		检测结果				
4	低温弯折	设置温度：　　℃　保持时间：　　h　$r=$　　mm　圆棒　3 s				
		逐个记录：两组 4 个试件中 2 个 E 试件下表面及另 2 个 E′试件上表面与圆棒接触				
		试件编号	E_1	E_2	E_1'	E_2'
		有无裂纹				
		检测结果				
检测结论						

表 10-11　高分子防水卷材检测评价表

项目	评分依据	学生自评				
		优	良	中	差	未完成
		10～8分	8～6分	6～4分	4～3分	＜3分
检测准备	1. 检测前能正确切取试样，得3分； 2. 能正确调整拉力机上下的夹具距离，得2分； 3. 能正确将试件固定在不透水仪上，得3分； 4. 能正确选择柔度棒，得2分	得分	1.			
			2.			
			3.			
			4.			
		合计	自评		教师或第三方评价	
高分子防水卷材检测	1. 能正确操作拉力机，并正确记录拉力值，得4分； 2. 能正确操作不透水仪至规定压力，得3分； 3. 能正确冷却试件和柔度棒并记录结果，得3分	得分	1.			
			2.			
			3.			
		合计	自评		教师或第三方评价	
数据分析与评定	1. 能正确计算拉力值和延伸率，得4分； 2. 能正确判断试件不透水性是否合格，得3分； 3. 能正确判断试件低温柔度是否合格，得3分	得分	1.			
			2.			
			3.			
		合计	自评		教师或第三方评价	
情感目标评价	1. 在操作过程中会严格按照步骤操作，得3分； 2. 在小组中能积极配合各成员工作，形成团队协作，使检测顺利完成，得5分； 3. 尊重检测结果并分析误差，得2分	得分	1.			
			2.			
			3.			
		合计	自评		教师或第三方评价	
综合评定						

任务三　防水涂料

■任务导入

防水涂料是一种流态或半流态物质，主要组成材料一般包括成膜物质、溶剂及催干剂，有时也加入增塑剂及硬化剂等。防水涂料涂布于基层表面后，经溶剂或水分挥发或各组分间的化学反应，而形成具有一定厚度的弹性连续薄膜（固化成膜），使基材与水隔绝，起到防水、防潮的作用。防水涂料特别适合于结构复杂、不规则部位的防水，并能形成无接缝的完整防水层。它大多采用冷施工，减少了环境污染，改善了劳动条件。防水涂料可人工涂刷或喷涂施工，操作简便、进度快、便于维修。但是防水涂料为薄层防水，且防水厚度很难保持均匀一致，致使防水效果受到限制。防水涂料适用于普通工业与民用建筑的屋面防水、地下室防水和地面防潮、防渗等防水工程，也适用于渡槽、渠道等混凝土面板的防渗处理。

防水涂料按主要成膜物质可分为沥青类、高聚物改性沥青类、合成高分子类和水泥类四种；按涂料的液态类型可分为溶剂型、水乳型和反应型三种；按涂料的组分可分为单组分和双组分两种。

■ 一、沥青类防水涂料

沥青类防水涂料的主要成膜物质是沥青，包括溶剂型和水乳型两种。其主要品种有冷底子油、沥青胶、水性沥青基防水涂料。

(一)冷底子油

冷底子油是将建筑石油沥青加入汽油、柴油或将煤沥青(软化点为 50 ℃～70 ℃)加入苯，熔合而成的沥青溶液。

冷底子油黏度小，具有良好的流动性。其涂刷在混凝土、砂浆或木材等基面上，能很快渗入基层孔隙中，待溶剂挥发后，便与基面牢固结合。冷底子油形成的涂膜较薄，一般不单独作防水材料使用，只作某些防水材料的配套材料。在铺贴防水油毡之前涂布于混凝土、砂浆、木材等基层上，能很快渗入基层孔隙中，待溶剂挥发后，便与基面牢固结合。

冷底子油可封闭基层毛细孔隙，使基层形成防水能力；作用是处理基层界面，以便沥青油毡便于铺贴，使基层表面变为憎水性，为粘结同类防水材料创造了有利条件。

(二)沥青胶

沥青胶是为了提高沥青的耐热性、降低沥青层的低温脆性，在沥青材料中加入填料进行改性制成的液体。粉状填料主要有石灰石粉、白云石粉、滑石粉、膨润土等；纤维状填料有木质纤维、石棉屑等。

沥青胶的选择应根据屋面历年最高温度及屋面坡度进行选择。沥青与填充料应混合均匀，不得有粉团、草根、树叶、砂土等杂质。施工方法有冷用和热用两种。热用比冷用的防水效果好；冷用施工方便，不会烫伤，但耗费溶剂。

沥青胶可用于沥青或改性沥青类卷材的粘结、沥青防水涂层和沥青砂浆层的底层。

(三)水性沥青基防水涂料

水性沥青基防水涂料是指乳化沥青及在其中加入各种改性材料的水乳型防水材料。水性沥青基防水涂料属于低档防水涂料，主要用于Ⅲ、Ⅳ级防水等级的屋面防水工程以及道路、水利等工程中的辅助性防水工程。

■ 二、高聚物改性沥青防水涂料

利用橡胶、树脂等高聚物对沥青进行改性处理，可提高沥青的低温柔性、延伸率、耐老化性及弹性等。高聚物改性沥青根据改性物质的不同，可分为再生胶改性沥青防水涂料、水乳型氯丁橡胶沥青防水涂料、SBS 橡胶改性沥青防水涂料等。

(一)再生橡胶改性沥青防水涂料

再生橡胶改性沥青防水涂料可分为 JG-1 型和 JG-2 型。JG-1 型溶剂型是再生橡胶改性沥青防水胶粘剂，以渣油与废开司粉加热熬制，并加入高标号的汽油而制成。JG-2 型是水乳型的双组分防水冷胶料，属于反应固化型。A 液为乳化橡胶，B 液为阴离子型乳化沥青，分别包装，现用现配，在常温施工，维修简单，具有良好的防水和抗渗性能、温度稳定性好的特点。但因其涂层薄，需多道施工，且低于 5 ℃不能施工。

(二)氯丁橡胶改性沥青防水涂料

氯丁橡胶改性沥青防水涂料有溶剂型和水乳型两类，可用于Ⅱ、Ⅲ、Ⅳ级屋面防水。溶剂型氯丁橡胶改性沥青防水涂料是将氯丁橡胶和石油沥青溶于芳香烃溶剂(苯或二甲苯)中形成的一种混合胶体溶液。水乳型氯丁橡胶改性沥青防水涂料是以阳离子氯丁胶乳和阴离子沥青乳液混合而成。其涂膜层强度高、耐候性好、抗裂性好。因其以水代替溶剂，故成本低、无毒。

高聚物改性沥青防水涂料的质量与沥青基防水涂料相比较，其低温柔性和抗裂性均有显著提高。高聚物改性沥青防水涂料适用于Ⅰ级、Ⅱ级、Ⅲ级防水等级的工业与民用建筑工程的屋面工程、厕浴间、厨房的防水；地下室、水池的防水防潮工程，以及旧油毡屋面的维修。在实际使用时应检验涂料的固含量、延伸性、柔韧性、不透水性、耐热性等技术指标合格后才能使用在工程上。

常见高聚物改性沥青防水涂料的技术性能指标详见表 10-12。

表 10-12　常见高聚物改性沥青防水涂料的技术性能指标

项目	再生橡胶改性沥青		氯丁橡胶改性沥青		SBS 聚合物改性水乳型沥青涂料
	溶剂型	水乳型	溶剂型	水乳型	
固体含量≥	—	45%	—	43%	50%
耐热度 (45 ℃)	80 ℃5 h,无变化	80 ℃5 h,无变化	80 ℃5 h,无变化	80 ℃5 h,无变化	80 ℃5 h,无变化
低温柔性	−28 ℃~−10 ℃,绕 ϕ10 mm 无裂纹	−10 ℃,绕 ϕ10 mm 无裂纹	−40 ℃,绕 ϕ5 mm 无裂纹	−15 ℃~−10 ℃ 绕 ϕ10 mm 无裂纹	−20 ℃,绕 ϕ10 mm 无裂纹
不透水性 (无渗漏)	0.2 MPa,水压 2 h	0.1 MPa,水压 0.5 h	0.2 MPa,水压 3 h	0.1~0.2 MPa,水压 0.5 h	0.1~0.2 MPa,水压 0.5 h
耐裂性 (基层裂纹宽)	0.2~0.4 mm 涂膜不裂	≤2.0 mm 涂膜不裂	≤0.8 mm 涂膜不裂	≤2.0 mm 涂膜不裂	≤1.0 mm 涂膜不裂

■ 三、合成高分子类防水涂料

合成高分子类防水涂料是以合成橡胶或合成树脂为主要成膜物质，加入其他辅料而配成的单组分或双组分防水涂料，其主要有聚氨酯(单、双组分)、硅橡胶、丙烯酸酯、聚氯乙烯、水乳型三元乙丙橡胶防水涂料等。

(一)聚氨酯防水涂料

聚氨酯防水涂料又称为聚氨酯涂膜防水材料，属双组分反应型，是由甲、乙两组分之间发生化学反应而由液态变成固态，可分为**焦油系列双组分聚氨酯涂膜防水涂料**和**非焦油系列双组分聚氨酯涂膜防水涂料**两种。聚氨酯防水涂料的涂膜有透明、彩色、黑色等品种，具有耐磨、装饰及阻燃等性能。其主要用于防水等级为Ⅰ、Ⅱ、Ⅲ级的非外露屋面；墙体及卫生间的防水防潮工程；地下围护结构的迎水面；地下室、储水池、人防工程等的防水。

(二)丙烯酸酯防水涂料

丙烯酸酯防水涂料是以**纯丙烯酸共聚物**、**改性丙烯酸**或**纯丙烯酸乳液**为主要成分，加入适量填料、助剂及颜料等配制而成，其属于合成树脂类单组分防水涂料。这类防水涂料的最大优点是具有较好的耐候性、耐热性和耐紫外线性，在−30 ℃～80 ℃内，其性能基本无多大变化。另外，其延伸性好，能适应基层的开裂变形。装修层具有装饰和隔热效果，主要用于防水等级为Ⅰ、Ⅱ、Ⅲ级的屋面和墙体的防水防潮工程；黑色防水屋面的保护层；卫生间的防水。

合成高分子类防水涂料的产品质量应符合表 10-13 的要求。

表 10-13　合成高分子类防水涂料质量要求

项目		质量指标	
		Ⅰ类	Ⅱ类
固体含量/% ≥		94	65
拉伸强度/MPa ≥		1.65	0.5
断裂延伸率/% ≥		300	400
柔性		−30 ℃弯折无裂纹	−20 ℃弯折无裂纹
不透水性	压力/MPa ≥	0.3	0.3
	保持时间	至少 30 min 不渗透	至少 30 min 不渗透

■ 四、聚合物水泥基防水涂料

聚合物水泥基防水涂料是由有机液料和无机粉料复合而成的双组分防水涂料。其既有有机材料弹性高的特点，又有无机材料耐久性好的优点，涂覆后可形成高强度的防水涂膜，还可根据工程需要配置彩色涂层。

聚合物水泥基防水涂料的产品为双组分型，可在潮湿或干燥的砖石、砂浆、混凝土、金属、木材、各种保温层、防水层上直接施工，涂层坚韧、高强；并且耐水性、耐候性、耐高温性、耐久性强。在立面、斜面和顶面施工不流淌，适用于新旧建筑物及构筑物、工业与民用建筑的屋面工程，厕浴间及厨房的防水防潮工程，地面、地下室、游泳池等的防水，是目前工程上应用广泛的一种防水涂料。

■ 五、防水涂料的性能要求

为满足防水工程的要求，防水涂料必须具备以下性能。

1. 固体含量

固体含量是指涂料中所含固体比例。涂料涂刷后，固体成分将形成涂膜。因此，固体含量多少与成膜厚度及涂膜质量密切相关。

2. 耐热性

耐热性是指成膜后的防水涂料薄膜在高温下不发生软化变形、流淌的性能。

3. 柔性(也称为低温柔性)

柔性是指成膜后的防水涂料薄膜在低温下保持柔韧的性能。它反映防水涂料低温下的使用性能。

4. 不透水性

不透水性是指防水涂膜在一定水压和一定时间内不出现渗漏的性能，是防水涂料的主要质量指标之一。

5. 延伸性

延伸性是指防水涂膜适应基层变形的能力。防水涂料成膜后必须具有一定的延伸性，以适应基层可能发生的变形，保证涂层的防水效果。

■ 六、防水涂料的检测技术

(一)防水涂料固体含量检测

1. 检测依据

《建筑防水涂料试验方法》(GB/T 16777—2008)。

2. 检测目的

检测防水涂料固体含量，判断材料的性能指标是否符合相关规定要求。

3. 检测准备

(1)试验设备。

①培养皿：直径为 60～75 mm，边高为 8～10 mm；

②干燥器：内放变色硅胶或无水氯化钙；

③天平：感量为 0.001 g；

④电热鼓风干燥箱：控温精度为±2 ℃。

(2)试样准备。在标准条件下[《建筑防水涂料试验方法》(GB/T 16777—2008)中建筑防水涂料试验方法规定为：温度 23 ℃±5 ℃，相对湿度 50%±10%]将样品(多组分产品按质量配合比取样混合)搅拌均匀后，称取一定质量的样品，于干净培养皿中测试。

称取样品质量：①聚氨酯防水涂料及聚合物水泥防水涂料为 6 g±1 g；②聚合物乳液建筑防水涂料为 2 g±0.2 g；③水乳型沥青防水涂料为 3 g±0.5 g。

4. 检测步骤

将样品(对于固体含量试验不能添加稀释剂)搅匀后，取样品倒入已干燥称量的培养皿(m_0)中并铺平底部，立即称量(m_1)，再放入到加热到规定温度的烘箱中，恒温 3 h，取出放入干燥器中，在标准试验条件下冷却 2 h，然后称量(m_2)。对于反应型涂料，应在称量(m_1)后在标准试验条件下放置 24 h，再放入烘箱。

5. 检测数据

固体含量按下式计算：

$$X=(m_2-m_0)/(m_1-m_0)\times100$$

式中　　X——固体含量（质量分数）（%）；

m_0——培养皿质量（g）；

m_1——干燥前试样和培养皿质量（g）；

m_2——干燥后试样和培养皿质量（g）。

试验结果取两次平行试验的平均值，结果精确到1%。

6. 检测结果评定

《聚氨酯防水涂料》（GB/T 19250—2013）规定多组分Ⅰ类产品的固体含量指标为≥92%；

《聚合物水泥防水涂料》（GB/T 23445—2009）规定的指标为≥70%；

《水乳型沥青防水涂料》（JC/T 408—2005）规定的指标为≥45%；

《聚合物乳液建筑防水涂料》（JC/T 864—2008）规定的指标为≥65%。

(二)防水涂料拉伸性能检测

1. 检测依据

《建筑防水涂料试验方法》（GB/T 16777—2008）。

2. 检测目的

检测防水涂料的拉伸性能，判断材料的性能指标是否符合相关规定要求。

3. 检测准备

(1)试验器具。

①拉伸试验机：测量值为15%～85%，值精度不低于1%，伸长范围大于500 mm；

②电热鼓风干燥箱：控温精度为±2 ℃；

③冲片机及符合《硫化橡胶或热塑性橡胶 拉伸应力应变性能的测定》（GB/T 528—2009）规定的哑铃状Ⅰ型裁刀；

④厚度计：接触面直径为6 mm，单位面积压力为0.02 MPa，分度值为0.01 mm；

⑤紫外线箱：500 W直管汞灯，灯管与箱底平行，与试件表面的距离为47～50 cm；

⑥氙弧灯老化试验篇：符合《建筑防水材料老化试验方法》（GB/T 18244—2000）要求的氙弧灯老化试验箱。

(2)试件制备。

①标准试验条件如下：建筑防水涂料试验方法：温度为23 ℃±2 ℃，相对湿度为50%±10%；聚氨酯防水涂料：温度为23 ℃±2 ℃，相对湿度为60%±15%；聚合物水泥防水涂料：温度为23 ℃±2 ℃，相对湿度为50%±10%；

聚合物乳液建筑防水涂料：温度为23 ℃±2 ℃，相对湿度为50%±10%；水乳型沥青防水涂料：温度为23 ℃±2 ℃，相对湿度为60%±15%。

②涂膜制备及养护条件：《聚合物乳液建筑防水涂料》（JC/T 864—2008）规定涂膜厚度为1.2～1.5 mm，其余涂膜厚度均为1.5 mm±0.2 mm。

③脱模及养护好的涂膜裁取符合《硫化橡胶或热塑性橡胶 拉伸应力应变性能的测定》

(GB/T 528—2009)规定的哑铃形 1 型试件 6 片(其中 1 片备用)。

4.检测步骤

(1)无处理拉伸性能。将涂膜按要求裁取符合《硫化橡胶或热塑性橡胶 拉伸应力应变性能的测定》(GB/T 528—2009)要求的哑铃Ⅰ型试件,并画好间距为 25 mm 的平行标线,用厚度计测量试件标线中间和两端三点的厚度,取其算术平均值作为试件厚度。调整拉伸试验机夹具间距约为 70 mm,将试件夹在试验机上,保持试件长度方向的中线与试验机夹具中心在一条线上,按规定的拉伸速度进行拉伸至断裂,记录试件断裂时的最大荷载(P),断裂时标线间距离(L_1),精确至 0.1 mm,测试 5 个试件,若有试件断裂在标线外,应舍弃用备用件补测。

(2)热处理拉伸性能。将涂膜按要求裁取 6 个 125 mm×25 mm 矩形试件平放在隔离材料上,水平放入已达到规定温度的电热鼓风烘箱中,加热温度沥青类涂料为 70 ℃±2 ℃,其他涂料为 80 ℃±2 ℃。试件与箱壁间距不得少于 50 mm,试件宜与温度计的探头在同一水平位置,在规定温度的电热鼓风烘箱中恒温 168 h±1 h 取出,然后在标准试验条件下放置4 h,裁取符合《硫化橡胶或热塑性橡胶 拉伸应力应变性能的测定》(GB/T 528—2009)要求的哑铃Ⅰ型试件,按无处理拉伸性能步骤进行拉伸试验。

(3)碱处理拉伸性能。在 23 ℃±2 ℃时,在 0.1%化学纯氢氧化钠(NaOH)溶液中,加入 Ca(OH)$_2$ 试剂,并达到过饱和状态。

在 600 mL 该溶液中放入按要求裁取的 6 个 120 mm×25 mm 矩形试件,液面应高出试件表面 10 mm 以上,连续浸泡 168 h±1 h 取出,充分用水冲洗,擦干,在标准试验条件下放置 4 h,裁取符合《硫化橡胶或热塑性橡胶 拉伸应力应变性能的测定》(GB/T 528—2009)要求的哑铃Ⅰ型试件,按无处理拉伸性能步骤进行拉伸试验。

对于水性涂料,浸泡取出擦干后,再在 60 ℃±2 ℃的电热鼓风烘箱中放置 6 h±15 min,取出在标准试验条件下放置 18 h±2 h,裁取符合《硫化橡胶或热塑性橡胶拉伸应力应变性能的测定》(GB/T 528—2009)要求的哑铃Ⅰ型试件,按无处理拉伸性能步骤进行拉伸试验。

(4)酸处理拉伸性能。在 23 ℃±2 ℃时,在 600 mL 的 2%化学纯硫酸(H$_2$SO$_4$)溶液中,放入按要求裁取的 6 个 120 mm×25 mm 矩形试件,液面应高出试件表面 10 mm 以上,连续浸泡 168 h±1 h 取出,充分用水冲洗,擦干,在标准试验条件下放置 4 h,裁取符合《硫化橡胶或热塑性橡胶 拉伸应力应变性能的测定》(GB/T 528—2009)要求的哑铃Ⅰ型试件,按无处理拉伸性能步骤进行拉伸试验。

对于水性涂料,浸泡取出擦干后,再在 60 ℃±2 ℃的电热鼓风烘箱中放置 6 h±15 min,取出在标准试验条件下放置 18 h±2 h,裁取符合《硫化橡胶或热塑性橡胶 拉伸应力应变性能的测定》(GB/T 528—2009)要求的哑铃Ⅰ型试件,按无处理拉伸性能步骤进行拉伸试验。

5.检测数据

试件的拉伸强度公式:

$$T_L = P/(B×D)$$

式中　T_L——拉伸强度(MPa);

　　　P——最大拉力(N);

　　　B——试件中间部位宽度(mm),即哑铃裁刀狭小平行部分刃口宽度,为 6.00 mm＋
　　　　　0.4 mm;

D——试件厚度(mm)，试件厚度取标线中间和两端 3 点厚度的算术平均值，精确至 0.01 mm。即 $D=(d_1+d_2+d$ 中$)/3$。

试件的断裂伸长率公式：

$$E=(L_1-L_0)/L_0 \times 100$$

式中 E——断裂伸长率(%)；

　　　L_0——试件起始标线间距离 25 mm；

　　　L_1——试件断裂时标线间距离(mm)。

拉伸强度及断裂伸长率均取 5 个试件的算术平均值作为试验结果，分别精确至 0.01 MPa 及 1%。其中，《聚合物乳液建筑防水涂料》(JC/T 864—2008)要求产品拉伸强度精确至 0.1 MPa；《聚氨酯防水涂料》(GB/T 19250—2013)及《聚合物水泥防水涂料》(GB/T 23445—2009)要求产品拉伸强度精确至 0.01 MPa；《水乳型沥青涂料》(JC/T 408—2005)对产品拉伸强度不作要求。

6. 检测结果评定

(1)《聚合物水泥防水涂料》(GB/T 23445—2009)要求I型产品无处理拉伸强度≥1.2 MPa，无处理断裂伸长率≥200%。

(2)《聚合物水泥防水涂料》(GB/T 23445—2009)要求II型产品无处理拉伸强度≥1.8 MPa，无处理断裂伸长率≥80%。

(3)《聚合物水泥防水涂料》(GB/T 23445—2009)要求III型产品无处理拉伸强度≥1.8 MPa，无处理断裂伸长率≥30%。

(4)《聚合物乳液建筑防水涂料》(JC/T 864—2008)要求Ⅰ类产品拉伸强度≥1.0 MPa，断裂延伸率≥300%。

(5)《聚氨酯防水涂料》(GB/T 19250—2013)要求多组分Ⅰ类产品拉伸强度≥1.90 MPa，断裂伸长率≥450%。

(三)防水涂料不透水性检测

1. 检测依据

《建筑防水涂料试验方法》(GB/T 16777—2008)。

2. 检测目的

检测防水涂料的不透水性，判断材料的性能指标是否符合相关规定要求。

3. 检测准备

(1)试验器具。

①不透水仪应符合《建筑防水卷材试验方法 第 10 部分：沥青和高分子防水卷材 不透水性》(GB/T 328.10—2007)中相关要求。

②金属网孔径为 0.2 mm。

(2)试件准备。3 块 150 mm×150 mm 试件。

4. 检测步骤

(1)裁取 3 个约 150 mm×150 mm 试件，在标准试验条件下放置 2 h，试验在 23 ℃±2 ℃进行，将装置中充水直到满出，彻底排出装置中空气。

(2)将试件放置在透水盘上，再在试件上加一相同尺寸的金属网，盖上 7 孔圆盘，慢慢夹紧直到试件夹紧在盘上，用布或压缩空气干燥试件的非迎水面，慢慢加压到规定的压力。

（3）达到规定的压力后，保持压力 30 min±2 min。试验时，在金属网和涂膜之间加一张滤纸以防止粘结。试验时观察试件的透水情况（水压突然下降或试件的非迎水面有水）。

5. 检测结果评定

3 块试件均不透水为合格。相关的试验数据分别记录在表 10-14 和表 10-15 中。

表 10-14 防水涂料性能检测记录

样品名称规格				试样编号		
环境温度				检测依据		
序号	检测项目	拉伸速度:	mm/min	拉力前夹具间距:		mm
1	拉力/N	试件编号（纵向）	宽度/mm	厚度/mm		拉断力/N
		B_1				
		B_2				
		B_3				
		B_4				
		B_5				
		平均值				
	拉伸强度	$T_L = P/(B \times D)$				
2	最大拉伸时的延伸率: $E = (L_1 - L_0)/L_0 \times 100\%$	拉伸速度:	mm/min	试件初始标距:		mm
		试件编号（纵向）	起始标距 L_0/mm	最大拉力时的标距 L_1/mm		延伸率 E
		B_1				
		B_2				
		B_3				
		B_4				
		B_5				
3	固体含量 /%	试件编号	培养皿质量 m_0/g	干燥前试样和培养皿质量 m_1/g	干燥后试样和培养皿质量 m_2/g	固体含量/%
		C_1				
		C_2				
4	不透水性	设置压力:	MPa	保持时间:	min	
		试件编号	D_1	D_2		D_3
		检测结果				
检测结论						

表 10-15　防水涂料性能检测评价表

项目	评分依据	学生自评					
			优	良	中	差	未完成
			10～8分	8～6分	6～4分	4～3分	<3分
检测准备	1. 在固体含量检测前能正确将样品按质量配合比取样混合，得2分； 2. 在拉伸检测前能正确制备涂膜，并达到规定厚度，得3分； 3. 能正确脱模及养护好涂膜并裁取规定的哑铃形，得3分； 4. 能正确调整拉力机上下的夹具距离，得2分	得分	1.				
			2.				
			3.				
			4.				
		合计	自评		教师或第三方评价		
防水涂料检测	1. 能正确称量各阶段质量，使精度达到要求，并准确记录数据，得3分； 2. 能正确操作拉力机，并正确记录拉力值，得4分； 3. 能正确操作不透水仪至规定压力，得3分	得分	1.				
			2.				
			3.				
		合计	自评		教师或第三方评价		
数据分析与评定	1. 能利用检测结果正确计算固体含量百分量，得3分； 2. 能正确计算拉力值和延伸率，得4分； 3. 能正确判断试件不透水性是否合格，得3分	得分	1.				
			2.				
			3.				
		合计	自评		教师或第三方评价		
情感目标评价	1. 在操作过程中会严格按照步骤操作，得3分； 2. 在小组中能积极配合各成员工作，形成团队协作，使检测顺利完成，得5分； 3. 尊重检测结果并分析误差，得2分	得分	1.				
			2.				
			3.				
		合计	自评		教师或第三方评价		
综合评定							

任务四　密封材料

任务导入

密封材料又称为嵌缝材料，一般将密封材料嵌填在板缝、玻璃镶嵌部位或涂布于屋面，可防水、防尘和隔气。同时，密封材料具有良好的黏附性、强度、耐老化性和温度适应性，能长期经受被黏附构件的收缩与振动而不破坏。

一、密封材料的分类

密封材料按其嵌入接缝后的性能可分为弹性密封材料和塑性密封材料。弹性密封材料嵌入缝后呈现明显弹性，当接缝位移时，在密封材料中引起的应力值几乎与应变量成正比；塑性密封材料嵌入接缝后呈现塑性，当接缝位移时，在密封材料中发生塑性变形，其残余应力迅速消失。

密封材料按使用时的组分分为单组分密封材料和多组分密封材料。

密封材料按组成材料分为改性沥青密封材料和合成高分子密封材料。

密封材料按原材料及其性能分类可分为定型和不定型两大类。定型的称为密封条或压条；不定型的包括密封膏和密封胶。

■ 二、建筑防水密封膏

建筑防水密封膏属于不定形密封材料，一般由气密性和不透水性良好的材料组成。 为了保证结构密封防水效果，所用材料应具有良好的弹塑性、延伸率、变形恢复率、耐热性及低温柔性；在大气中的耐候性及在侵蚀介质环境下的化学稳定性、低抗拉-压循环作用的耐久性；与基体材料间良好的粘结性；易于挤出、易于充满缝隙，在竖直缝内不流淌、不下坠，易于施工操作等性能。

(一)建筑防水沥青嵌缝油膏

建筑防水沥青嵌缝油膏是以石油沥青为基料，加入废橡胶粉和硫化鱼油、稀释剂(松焦油、松节重油和机油)及填充料(石棉绒和滑石粉)等，经混拌制成的膏状物，是最早使用的冷用嵌缝材料。沥青嵌缝油膏的主要特点是炎夏不易流淌，寒冬不易脆裂，粘结力较强，延伸率、塑性和耐候性均较好。其广泛用于一般屋面板和墙板等建筑构件节点的防水密封，也可用作各种构筑物的伸缩缝、沉降缝等嵌缝密封材料。

(二)聚氯乙烯胶泥和塑料油膏

聚氯乙烯胶泥和塑料油膏是由煤焦油、聚氯乙烯树脂、增塑剂及其他填料加热塑化而成。胶泥是橡胶状弹性体，塑料油膏是在此基础上改进的热施工塑性材料，施工使用热熔后成为黑色的黏稠体。其特点是耐温性好，使用温度范围广，粘结性好，延伸回复率高，耐老化，对钢筋无锈蚀，价格较低，除适用于一般性建筑接缝外，还适用于有硫酸、盐酸、硝酸和氢氧化钠等腐蚀性介质的屋面工程和地下管道工程。

(三)丙烯酸酯建筑密封膏

丙烯酸酯建筑密封膏如图 10-8 所示，是以丙烯酸乳液为胶粘剂，掺入少量表面活性剂、增塑剂、改性剂、颜料及填料等配制而成的单组分水乳型建筑密封膏。这种密封膏具有良好的耐紫外线性能和耐油性，粘结性、延伸性、耐低温性、耐热性和耐老化性能好，并且以水为稀释剂，黏度小、无污染、无毒、不燃、安全可靠、价格适中，可配成各种颜色，操作方便，干燥速度快，保存期长。丙烯酸酯建筑密封膏可用于钢、铝、混凝土、玻璃和陶瓷等材料的嵌缝防水以及用作钢窗、铝合金窗的玻璃腻子等，还可用于各种预制墙板、屋面板、门窗、卫生间等的接缝密封防水及裂缝修补。

(四)硅酮建筑密封膏

硅酮建筑密封膏如图 10-9 所示，是以聚硅氧烷为主要成分的单组分和双组分室温固化型建筑密封材料。其中，单组分应用较多，双组分应用较少。**该类密封胶具有优良的耐热**

性、耐寒性(使用温度－50 ℃～250 ℃)和耐候性(使用寿命30 年以上)，与各种材料有着良好的粘结性能，耐油性、耐水性好，耐伸缩疲劳强度高，能适应基层较大的变形，外观装饰效果好。

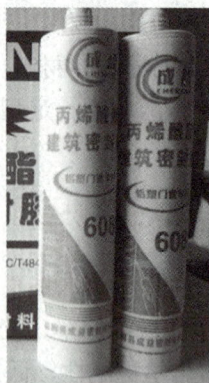

图 10-8　丙烯酸酯建筑密封膏　　　　　　图 10-9　硅酮建筑密封膏

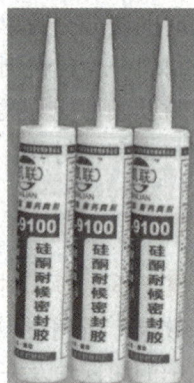

硅酮建筑密封膏按其组成分为乙酸型、醇型和酰胺型等；按用途可分为建筑接缝用(F类)和镶装玻璃用(G 类)两类。F 类适用于预制混凝土墙板、水泥板、大理石板的外墙接缝，混凝土和金属框架的粘结，卫生间接缝的防水密封等；G 类硅酮建筑密封膏主要用于高层建筑的玻璃幕墙粘结密封，建筑门、窗、柜周边密封等。

■ 三、合成高分子止水带

合成高分子止水带属定形建筑密封材料。它是将具有气密和水密性能的橡胶或塑料，制成一定形状(带状、条状、片状等)，嵌入到建筑物接缝、伸缩缝、沉降缝等结构缝内的密封防水材料。其主要用于工业及民用建筑工程的地下及屋顶结构结构缝防水工程，闸坝、桥梁、隧洞、溢洪道等建筑物(构筑物)变形缝的防漏止水，闸门、管道的密封止水等。目前，常用的合成高分子止水材料有橡胶止水带、塑料止水带及遇水膨胀型止水条等。

(一)橡胶止水带

橡胶止水带如图 10-10 所示，是以国产优质标-天然橡胶和各种合成橡胶为主要原料，掺加各种促进剂及填充剂，经塑炼、混炼、硫化、模压而制成的一种止水带产品，其断面形状有桥形、哑铃形等。橡胶止水带就是利用橡胶的高弹性，在各种压力荷载下产生弹性变形，从而起到坚固密封，有效地防止建筑构造的漏水、渗水以及减震缓冲的作用。在国家许多大型工程建筑设计中，土建、水土结构之间都有一定的伸缩要求，并存在防水、防震等要求，因此，可采用和安装橡胶止水带来解决以上工程中遇到的各种问题。

图 10-10　橡胶止水带

(二)塑料止水带

塑料止水带如图 10-11 所示，是用聚氯乙烯树脂、增塑剂、防老剂、填料等原料，经塑炼、挤出等工艺加工成型的止水密封材料，其断面形状有桥形、哑铃形等。塑料止水带强度高、耐老化，各项物理性能虽较橡胶止水带稍差，但均能满足工程要求。**塑料止水带用热熔法连接，其具有施工方便、成本低廉、可节约大量橡胶及紫铜片等材料、应用广泛的特点。**

(三)遇水膨胀型橡胶止水条

遇水膨胀型橡胶止水条如图 10-12 所示，是用改性橡胶制成的一种新型胶止水条。将无机或有机吸水材料及高粘性树脂的材料作为改性剂，掺入到合成橡胶可制得遇水膨胀的改性橡胶。这种橡胶既保留原有橡胶的弹性、延伸性等，又具有遇水膨胀的特性。将遇水膨胀橡胶止水条嵌在地下混凝土管或衬砌的缝隙更为密封，即可达到完全不漏的目的。**常用的吸水性材料有膨润土(无机)及亲水性聚氨酯树脂等。**

| 图 10-11　塑料止水带 | 图 10-12　遇水膨胀型橡胶止水条 |

任务五　新型建筑堵漏止水材料

■ **任务导入**

建筑堵漏止水材料包括抹面防水工程渗漏水堵漏材料和灌浆堵漏材料两类。其具有防潮、防渗、快速带水堵漏的特点，迎水面、背水面皆可使用，施工简便，无毒无害，可用于饮用水工程，凝固时间可适当调整，可用于防水粘结。

■ **一、堵漏材料的分类**

(一)按施工方法分类

按施工方法不同可将堵漏材料分为**刚性快凝快硬堵漏材料**和**灌浆堵漏材料**。刚性快凝快硬堵漏材料主要用于抹面防水工程快速堵漏止水。它是在普通水泥中掺入一定的促凝剂或采用快凝快硬水泥，利用其快速硬化的特点堵漏止水。灌浆堵漏材料是对岩体或结构裂缝和孔洞进行压力灌注，主要用于岩体及结构等堵漏、加固。将堵塞裂缝和孔洞所使用的有机或无机材料配成浆液，用压送设备将其灌入缝隙内或空洞中，使其扩散、凝胶或固化，

· 229 ·

以达到防渗堵漏的效果。

(二)按材料分类

按材料不同可将堵漏材料分为水泥堵漏材料和化学灌浆材料。水泥堵漏材料主要以无机材料为主，如五矾防水胶泥、水不漏、堵漏灵、堵漏防水剂等；化学灌浆材料主要有聚氨酯类、环氧树脂类、丙烯酸类及其他。

■ 二、灌浆材料

灌浆材料就是将一定的无机材料或有机高分子材料配制成具有特定性能要求的浆液，用压送设备将其灌入构筑物、地层或围岩等的裂缝及孔洞内。浆液以填充、渗透、挤压等方式将裂缝中水及空气排除，填充其空隙。浆液通过凝结、固化使原来较松散的结构胶结在一起，形成一个强度高、抗渗性好的整体，以达到防渗堵漏的目的。

灌浆材料的应用范围很广，可用在大坝、水库、涵闸等基础防渗帷幕和地基或地基断层破碎带泥化夹层加固，大堤、渠道、渡槽等的防渗堵漏及加固，核电站等地基加固和密封止水防渗，地上混凝土建筑物、构筑物的地基加固和裂缝补强加固，地下建筑物的防渗、堵漏止水、地基加固和裂缝的补强加固，矿山、工厂有毒废渣、废水和城市垃圾场的截渗工程的防渗帷幕，石油钻井开采中的堵漏止水、钻孔护壁加固和驱油，桥基加固及桥体裂缝补强等。

灌浆材料按其浆液的颗粒可分为水泥类(颗粒型)灌浆材料和化学类(非颗粒型)灌浆材料。

(一)水泥类(颗粒型)灌浆材料

1838年科林首次用波特兰水泥作灌浆材料加固法国鲁布斯(Grosbois)大坝，国内用水泥系灌浆材料已有几十年历史，至今仍是应用较广泛的灌浆材料之一。水泥类浆液可分为普通水泥浆液、掺入外加剂改性的水泥浆液以及超细水泥浆液。

普通水泥灌浆材料的优点是凝结强度高；材料来源广泛、价格低；环保(化学类灌浆材料普遍有毒)且运输贮存方便、施工工艺简单。其主要的缺点有浆液颗粒较粗，渗透性能比化学浆液差，向微细裂隙体灌浆时，其防渗固结加固效果很差；凝结固化时间较长，在有一定流速的渗漏水部位灌浆时很容易在其凝结硬化前被水稀释或带走，只适宜灌注不存在流动水条件的混凝土裂缝和其他较大缺陷的修补。所以，普通水泥灌浆材料适用于围岩注浆、回填注浆、衬砌内注浆和宽度大于2 mm的混凝土裂缝注浆。

为克服普通水泥灌浆材料对微小裂缝处理效果不良的缺点，超细水泥灌浆材料应运而生。超细水泥灌浆材料的颗粒细化，颗粒平均粒径为$2\sim10\ \mu m$，比表面积$>600\ m^2/kg$。超细水泥灌浆材料中的超细水泥颗粒粒径小，需水量非常大，因此，需加入高效减水剂降低其颗粒吸附水量，改善浆液流动性。由于掺入微膨胀组分，使浆液在凝结硬化过程产生微膨胀，故超细水泥灌浆材料具有良好的可灌性。其具有价格相对低廉、经久耐用、结石强度高、对环境无污染等优点。

超细水泥灌浆材料适用于较大孔洞、蜂窝、麻面，作为其他注浆液的先行堵漏材料，建造地下建筑的防水帷幕、抗渗堵漏、截断渗水源和整体抗渗堵漏等，在水电、地铁、隧道等工程中将会得到较广泛的应用。随着超细水泥生产成本的降低和人类环保意识的增强，具有一定毒性的化学灌浆材料将逐渐被超细水泥灌浆材料所代替。

(二)化学类(非颗粒型)灌浆材料

化学灌浆材料又称为无颗粒灌浆材料，其是将化学药品制成的浆液，采用一定压送设备灌入构筑物的缝隙中，在凝结硬化后可起到防水堵漏作用。

化学灌浆材料按其组成分为聚氨酯类灌浆材料、环氧树酯类灌浆材料、丙烯酰胺类灌浆材料、甲基丙烯酸及甲酯灌浆材料等；按其性能与用途大致分为防渗止水型和补强加固型。防渗止水型包括水玻璃、丙烯酸盐、聚氨酯和木质素浆材；补强加固型包括环氧树脂、甲基丙烯酸甲酯浆材。

化学灌浆材料施工成本高，难以大量应用；有一定毒性，污染环境；部分品种耐久性差，环境适应性较差。因此，化学灌浆材料的发展方向是渗透性强、可注性好、无污染、固结体强度较高、凝结时间易控制、价格便宜、施工方便、适应性强。

化学灌浆材料和技术特别适用于工程建设中的堵漏止水、帷幕防渗、地基加固和裂缝修补。目前，应用领域主要在水电、建筑、采矿和交通四个行业。化学灌浆材料的应用因工程要求的不同而不同。地下建筑业及地铁建筑防水多选用聚氨酯浆材；采矿止水和交通修复路基多选用廉价水玻璃浆材；水电部门修筑大坝多选用丙烯酸盐做防渗帷幕和选用环氧浆材加固坝基；文物保护部门则选用甲基丙烯酸甲酯浆材来修复文物建筑等。

📖 课后习题

一、填空题

1. 建筑防水材料大致可分为_____、_____、_____、_____和_____几大类。

2. 防水卷材根据其主要防水组成材料可分为_____、_____、和_____三大类。

3. SBS 改性沥青防水卷材是以_____或_____为胎基，_____为改性剂，两面覆以_____材料所制成的建筑防水卷材。

项目十　参考答案

4. APP 改性沥青防水卷材是以_____或_____为胎基，_____为改性剂，两面覆以_____材料所制成的建筑防水卷材。

5. 高分子防水卷材，按基料可分为_____、_____、_____三大类；按加工工艺划分，橡胶类可分为_____和_____。

二、名词解释

1. SBS 改性沥青防水卷材。

2. APP 改性沥青防水卷材。

三、简答题

1. 简述 SBS 改性沥青防水卷材、APP 改性沥青防水卷材的应用。

2. 要满足防水工程的要求，防水材料应具备哪几个方面的性能？

3. SBS(弹性体)改性沥青防水卷材的特点是什么？适用于哪些地方？

4. APP(塑性体)改性沥青防水卷材的特点是什么？适用于哪些地方？

5. 三元乙丙橡胶防水卷材与传统的沥青防水材料相比有哪些特点？适用范围是什么？

6. 防水涂料的特点是什么？常用的防水涂料有哪些？各有什么特点？

参 考 文 献

[1] 张宪江. 建筑材料与检测[M]. 杭州：浙江大学出版社，2011.

[2] 石建甫，郑睿. 建筑材料与检测[M]. 武汉：华中科技大学出版社，2013.

[3] 王辉. 建筑材料与检测[M]. 北京：北京大学出版社，2012.

[4] 白燕，刘玉波. 建筑工程材料检测[M]. 北京：机械工业出版社，2009.

[5] 李业兰. 建筑材料[M]. 北京：中国建筑工业出版社，2011.

[6] 徐成君. 建筑材料[M]. 3版. 北京：高等教育出版社，2013.

[7] 卜良桃. 建筑施工专业基础与管理实务[M]. 北京：中国建筑工业出版社，2010.

[8] 安顺达. 棒线材生产新工艺、新技术与产品质量控制实用手册[M]. 北京：冶金工业出版社，2011.

[9] 高琼英. 建筑材料[M]. 4版. 武汉：武汉理工大学出版社，2012.

[10] 施惠生，郭晓潞. 土木工程材料[M]. 重庆：重庆大学出版社，2011.

[11] 国家标准. GB/T 5224—2014 预应力混凝土用钢绞线[S]. 北京：中国标准出版社，2014.

[12] 国家标准. GB/T 5223—2014 预应力混凝土用钢丝[S]. 北京：中国标准出版社，2014.

[13] 国家标准. GB 1499.1—2008 钢筋混凝土用钢 第1部分：热轧光圆钢筋[S]. 北京：中国标准出版社，2008.

[14] 国家标准. GB 1499.2—2007 钢筋混凝土用钢 第2部分：热轧带肋钢筋[S]. 北京：中国标准出版社，2007.

[15] 国家标准. GB/T 13544—2011 烧结多孔砖和多孔砌块[S]. 北京：中国标准出版社，2011.

[16] 国家标准. GB/T 232—2010 金属材料 弯曲试验方法[S]. 北京：中国标准出版社，2010.

[17] 王辉. 建筑材料与检测[M]. 北京：北京大学出版社，2011.

[18] 安素琴. 建筑装饰与检测[M]. 北京：高等教育出版社，2009.